採用最新植物分類系統APG IV

台灣
原生植物
Illustrated Flora of Taiwan
全圖鑑

第六卷 山茱萸科──紫葳科

呂福原 ◎ 總審定　王志強 ◎ 審定　鐘詩文 ◎ 著

貓頭鷹

台灣原生植物全圖鑑第六卷：
山茱萸科──紫葳科

作　　者　鐘詩文
總 審 定　呂福原
內文審定　王志強
責任主編　李季鴻
特約編輯　胡嘉穎
協力編輯　林哲緯、趙建棣
校　　對　黃瓊慧
版面構成　張曉君
封面設計　林敏煌
影像協力　吳佳蓉、許盈茹、張靖梅、廖于婷、劉品良
繪　　圖　林哲緯
攝影協力　謝佳倫
總 編 輯　謝宜英
行銷業務　鄭詠文、陳昱甄

出 版 者　貓頭鷹出版
發 行 人　凃玉雲
發　　行　英屬蓋曼群島商家庭傳媒股份有限公司城邦分公司
　　　　　104台北市民生東路二段141號11樓
劃撥帳號：19863813；戶名：書虫股份有限公司
城邦讀書花園：www.cite.com.tw購書服務信箱：service@cite.com.tw
購書服務專線：02-25007718～9（週一至週五上午09:30～12:00；下午13:30～17:00）
24小時傳真專線：02-25001990～1
香港發行所　城邦（香港）出版集團　電話：852-25086231／傳真：852-25789337
馬新發行所　城邦（馬新）出版集團　電話：603-90563833／傳真：603-90576622
印 製 廠　中原造像股份有限公司
初　　版　2018年6月
定　　價　新台幣2500元／港幣833元
ISBN　978-986-262-352-7
有著作權・侵害必究

貓頭鷹
讀者意見信箱　owl@cph.com.tw
投稿信箱　owl.book@gmail.com
貓頭鷹知識網　www.owls.tw
貓頭鷹臉書　facebook.com/owlpublishing
歡迎上網訂購；大量團購請洽專線(02)2500-1919

國家圖書館出版品預行編目(CIP)資料

台灣原生植物全圖鑑. 第六卷, 山茱萸科-紫
葳科 / 鐘詩文著. -- 初版. -- 臺北市：貓頭鷹
出版：家庭傳媒城邦分公司發行, 2018.06
416面；21×28公分
ISBN 978-986-262-352-7(精裝)
1.植物圖鑑 2.台灣

375.233　　　　　　　　　　107006563

目次

如何使用本書

本書為《台灣原生植物全圖鑑》第六卷，使用最新APG IV分類法，依照親緣關係，由山茱萸科至紫葳科為止，收錄植物共36科635種。科總論部分詳細介紹各科特色、亞科識別特徵，並以不同物種照片，清楚呈現該科辨識重點。個論部分，以清晰的去背圖與豐富的文字圖說，詳細記錄植物的科名、屬名、拉丁學名、中文別名、生態環境、物種特徵等細節。以下介紹本書內頁呈現方式：

❶ 科名與科描述，介紹該科共同特色。
❷ 以特寫圖片呈現該科的識別重點。

---

32 · 杜鵑花目

❶ 岩梅科 DIAPENSIACEAE

多年生草本。單葉，互生或對生，無托葉。花單生或成總狀花序；花兩性，5數；花萼漏斗狀鐘形，宿存；花冠鐘形；雄蕊著生於花冠上，與花瓣互生；假雄蕊5或0，與花瓣對生；子房近球狀，3室。果實為蒴果。

❷ 特徵

多年生草本。單葉，互生或對生，無托葉。（圓葉裂緣花）

雄蕊著生花冠上，與花瓣互生。（李棟山裂緣花）

蒴果（李棟山裂緣花）

花萼漏斗狀鐘形，宿存。（李棟山裂緣花）

❸ 屬名與屬描述，介紹該屬共同特色。
❹ 本種植物在分類學上的科名。
❺ 本種植物的中文名稱與別名。
❻ 本種植物在分類學上的屬名。
❼ 本種植物的拉丁學名。
❽ 物種介紹，包括本種植物的詳細形態說明與分布地點。
❾ 本種植物的生態與特寫圖片，清晰呈現細部重點與植物的生長環境。
❿ 清晰的去背圖片，以拉線圖說的方式說明本種植物的細部特色，有助於辨識。

4
茜草科 · 217
3
伏牛花屬 DAMNACANTHUS
灌木。葉對生，羽狀脈，近無柄；托葉生於葉柄間，三角形。花腋生；花萼鐘形，四裂，宿存；花冠白色，漏斗狀，裂片4，於花苞時鑷合狀；雄蕊著生於花冠基部，內藏；柱頭四岔，子房4室，每室1胚珠。果實為核果，具4縱溝，成熟時紅色。
5
無刺伏牛花（細葉伏牛花）
特有種
屬名 伏牛花屬
6
學名 Damnacanthus angustifolius Hayata
7
8
莖四稜，枝無刺。葉薄革質，長橢圓形、披針形至線狀披針形，長5～14公分，全緣或疏鈍鋸齒緣，無毛。花1～6朵生，花萼長1～2公釐，花瓣長5～10公釐。核果前端可見甚小之宿存花萼。
特有種，分布於台灣全島中、低海拔地區。
10
核果前端可見甚小之宿存花萼
9
葉披針形，枝條無刺。
短刺虎刺（長卵葉伏牛花）
屬名 伏牛花屬
學名 Damnacanthus giganteus (Mak.) Nakai
直立灌木，高約70公分，枝無刺，平滑無毛。葉長卵形，長6～8公分，寬2～3.3公分，暗綠色，葉脈隆起。花2～4朵簇生。果實成熟時紅色，具宿存萼片。
產於中國及日本，在台灣分布於中北部中海拔地區。
果熟紅色，具宿存萼片。
葉暗綠色，葉脈隆起。
葉長卵形，枝條無刺。

推薦序

台灣地處歐亞大陸與太平洋間，北回歸線橫跨本島中部，加以海拔高度變化甚大，植被自然分化成熱帶、亞熱帶、溫帶及寒帶等區域，小小的一個島上，孕育了多達4,000餘種的維管束植物，是地球上重要的生物資料庫。

台灣的植物愛好者眾，民眾從圖鑑入門，識別植物，乃是最直接途徑；坊間雖已有各類植物圖鑑，但無論種類之搜集或編排之系統性，均尚有缺憾。有鑑於此，鐘詩文君，十年來披星戴月，奔走於全島原野與森林，親自觀察、記錄、拍攝所有植物的影像，並賦予正確的學名，已達4,000餘種，且加以詳細描述撰寫，真可謂工程浩大，毅力驚人。

這套台灣原生植物的科普圖鑑，每個物種除描述其最易識別的特徵外，並佐以清晰的照片，既適合初學者，也是專業研究人員不可或缺的參考書；作者更特別貼心的為讀者標出每一物種與相似種的差異，讓初學者更易入門。本書為了完整性及完備性，作者拍攝了每一種植物的葉及花部特徵，並鑑之分類文獻及標本，以力求每一物種學名之正確性。更加難得的是，本圖鑑有許多台灣文獻上從未被記錄的稀有植物影像，對專業研究人員來說也是極珍貴的參考資料。

在我們生活的周遭，甚或田野、海邊、山區，到處都有植物，認識觀察它們，進而欣賞它們，透過植物自然美，你會發現認識植物也是個身心安頓的良方。好的植物圖鑑，可以讓你容易進入植物的世界，《台灣原生植物全圖鑑》完整呈現台灣原生的各種植物，內容詳實，影像拍攝精美，栩栩如生，躍然紙上，故是一套值得您永遠珍藏擁有的圖鑑。

歐 辰 雄

國立中興大學森林學系

教授　歐辰雄

作者序

在小學二年級之前，南投中寮的小山村，就是我孩提時代的縮影。那時，我常常在山上悠晃，小西氏石櫟的種子，是林子內隨手可得的玩具，無患子則撿拾作為吹泡泡及洗衣服之用，當然了，不虞匱乏的朴樹子，便權充竹管槍的子彈，消磨在與玩伴的戰爭中；已經忘記最初從哪聽聞，那時，我已嫻熟於採摘魚藤，搗碎其根部後放置水中毒魚，不時帶回家中給母親料理。

稍長，舉家移居台中太平，彼時，房屋周遭仍圍繞著荒野，從小自由慣了的我，成天閒逛戲耍，有時或會採擷荒草中的龍葵及刺波（懸鉤子台語）生食；而由住家望出，巷外濃蔭的苦苓樹，盛花期籠罩著霧紫的景象，啟蒙了我的園藝想像，那時，我已喜愛種植花草，常一得閒，便四處搜括玫瑰或大理花；而有了腳踏車之後，整個後山就形同我的祕密花園，流連忘返……。一一回憶起我的童年，竟是如此縈繞著植物，密不可分；接續其後，半大不小的國中時代，少年的我仍到處探尋山林谷壑的神祕，並志讀森林系，心想着日後隱於山中，鎮日與草木為伍；這段時期，奠定了我往後安身立命的依歸。

及長，一如當初的理想，進入森林系，在其中，我僅僅念通了一門學科——樹木學，這門課，也是我記憶中唯一沒有蹺課的科目；課堂前後經歷了恩師呂福原及歐辰雄老師的授課，讓我初窺植物分類學的精奧與妙趣，也自許以其為志業。歐老師讓我在大三時，自由往來研究室；在這之前，我對所有的植物充滿了興趣，已開始滿山遍野的植物行旅，但那時，如何鑑定名稱相當困難，坊間的圖鑑甚少，若有，介紹的植物種類也不多，心中時常充滿了許多未解的疑問，於是我開始頻繁的，直接敲歐老師的門請教；敲了那扇門，慢慢的，等於也敲開了屬於我自己的門，在研究室，我不僅可請教植物相關問題，也開始隨著老師及學長們於台灣各山林調查採集，最長的我們曾走過十天的馬博橫斷、九天的八通關古道，而大小鬼湖、瑞穗林道、拉拉山、玫瑰西魔山、玉里、中橫、雪山及惠蓀，也都有我們的足跡，這段求學期間的山林調查，豐富了我植物分類的根基。

接著，在邱文良老師的引薦下，我進入了林試所植物分類研究室，在這兒，除了最喜愛的學術研究外，經管植物標本館也是我的工作項目之一，經常需要至台灣各地蒐集標本。在年輕時，我是學校的田徑隊，主攻中長跑，在堪夠的體力支持下，我常自己或二、三人就往高山去，一去往往就是五、六天，例如玉山群峰、雪山群峰、武陵四秀、大霸尖山、南湖中央尖、合歡山、秀姑巒山、馬博拉斯山、北插天山、加里山、清水山、塔關山、關山、屏風山、奇萊、能高越嶺、能高安東軍等高山，可說走遍台灣的野地。長久下來，讓我對台灣的植物有了比較全面性的認知，腦中隱然形成一幅具體的植物地圖。

2006年，我出版了《台灣野生蘭》一書，《菊科圖鑑》亦即將完稿，累積了許多的植物影像及田野資料，這時，我想，我應該可以做一個大夢，那就是完成一部台灣所有植物的大圖鑑。人

生，總要試試做一件大事！由此，就開始了我的探尋植物計畫。起先，我列出沒有拍過照片的植物名單，一一的將它們從台灣的土地上找出來，留下影像及生態記錄。為了出版計畫，台灣植物的熱點之中，蘭嶼，我登島近廿次；清水山去了六次；而浸水營及恆春半島就像自己家的後院一般，往還不絕。

我的這個夢想，出版《台灣原生植物全圖鑑》，想來是個吃力也未必討好的工作，因為完成這件事的難度太高了。

第一，台灣有4,000餘種植物，如何將它們全數鑑定出正確的學名，就是一件極為困難的事情。十年來，我為了植物的正名，花了許多時間爬梳各類書籍、論文及期刊，對分類地位混沌的物種，也慎重的觀察模式標本，以求其最合宜的學名，這工作的確不容易，也相當耗費時力。

第二，要完成如斯巨著，必得撰述大量文字，就如同每種都要為它們一一立傳般，4,000餘種植物之描述，稍加統計，約64萬餘字，那樣的工作量，想來的確有點駭人。

第三，全圖鑑，當然就是所有植物都要有生態影像，並具備其最基本的葉、花、果及識別特徵，這是此巨著最大的挑戰。姑且不論常見之種類，台灣島上存有許多自發表後，百年或數十年間未曾再被記錄的、逸失的夢幻物種，它們具體生長在何處？活體的樣貌如何？如同偵探般，植物學家也需要細細推敲線索，如此，上窮碧落下黃泉，老林深山披荊斬棘，披星戴月的早出晚歸，才有可能竟其功啊！

多年前蘇鴻傑老師曾跟我說過：「一個優秀的分類學家，要有在某個地點找到特定植物的能力及熱忱」；也曾說：「找蘭花是要鑽林子，是要走人沒有走過的路」。老師的話我記住了；也是這樣的信念，使得至今，我的熱忱依然強烈，也繼續的走著沒人走過的路。

鐘詩文

作者簡介

中興大學森林學博士，現任職於林業試驗所，專長為台灣植物系統分類學與蘭科分子親緣學，長期從事台灣之植物調查，熟稔台灣各種植物，十年來從未間斷的來回山林及原野，冀期完成台灣所有植物之影像記錄。

目前發表期刊論文共64篇，其中15篇為SCI的國際期刊，並撰寫Flora of Taiwan第二版中的菊科：千里光族及澤蘭屬。發表物種包括蘭科、菊科、木蘭科、樟科、山柑科、野牡丹科、蕁麻科、茜草科、豆科、繖形科、蓼科等，共22種新種，3新記錄屬，30種新記錄，21種新歸化植物及2種新確認種。

著作共有：《台灣賞樹春夏秋冬》、《台灣野生蘭》、《台灣種樹大圖鑑》之全冊攝影，以及貓頭鷹出版的《臺灣野生蘭圖誌》。

《台灣原生植物全圖鑑》總導讀

一、植物分類學，是一門歷史悠久的科學，自17世紀成為一門獨立的學科後，迄今仍持續發展。傳統的植物分類學，偏重於使用植物之解剖形態特徵，而現今由於分子生物工具的加入，使得植物分類研究在近年內出現另一層面的發展，即是利用分子系統生物學，通過對生物大分子（蛋白質及核酸等）的結構、功能等等之研究，闡明各類群間的親緣關係。由於生物大分子本身即是遺傳信息的載體，以此為材料進行分析的結果，相對於傳統工具，更具可比性和客觀性。本套書的被子植物分類，即採用最新的APG IV系統（Angiosperm Phylogeny IV；被子植物親緣組織分類系統第四版），蕨類及裸子植物的分類系統則依據最近研究之成果排序。被子植物親緣組織（APG，Angiosperm Phylogeny Group）是一個非官方的國際植物分類學組織，該組織試圖將分子生物學的資訊應用到被子植物的分類中，企圖尋求能得到大多學者共識的分類系統。他們所提出的系統，大異於傳統的形態分類，其主要是依據植物的三個基因編碼之DNA序列，以重建親緣分枝的方式進行分類，包括兩個葉綠體基因（*rbc*L和*atp*B）和一個核糖體的基因編碼（nuclear 18S rDNA）序列；雖然該分類系統主要依據分子生物學的資訊，但亦有其它資料或訊息的加入，例如參考花粉形態學，將真雙子葉植物分枝，和其他原先分到雙子葉植物中的種類區分開來。由於這個分類系統不屬於任何個人或國家而顯得較為客觀，所以目前已普遍為世界上大多數分類學者所認同及採用，本書同步使用此一系統，冀期為台灣民眾打開新的視野。

二、本書在各「目」之下的「科」，係依照科名字母順序排列；種論亦以字母順序為主要原則，每種介紹多以半頁至全頁為一篇，除文字外，以包含根、莖、葉、花、果及種子之彩色照片完整呈現其識別特徵，並以生態照揭示其在生育地之自然生長狀態。

三、植物的學名、中名以《台灣維管束植物簡誌》、《台灣植物誌》（*Flora of Taiwan*）及《台灣樹木圖誌》為主要參考，形態描述除自撰外亦參據前述文獻之書寫。

四、書中大部分文字及照片由鐘詩文博士執筆及拍攝，惟蘭科、莎草科及穀精草科全由許天銓先生主筆及拍攝，陳志豪先生負責燈心草科之文圖，禾本科則由陳志輝博士及吳聖傑博士共同執筆及攝影，蕨類部分交由陳正為先生及洪信介先生合作撰述。本套書包含8卷，共收錄4,000餘種的台灣植物，每一種皆有清楚的照片供讀者參考，作者們從10萬餘張照片中，精挑約15,000張為本套巨著所用，除少數於圖片下署名者係由其他人士提供之外，未特別註明者，皆為鐘博士本人或該科作者所攝影。

五、本套書收錄的植物種類涵蓋台灣及附屬離島之原生及歸化的所有植物，並亦已儘量納入部分金門、馬祖及東沙群島的特殊類群。

第六卷導讀 （山茱萸科——紫葳科）

　　本卷為菊超目的類群，在這一卷中收錄了山茱萸目、絲纓花目、杜鵑目、茶茱萸目、龍膽目、紫草目、茄目及部分的唇形目。

　　山茱萸目中的八仙花科及山茱萸科，是一群特色強烈的植物，八仙花科其花序外圍常有不孕性花，裝飾著醒目的瓣狀萼片，而山茱萸科的四照花，於其花序下綴有四枚大型苞片；這些在開花中植物相當特出的特徵，也讓它們成為知名的庭園樹種。

　　杜鵑目包括了許多著名的科別，台灣原生有鳳仙花科、玉蕊科、五列木科、山欖科、柿樹科、報春花科、茶科、灰木科、岩梅科、安息香科、獼猴桃科、奴草科及杜鵑花科。獼猴桃科中的奇異果和柿樹科的柿子都是常見的水果，但你知道台灣也有許多原生的「奇異果」，而野地中又有多少形態各異的柿類嗎？台灣的茶科種類繁多，有花色紅艷的日本山茶，也有可做為茶葉的台灣山茶，在這卷中，可以見到台灣產茶科植物的多樣化。灰木科擁有將近30個物種，是形態變化多端的類群，我們也盡力的以文圖向大家引介這群難以鑑定的灰木們。聞名於世且美麗的杜鵑花科，絕對是一群令人喜愛的植物，除了常見於園藝的杜鵑花屬外，也包含水晶蘭屬、越橘屬及鹿蹄草屬……等11屬多達40餘種由草本到小喬木的種類。

　　龍膽目在台灣有夾竹桃科、龍膽科、馬錢科及茜草科等四科。其中茜草科是被子植物中最大的幾個「科」之一，本科在台灣大約有40餘屬超過100個分類群（包括亞種、變種），是本卷最大的家族，其中的大屬有豬殃殃屬、耳草屬複合群、雞屎樹屬等等鑑定特徵相對細緻的屬別；夾竹桃科主要產於熱帶和亞熱帶地區，它們常常會長出一個長長大大的蓇葖果，通常都含有乳汁且多數種類具有毒性。而龍膽科龍膽屬及肺形草屬的植物普遍生於台灣的中高海拔山區，其中龍膽屬為高山草原的代表性植物，這群植物分類特徵甚微，不易區分，而這卷圖文並陳的比較，可以讓你對照出它們的差異。

　　紫草目依據最新的親緣研究改隸為紫草科、厚殼樹科、生果草科、破布子科及天芹菜科等5個科，將原來廣義的台灣產紫草科分成不同的5科12屬，將近約30種，也完整收錄於本卷。

　　茄目中包含了茄科、旋花科、尖瓣花科及探芹草科。茄科對於人類是非常重要的一類植物，提供許多種食物和藥物，在台灣野外有為數不少的茄科植物，包含許多稀有種類或不常見的物種，而旋花科部分種類在台灣一直罕有記錄，歷經多年的努力，我們終於完成了這些科別大部分種類影像的紀錄。對於想要一窺台灣茄科家族的人來說，必有極大助益。

　　最後，在野地非常普遍的爵床科植物，包含種類繁多的水蓑衣屬、爵床屬、馬藍屬等等，每種都有清楚的照片及解說，冀期幫大家可以更容易的認知這一唇形目的類群。

APG分類系統第四版（APG IV）支序分類表

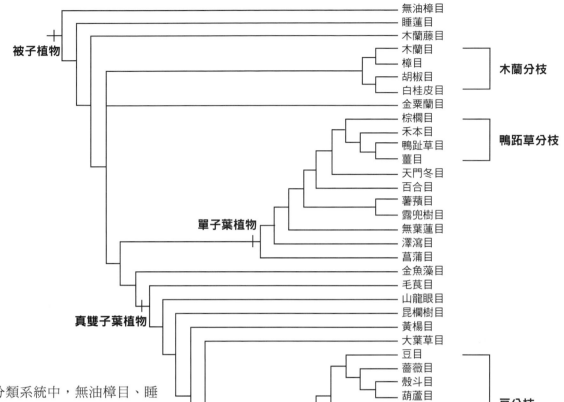
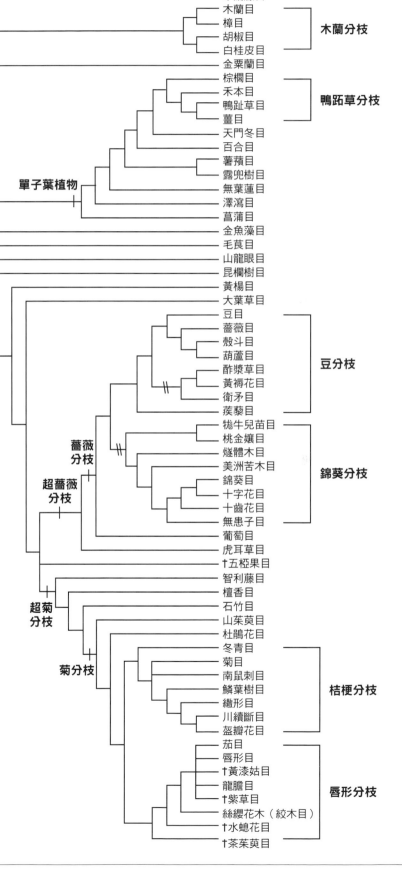

被子植物

木蘭分枝
- 無油樟目
- 睡蓮目
- 木蘭藤目
- 木蘭目
- 樟目
- 胡椒目
- 白桂皮目
- 金粟蘭目

鴨跖草分枝
- 棕櫚目
- 禾本目
- 鴨趾草目
- 薑目

單子葉植物
- 天門冬目
- 百合目
- 薯蕷目
- 露兜樹目
- 無葉蓮目
- 澤瀉目
- 菖蒲目

真雙子葉植物
- 金魚藻目
- 毛茛目
- 山龍眼目
- 昆欄樹目
- 黃楊目
- 大葉草目

豆分枝
- 豆目
- 薔薇目
- 殼斗目
- 葫蘆目
- 酢漿草目
- 黃褥花目
- 衛矛目
- 蒺藜目

錦葵分枝
- 牻牛兒苗目
- 桃金孃目
- 燧體木目
- 美洲苦木目
- 錦葵目
- 十字花目
- 十齒花目
- 無患子目

薔薇分枝 / 超薔薇分枝
- 葡萄目
- 虎耳草目

超菊分枝
- †五椏果目
- 智利藤目
- 檀香目
- 石竹目
- 山茱萸目
- 杜鵑花目

菊分枝

桔梗分枝
- 冬青目
- 菊目
- 南鼠刺目
- 鱗葉樹目
- 繖形目
- 川續斷目
- 盔瓣花目

唇形分枝
- 茄目
- 唇形目
- †黃漆姑目
- 龍膽目
- †紫草目
- 絲纓花木（絞木目）
- †水螅花目
- †茶茱萸目

在APG IV分類系統中，無油樟目、睡蓮目及木蘭藤目形成了被子植物的基部演化級，而木蘭分枝、單子葉植物及真雙子葉植物則形成了被子植物的核心類群，其中金魚藻目是真雙子葉植物的姊妹群，金粟蘭目則未確定是否為木蘭類的姊妹群。

在單子葉植物中，鴨跖草分枝為其核心類群；而在真雙子葉植物中，薔薇分枝及菊分枝則是核心真雙子葉植物最主要的兩大分枝。其中，薔薇分枝的核心類群主要由豆類分枝（即APG II裡的真薔薇I）及錦葵類分枝（真薔薇II）組成，但 COM clade（衛矛目、酢漿草目、黃褥花目）由不同片段推演的結果不同，可能包含在豆分枝之中，或是與錦葵分枝成為姊妹群，推測COM clade有可能是遠古薔薇與菊分枝發生雜交所造成的結果；菊分枝的核心則由唇形分枝（真菊I）及桔梗分枝（真菊II）組成。

● 圖中直線及名稱表示由該處為始的單系群為該類群，例如單子葉植物。
● 雙斜線（\\）表示COM clade在不同基因組的結果中衝突的位置。
● †符號表示該目為本系統（APG IV）新加入的目。

山茱萸科 CORNACEAE

喬木、灌木或亞灌木。單葉，對生或互生，稀輪生，無托葉。聚繖、圓錐或頭狀花序，常具明顯總苞；花小，兩性或單性，雌雄同株或異株，輻射對稱，有時具白色大苞片；萼片 4～5 枚；花瓣 4～5 枚或缺；雄蕊 4～5，與花瓣互生；子房下位，2～4 室，花柱 1。果實為核果、漿果或集生果。

特徵

喬木、灌木或亞灌木。單葉。（華八角楓）

花瓣 4～5，雄蕊 4～5，子房下位，花柱 1。（華八角楓）

頭狀花序，常具明顯總苞。（四照花）

花序基部具 4 枚花瓣狀之白色苞片（日本產的四照花）

八角楓屬 ALANGIUM

喬 木或灌木。單葉,互生,全緣或瓣裂,無托葉。聚繖花序腋生;花兩性,輻射對稱,具苞片;花萼四至十裂;花瓣與萼裂片同數;雄蕊數為花瓣之 1 ～ 4 倍,著生於膨大之花盤;子房下位,1 室,稀 2 室。核果,常具宿存花萼。

華八角楓

屬名	八角楓屬
學名	*Alangium chinense* (Lour.) Harms

幼枝有毛,後變光滑。葉形變化大,卵形至心形,長 8 ～ 20 公分,寬 5 ～ 12 公分,漸尖頭,歪基,三至五出脈,上表面光滑,下表面脈腋具簇毛;葉柄淡紅色,長 4 ～ 6 公分。花序具 3 ～ 15 朵花;花長約 2 公分;花瓣 6 ～ 8 枚,花冠初為筒狀,後則花瓣反曲。果實卵狀,長約 7 公釐。

　　分布於非洲、中國、日本及東南亞;在台灣產於低、中海拔林緣或開闊地。

花冠初為筒狀,後則花瓣反曲。

果卵狀,長約 7 公釐。

葉卵形至心形,漸尖頭,歪基。

花期為 6 ～ 10 月

葉下表面脈腋具簇毛

四照花屬 CORNUS

小 喬木或灌木。葉對生或互生,全緣,稀有鋸齒。花序頭狀,基部具 4 枚花瓣狀的白色苞片或聚繖花至圓錐狀;花兩性,萼片、花瓣、雄蕊均 4 枚;子房通常 2 室;花柱圓柱形或棍棒狀;柱頭頭狀。核果。

燈台樹

屬名	四照花屬
學名	*Cornus controversa* Hemsl.

喬木,高達 30 公尺。葉常互生,叢生枝端,闊卵形,長 5 ～ 10 公分,寬 3 ～ 7 公分,先端突漸尖,基部圓,葉背灰白色並略被伏毛,葉柄長 3 ～ 9 公分。聚繖花序成圓錐狀,頂生;花瓣 4 枚,淡黃色;雄蕊 4。核果球形,成熟時藍黑色。

　　產於中國、韓國及日本;在台灣分布於中海拔山區,稀少。

雄蕊 4,花瓣 4 枚。

葉闊卵形,下表面灰白色。

葉常互生(梜木對生)

大型花序開在枝頂端

四照花

屬名 四照花屬

學名 *Cornus kousa* Bürger *ex* Miq. subsp. *chinensis* (Osborn) Q. Y. Xiang

落葉小喬木，小枝呈綠色，平展。葉對生，兩面被毛，卵形或闊卵形，紙質。頭狀花序，花序基部有四枚白色花瓣狀大苞片；花兩性；萼片4枚，白綠色；花藥長橢圓形，紫黑色。核果，聚生成集合果，成熟時橘紅色。

　　產於中國中部、日本及韓國；在台灣分布於全島中海拔山區。

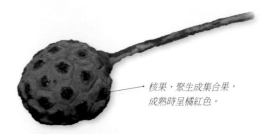

核果，聚生成集合果，成熟時呈橘紅色。

頭狀花序，花序基部有4枚白色花瓣狀大苞片。

花4～5數

約4～5月盛花

梾木 (莱木、梾木)

屬名　四照花屬
學名　*Cornus macrophylla* Wall.

大喬木，高達 15 公尺。葉對生，散生枝上，長卵形，長 8～12 公分，寬 3.5～4.5 公分，先端近尾狀，全緣或不明顯圓齒緣。花多數，淡黃色，小型，呈頂生直立的圓錐狀聚繖花序，花序長 8～12 公分，具有多數分枝，光滑無毛或有倒伏性短柔毛；花萼筒形，先端有 4 枚鋸齒狀裂片，外面有白色細軟毛；花瓣 4 枚，披針狀長橢圓形；雄蕊 4，子房 2 室，上部有花盤。

　　產於中國，在台灣分布於中部及東部之中海拔山區。

果實表面密生毛

花瓣 4 枚，披針狀長橢圓形；雄蕊 4。

果序

6 月為盛花期。葉對生。

八仙花科 HYDRANGEACEAE

草本、灌木或喬木，有時攀緣狀。單葉，對生或互生，稀輪生，無托葉。花小，兩性或有些不發育，排成聚繖花序或總狀花序，有時邊緣不完全發育而具顯著之大型萼片；萼筒略連生於子房，先端五裂或五齒；花瓣 4 或 5 枚；雄蕊 5 至多數，排成數輪，花絲分離或基部連生；子房半下位或全下位，3 ～ 6 室；花柱與子房室同數，離生或部分合生。果實為蒴果，頂部開裂，很少為漿果。

特徵

花小，兩性或有些不發育，排成聚繖花序或總狀花序，有時邊緣不完全發育而具顯著之大型萼片。（圓葉鑽地風）

植株有時攀緣狀（圓葉鑽地風）

花瓣 4 或 5；雄蕊 5 至多數。（大葉溲疏）

果實為蒴果（藤繡球）

溲疏屬 DEUTZIA

落 葉灌木或小喬木，稀常綠，常被星狀毛。葉對生，鋸齒緣，具短柄。花白色或粉紅色，單朵腋生或成頂生或腋生之聚繖或圓錐狀花序；花萼筒與子房癒合，先端五裂；花瓣 5 枚；雄蕊 10，稀更多，花絲兩側具一齒裂；子房下位，花柱宿存。蒴果三至五裂。

心基葉溲疏 特有種

屬名	溲疏屬
學名	*Deutzia cordatula* H. L. Li

小枝密被褐色星狀毛。葉紙質，卵形至長橢圓形，長 4 ～ 12 公分，寬 2 ～ 5 公分，先端尾尖至漸尖，基部圓至淺心形，細鋸齒緣，星狀毛立體狀 4 ～ 5 芒歧，葉柄長 3 ～ 5 公釐。頂生似總狀的圓錐花序，雄蕊較花瓣長。

　　特有種，產於台灣中、北部低至中海拔山區。

花絲兩側具一齒裂

葉紙質，卵形至長橢圓形。

葉基部圓至淺心形。

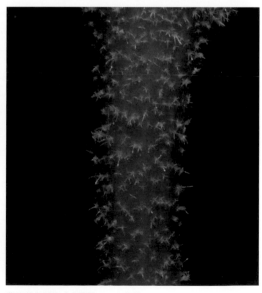

莖及葉之星狀毛立體狀 4 ～ 5 芒歧

大葉溲疏

屬名　溲疏屬
學名　*Deutzia pulchra* Vidal

葉卵狀長橢圓形，長 5 ～ 12 公分，寬 2.5 ～ 4.5 公分，基部楔形至近圓形，疏細鋸齒緣至近全緣，先端銳尖至漸尖，星狀毛平面分歧，11 ～ 18 芒歧，葉柄長 5 ～ 10 公釐。圓錐花序頂生，雄蕊與花瓣等長。

　　產於呂宋島北部至台灣；在台灣分布於低至中高海拔山區林緣、路旁及河床地，亦見於蘭嶼及綠島。

星狀毛平面分歧，11 ～ 18 芒歧。

雄蕊與花瓣等長

頂生圓錐花序

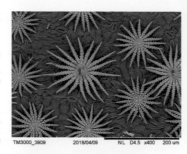
開花之植株

台灣溲疏　特有種

屬名　溲疏屬
學名　*Deutzia taiwanensis* (Maxim.) C. K. Schneid.

膜質至薄紙質，卵狀長橢圓至卵狀披針形，長 5 ～ 8 公分，寬 2 ～ 3 公分，先端尾狀，基部鈍至圓，銳尖細鋸齒緣；葉柄長 5 ～ 6 公釐，星狀毛平面分歧，3 ～ 8 芒歧。圓錐花序頂生，雄蕊較花瓣略短。

　　特有種，分布於台灣低至中海拔山區較潮濕的環境。

雄蕊較花瓣略短

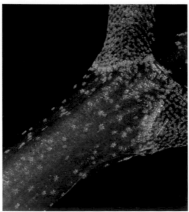
星狀毛平面分歧，3 ～ 8 芒歧。（心基葉溲疏為立體狀星狀毛）

花期春至初夏

八仙花屬 HYDRANGEA

直立或蔓性灌木或喬木。葉對生，無托葉，鋸齒緣或全緣。花成頂生繖房或圓錐花序，外圍至少部分花由萼片瓣化成不孕性花；花萼與子房合生，四至五裂，花瓣 4 ～ 5 枚，雄蕊 8 ～ 10，子房下位。果實為蒴果，2 ～ 4 室。

狹瓣八仙花

屬名	八仙花屬
學名	*Hydrangea angustipetala* Hayata

小枝有毛至近無毛。葉膜質至紙質，倒卵形至長橢圓形，長達 19.5 公分，寬達 4.6 公分，漸尖頭或突漸尖，細鋸齒至鋸齒緣，至少在側脈與中脈相接處有簇毛。兩性花黃綠色，花瓣 5 枚，雄蕊 10；瓣狀萼片 3 或 4 枚，不等形，全緣至具少數齒牙。

　　產於日本及琉球，在台灣分布於低至中海拔之林下或林緣。

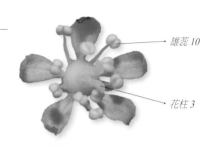

雄蕊 10

花柱 3

不孕性萼片 3 或 4，不等形，全緣至具少數齒牙。

葉細鋸齒至鋸齒緣（華八仙為疏鋸齒緣）

藤繡球

屬名	八仙花屬
學名	*Hydrangea anomala* D. Don

小枝近無毛。葉紙質，卵形至橢圓形，長 8 ～ 15 公分，寬 5.5 ～ 8.5 公分，突漸尖頭，銳尖細鋸齒緣，近無毛，或兩面脈上略有微粗毛。兩性花紫色；瓣狀萼片 4 枚，略等形，先端圓至截形或凹頭。

　　產於喜馬拉雅山區、印度至中國西南部；在台灣分布於中、北部中海拔地區。

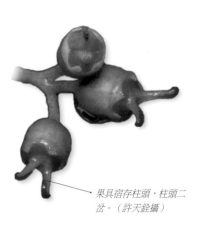

果具宿存柱頭，柱頭二岔。（許天銓攝）

瓣狀萼片 4，略等形，先端圓至截形或凹頭。（許天銓攝）

高山藤繡球

屬名　八仙花屬
學名　*Hydrangea aspera* D. Don

雄蕊 10，花絲及
花藥紫色。

兩性花紫色，
花瓣 5 枚。

枝多毛至近無毛。葉紙質，卵形至長卵形，或橢圓至寬橢圓形，長 10～31 公分，寬 6～15 公分，銳尖之不規則細鋸齒緣至重齒緣，上表面密被粗毛，下表面更密。瓣狀萼片 4 枚，先端鈍至圓，常具一短突尖頭；兩性花紫色，花瓣 5 枚，雄蕊 10。

　　產於東亞，在台灣分布於中至高海拔地區。

植株

瓣狀萼片 4

華八仙

屬名　八仙花屬
學名　*Hydrangea chinensis* Maxim.

小枝無毛或近無毛。葉薄革質，倒卵形、長橢圓形至長橢圓狀披針形，長達 15 公分，寬達 5 公分，銳尖至長漸尖頭，疏鋸齒緣，無毛。花序枝具貼伏毛，漸變無毛；兩性花黃色。此分類群在台灣分布廣泛，變異甚大，因此有許多的異名。

　　產於中國西部南部、菲律賓及琉球；在台灣分布於低至中海拔地區，亦見於蘭嶼及綠島。

花瓣 5，偶為 4 枚；雄蕊為
花瓣數的 2 倍；花柱 3。

為台灣中低海拔常見的植物

無性花具 4 枚白色大萼片

此分類群變異甚大，在台灣有許多的異名。如本圖者，曾被命名為 *H. glabrifolia*（無毛八仙花）。

大枝掛繡球

屬名　八仙花屬
學名　*Hydrangea integrifolia* Hayata

攀緣性灌木，初生小枝常具蛛網狀毛茸。葉革質，長橢圓形，長 10～25 公分，寬 4～7 公分，先端銳尖，全緣或有時具不明顯細齒緣，上表面光滑，下表面近無毛，葉柄多數長於 3 公分。花淡乳黃色或白色。

　　產於菲律賓；在台灣分布於中、高海拔，於樹幹上攀緣著生。

花白色，小；不孕性花具長花梗。

攀緣性灌木。葉全緣或不明顯疏鋸齒緣。

長葉繡球 特有種

屬名　八仙花屬
學名　*Hydrangea longifolia* Hayata

小枝具貼伏毛至漸變為無毛。葉紙質，披針形至長橢圓狀披針形，長 12～20 公分，寬 3～5.5 公分，先端尾狀至長漸尖，細鋸齒緣，下表面密被貼伏毛，上表面近無毛。兩性花紫色至淡紫色，柱頭二至三岔，雄蕊約 20 枚；瓣狀萼片 4 枚，闊卵形。

　　特有種，分布於台灣北部及東部低至中海拔地區。

柱頭 2～三岔，雄蕊約 20 枚。

葉紙質，披針形至長橢圓披針形。

瓣狀萼片 4 枚，闊卵形。

台灣草紫陽花

屬名　八仙花屬
學名　*Hydrangea moellendorffii* Hance

莖高達 1 公尺，單一，稀分支。
葉膜質，卵狀披針形至披針形，
長達 15 公分，寬約 5 公分，先端
銳尖至漸尖，基部漸細，上表面
散生長毛，下表面漸變無毛。繖
房狀花序頂生，花柱 3，離生；瓣
狀之花萼 2 ～ 3 枚。果徑約 2 公釐。

　　分布於台灣中、北部中海拔
潮濕林下或小山溝中。

瓣狀之花萼 2 ～ 3 枚

不孕花

紫色；花柱白色。

葉互生，鋸齒緣。

水亞木

屬名　八仙花屬
學名　*Hydrangea paniculata* Sieb.

灌木，小枝密被伏毛。葉紙質至厚紙質，橢圓形至卵狀橢圓形，
長 5 ～ 13 公分，寬 3 ～ 9 公分，先端漸尖，鋸齒緣，脈上具伏
毛。兩性花白色；瓣
狀萼片白色，全緣。

　　產於庫頁島、日
本及中國南部；在台
灣分布於北部中海拔
山區。

瓣狀萼片白色，全緣。兩性花白色，花藥紫色。

大型頂生圓錐花序

葉紙質至厚紙質，橢圓至卵狀橢圓形。

青棉花屬 PILEOSTEGIA

常綠攀緣性灌木。葉對生。花小，白色，均為孕性，成頂生繖房狀圓錐花序；萼筒錐形，與子房合生，先端四至五裂；花瓣 4～5 枚，早落，在先端合生，一起掉落；雄蕊 8～10，花絲長；子房下位，4～5 室。果實為蒴果。

青棉花

屬名	青棉花屬
學名	*Pileostegia viburnoides* Hook. f. & Thomson

植株藉氣根攀緣附生。葉革質，倒卵狀長橢圓形，長 7～15 公分，寬 2～6 公分，先端銳尖，成熟株者近全緣，幼株者常於近先端處有齒。花瓣 4～5 枚，早落；雄蕊多數，花絲甚長。果實長約 4 公釐。

產於印度東部、中國南部及琉球；在台灣分布於低至中海拔地區，著生樹上或岩石上。

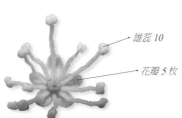

成熟株者葉近全緣，幼株者常於近先端處有齒。　成熟株者葉近全緣，幼株者常於近先端處有齒。

鑽地風屬 SCHIZOPHRAGMA

攀緣性灌木。單葉，對生，無托葉。繖房花序或圓錐狀聚繖花序；花兩性，週位花；不孕花之花萼 1 枚，花瓣狀；可孕花之花萼筒四至五裂，與子房合生，宿存；花瓣 4～5 枚；雄蕊 10，花絲基部與花瓣合生；雌蕊心皮 4 或 5，合生，花柱 1，柱頭 4 或 5，子房 4 或 5 室。果實為蒴果。

圓葉鑽地風

屬名	鑽地風屬
學名	*Schizophragma fauriei* Hayata

攀緣性灌木，高可達 5 公尺。單葉，對生，闊卵形或卵圓形，長 4～10 公分，寬 2～8 公分。繖房狀聚繖花序，長可達 25 公分；位於花序外側者為無性花，花萼葉狀，綠白色；兩性花著生於花序中心，花萼倒圓錐形，淺五裂，裂片三角形；花瓣 5 枚，長卵形；雄蕊 10。蒴果倒圓錐形。

分布於中國；在台灣生於中海拔山區，攀緣於岩石及樹上。

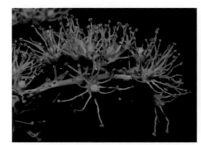

雄蕊 10

花瓣 5 枚

葉闊卵形或卵圓形

獼猴桃科 ACTINIDIACEAE

木質藤本或小灌木。單葉，互生，無托葉。花單性、兩性或雜性，成聚繖花序或圓錐花序；萼片 5 枚，花瓣 5 枚，雄蕊 10 至多數，花柱 3 ～ 5 連生至頂端或分離，子房上位，3 或多室。果實為漿果或蒴果。

特徵

水冬瓜屬為小灌木（水冬瓜）

木質藤本或小灌木。單葉，互生。（山梨獼猴桃）

萼片 5 枚；花瓣 5 枚；雄蕊 10 至多數；花柱 3 ～ 5 連生至頂端或分離；子房上位，3 或多室。（山梨獼猴桃）

漿果（台灣羊桃）

獼猴桃屬 ACTINIDIA

特徵如科。花雜性，子房數室，花柱離生，雄蕊多數，果實為漿果。

軟棗獼猴桃

屬名	獼猴桃屬
學名	*Actinidia arguta* (Sieb. & Zucc.) Planch. *ex* Miq.

枝條髓部有隔。葉先端漸尖或尖凸，基部圓或近心形，密細鋸齒緣。花序軸 1 ～ 2 次分支，花 1 ～ 10 朵，白色，子房光滑無毛。果實光滑無毛，無斑點。

　　產於西伯利亞東部、中國、日本及韓國；在台灣分布於思源埡口及拉拉山等地。

果實光滑，無斑點。

花白色（周次郎攝）

葉先端漸尖或尖凸，基部圓或近心形，密細鋸齒緣。

異色獼猴桃（紅莖獼猴桃）

屬名	獼猴桃屬
學名	*Actinidia callosa* Lindl. var. *discolor* C. F. Liang

枝條髓部無隔。葉橢圓形，先端漸尖或具小凸尖，基部平截或圓，具有小凸尖之鋸齒緣，葉背淺綠色。花白色，子房有毛。果實光滑無毛，皮孔顯著。

　　產於中國南部；在台灣分布於全島海拔 200 ～ 2,100 公尺森林中。

果實表面具顯著斑點，可與台灣產其他四種獼猴桃區分。

花黃白色

葉橢圓形，先端漸尖或具小凸尖，基部平截或圓，具有小凸尖之鋸齒緣。

果序

結果之枝條

闊葉獼猴桃

屬名　獼猴桃屬
學名　*Actinidia latifolia* (Gardn. & Champ.) Merr.

小枝髓部無隔，老枝中空。葉先端漸尖，基部平截或圓至心形，具疏細齒緣，葉背具平貼之星狀絨毛。花軸 2 或 3 次分支，花 6 朵以上，密生鐵鏽色星狀絨毛。花由白色轉為黃褐色，雄花與雌花萼片 3 枚，子房密生柔毛。果實光滑或於兩端有毛，有斑點。

　　產於中國西部南部、越南、馬來西亞及柬埔寨；在台灣分布於海拔 300 ～ 2,200 公尺之森林中。

果實光滑或於兩端
有毛，有斑點。

葉背

雄花與雌花萼片 3 枚（呂順泉攝）

開花之植株（郭明裕攝）

結果之植株

山梨獼猴桃（腺齒獼猴桃、駝齒獼猴桃）

屬名　獼猴桃屬

學名　*Actinidia rufa* (Sieb. & Zucc.) Planch. *ex* Miquel

幼枝無絨毛，小枝髓部有隔，枝幹髓部有不規則之隔。葉先端銳尖至漸尖，基部圓至近心形，細鋸齒緣或近全緣。花序有花1～5朵，花白色中帶紅暈，子房密生絨毛，花葯黑色。果實光滑無毛，有斑點。

　　產於南亞，由印度、中國南部、中南半島至馬來西亞；在台灣分布於全島中、低海拔森林中。

花序有花1～5朵，花白色。

葉背（陽明山之族群）　　葉形變異大，此為葉較寬者。（南山至思源之族群）

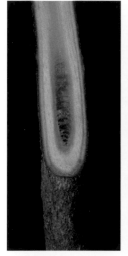

小枝具階段狀髓心　　生於南山至思源之族群的果實　　葉形及果形變化大，此為鴛鴦湖之族群。

開花之植株（陽明山之族群）　　　　　　　　　　　　　　　　結果之植株（陽明山之族群）

台灣羊桃 特有種

屬名	獼猴桃屬
學名	*Actinidia setosa* (H. L. Li) C. F. Liang & A. R. Ferguson

幼枝疏被剛毛；髓部大，有隔。葉闊卵形，先端微凹或短尖凸，基部略呈圓形至心形，細齒緣，葉背密生灰白色星狀絨毛。花序有花數朵，花橘黃色，子房密生褐色長絨毛。果實密生褐色粗毛。

特有種，分布於台灣中、高海拔森林中，以海拔1,200～2,500公尺較常見。

花梗絨毛長，花萼及花瓣5枚或更多，花徑大。

幼莖具密刺毛，葉背密生絨毛。

葉闊卵形，先端微凹或短尖凸，基部略呈圓形至心形，下表面密生灰白色星狀絨毛。果實被密剛毛或刺毛。

水冬瓜屬 SAURAUIA

小 喬木或灌木，枝有瘤狀斑點，常被鱗片。葉生於枝頂，通常鋸齒緣，無托葉。聚繖花序或圓錐花序，花兩性，萼片5枚，雄蕊多數，子房上位。果實為漿果。

台灣有1種。

水冬瓜

屬名	水冬瓜屬
學名	*Saurauia oldhamii* Hemsl.

小枝有粗刺毛。葉膜質，橢圓形，長約20公分，寬約7公分，先端銳尖至鈍，基部銳尖，全緣至近齒緣，上表面光滑，但中肋具疏毛，下表面脈上疏生剛毛，側脈12或13對。花直徑約1公分，粉紅色，雄蕊多數，子房光滑無毛，花柱三岔。果實球形，白色，有宿存花萼。

產於中國南部至琉球；在台灣分布於低、中海拔之森林中，常見。

花直徑約1公分，粉紅色；雄蕊多數；花柱三岔。

果序

葉膜質，橢圓形，長約20公分，寬約7公分。

鳳仙花科 BALSAMINACEAE

多汁草本。單葉，通常互生，偶輪生或對生，托葉無，或在葉柄上有 1 對腺體。花兩性，單生或成聚繖狀或總狀花序；萼片 3 或 5 枚，最下 1 枚瓣化成花距，內有蜜腺，花瓣 5 枚，雄蕊 5，子房 5 室。果實為蒴果或漿果狀的核果。

特徵

多汁草本。單葉，通常互生。(棣慕華鳳仙花)

萼片 3 或 5 枚，最下 1 枚瓣化成花距。(黃花鳳仙花)

鳳仙花屬 IMPATIENS

多年生草本。葉鋸齒或鈍齒緣，有柄。花單生或成總狀花序；萼片 3 枚，中央者囊狀，形成距；花瓣 3 枚，兩翼瓣常二至三裂；雄蕊 5，單體。蒴果細長，受力時快速捲裂而彈出種子。

鳳仙花

屬名	鳳仙花屬
學名	*Impatiens balsamina* L.

一年生草本，高 60 ～ 100 公分。葉互生，最下部葉有時對生；葉片披針形、狹橢圓形或倒披針形，長 4 ～ 12 公分、寬 1.5 ～ 3 公分，先端尖或漸尖，基部楔形，邊緣有銳鋸齒，向基部常有數對無柄的黑色腺體。花單生或 2 ～ 3 朵簇生於葉腋，無總花梗，白色、粉紅色或紫色；唇瓣深舟狀，被柔毛；旗瓣圓形，兜狀，先端微凹，背面中肋具狹龍骨狀突起，頂端具小尖，翼瓣具短柄，二裂，下部裂片小，倒卵狀長圓形，上部裂片近圓形，先端二淺裂，外緣近基部具小耳；雄蕊 5，花絲線形，花藥卵球形，頂端鈍。 蒴果寬紡錘形，長 10 ～ 20 公分：兩端尖，密被柔毛。

中國大陸、印度、馬來西亞。台灣於 1661 年由華南引入，台灣歸化全島。

花內有黃斑

果實有毛

果裂種子彈出

台灣常有人栽培，偶有於野外馴化。

棣慕華鳳仙花 特有種

屬名	鳳仙花屬
學名	*Impatiens devolii* T. C. Huang

果實

直立草本，高 30 ～ 60 公分，莖呈圓柱形，少分支。葉橢圓至長橢圓形，長 5 ～ 14 公分，寬 2 ～ 5 公分，先端尾狀，鈍鋸齒緣，齒牙的裂緣處具剛毛。總狀花序，3 ～ 6 朵花；花冠淡紫紅色，唇瓣囊狀，花距末端不裂，翼瓣二裂；雄蕊 5 枚，單體，長 4 ～ 5.5 公釐，花絲上半部合生，花藥頂端鈍；子房線形，長約 5 公釐，花柱不分岔。蒴果，長 2 ～ 2.5 公分。

特有種，分布於台灣北部中海拔略陰濕處，稀有。

葉緣為鈍鋸齒緣，齒牙的裂緣處具剛毛。花距末端不裂，直不反曲。　　分布於台灣北部中海拔略陰濕處，數量並不多。

黃花鳳仙花 特有種

屬名	鳳仙花屬
學名	*Impatiens tayemonii* Hayata

植株高 25 ～ 70 公分，葉柄著生處紫黑色。葉橢圓狀披針形，長 4 ～ 10 公分，寬 1.3 ～ 5 公分，先端漸尖，主脈明顯，細脈成不規則網格狀。花通常單生於葉腋，黃色，裡面帶紅色或粉紅色斑點，花距末端彎曲，二裂，翼瓣二裂，雄蕊 5 枚，花絲上部癒合成單體，子房柱狀。蒴果管柱狀，長約 2 公分。

特有種，分布於台灣中、北部中高海拔潮濕處。

花距末端二裂，且反曲。

葉主脈明顯，細脈成不規則網格狀。

紫花鳳仙花 特有種

屬名　鳳仙花屬
學名　*Impatiens uniflora* Hayata

一年生直立草本，高 8 ～ 50 公分，莖直立，具翼稜。葉面具剛毛，橢圓形至披針狀橢圓形，長 1 ～ 10 公分，寬 1 ～ 5 公分，先端漸尖或尾狀。花通常單生，稀 2 朵腋生，紫紅色、淡紫色或白色，有時在花冠內具有紫色或黃色斑點，花距末端二淺裂，翼瓣通常三裂。蒴果，長 1.7 ～ 2.5 公分。

　　特有種，分布於台灣中、高海拔潮濕處或小山溝中。

花距末端彎曲

花正面

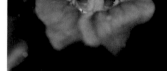

花距末端成二非常淺的小裂

分布於台灣中、高海拔潮濕處或小山溝中。

非洲鳳仙花

屬名　鳳仙花屬
學名　*Impatiens walleriana* Hook. f.

根草本，株高 30 ～ 70 公分。單葉互生，螺旋狀排列；葉闊橢圓形或卵狀披針形，長 1.5 ～ 6 公分，寬 2.5 ～ 5.5 公分，基部有 1 ～ 2 枚具柄的腺體。花兩側對稱，單生或 2 ～ 5 朵簇生於上部葉腋；花色多。花瓣 5 枚，分離；背面的 1 枚花瓣（即旗瓣）離生，兜狀，闊倒心形或倒卵形，長 1.5 ～ 1.9 公分，寬 1.3 ～ 2.5 公分，頂端微凹，背面中肋具狹雞冠狀突起，具尖頭；下面的側生花瓣（即翼瓣）成對合生，長 1.8 ～ 2.5 公分，二裂；雄蕊 5 枚，與花瓣互生；花絲頂端合生，短而闊；花葯合生，卵球形，頂端鈍，2 室。蒴果紡錘形，長 1.5 ～ 2 公分，兩端尖，平滑無毛。

　　原產非洲。台灣歸化全島。

花色多樣；花具一長距。

果實

果實一碰觸，種子即快速彈出。

原產非洲。台灣歸化全島。

岩梅科 DIAPENSIACEAE

多年生草本。單葉，互生或對生，無托葉。花單生或成總狀花序；花兩性，5數；花萼漏斗狀鐘形，宿存；花冠鐘形；雄蕊著生於花冠上，與花瓣互生；假雄蕊5或0，與花瓣對生；子房近球狀，3室。果實為蒴果。

特徵

多年生草本。單葉，互生或對生，無托葉。（圓葉裂緣花）

雄蕊著生花冠上，與花瓣互生。（李棟山裂緣花）

蒴果（李棟山裂緣花）

花萼漏斗狀鐘形，宿存。（李棟山裂緣花）

裂緣花屬 SHORTIA

多年生草本。 葉多數，簇生於根狀莖的頂端，革質或紙質，卵狀長圓形或圓形，基部圓楔形，或有時為心形，邊緣具鈍齒或鋸齒；具長葉柄。花莖單一或2～6，伸長，花單生於頂端，基部具苞片；花萼深五裂，卵形，先端鈍，覆瓦狀排列，宿存；花冠鐘狀，深五裂，邊緣具牙齒；雄蕊5，生於花冠筒的基部，與花冠裂片互生，花絲線形，花藥短；退化雄蕊5，鱗片狀，貼生於花冠基部，內曲，與發育雄蕊互生，與花冠裂片對生；子房圓球形，3室，每室具多數胚珠，花柱單一，伸長，柱頭微淺三裂。蒴果球形，包被於膨大的花萼內，室背開裂。

李棟山裂緣花 特有種

屬名	裂緣花屬
學名	*Shortia rotundifolia* (Maxim.) Makino var. *ritoensis* (Hayata) T. C. Huang & A. Hsiao

植株及葉為本屬中較小者。葉圓卵形至橢圓形，長0.8～2公分，先端圓或截形，基部漸尖，鋸齒緣或具小突齒緣。花梗長3～4公分，苞片窄三角形，長4公釐，寬1公釐。本變種。

　　與承名變種（倒卵葉裂緣花，見本頁）間偶見中間型，有時難以畫分其種群，從模式標本來看的確可以看出本變種之葉有小鋸齒緣，但在一些標本中，如太平山的植株，可以看到同一株中之葉有鋸齒緣及波狀緣者。

　　特有變種，產於台灣中部、東部中至高海拔山區。

雄蕊生於花冠上

結果之植株

果實

植株及葉為本屬中較小者。葉長0.8～2公分。花梗長3～4公分。

倒卵葉裂緣花

屬名	裂緣花屬
學名	*Shortia rotundifolia* (Maxim.) Makino var. *rotundifolia*

葉圓卵形或闊圓形，長2.5～5公分，先端圓或截形，基部漸尖或鈍，波狀緣或具小突齒緣。苞片窄三角形，長6公釐，寬1.5公釐，花梗長4～13公分。

　　產於琉球；在台灣分布於中、北部中至高海拔地區。

花正面。花瓣邊緣具齒緣。

葉先端圓或截形，基部漸尖或鈍，波緣或具小突齒緣。

葉圓卵形或闊圓形，長2.5～5公分。花梗長4～13公分。

圓葉裂緣花 特有種

屬名	裂緣花屬
學名	*Shortia rotundifolia* (Maxim.) Makino var. *subcordata* (Hayata) T. C. Huang & A. Hsiao

葉卵形至圓形，長 3 ～ 5（7）公分，先端圓，基部心形至圓形，波狀緣，偶全緣或鋸齒緣。花梗長 6 ～ 13 公分；苞片窄三角形，長 7 公釐，寬 2 公釐。本變種 與承名變種（倒卵葉裂緣花，見 33 頁）間有連續性變異，有些族群，甚至同一株具有二者的特徵。

　　特有變種，產於台灣全島中至高海拔山區。

花正面

果實

葉基部心形至圓形（倒卵外裂緣花葉基為漸尖）

高山裂緣花 特有種

屬名	裂緣花屬
學名	*Shortia rotundifolia* (Maxim.) Makino var. *transalpina* (Hayata) Yamaz.

莖粗壯，有明顯的莖生葉。葉圓卵形至倒卵形，長 0.7 ～ 1.2（～ 2）公分，先端圓，基部漸尖，有明顯的下延翼至一長葉柄，上半部葉緣有小突齒，下半部全緣。花梗長 2.5 ～ 6.5 公分。本變種與李棟山裂緣花（*S. rotundifolia* var. *ritoensis*，見 33 頁）較相似。

　　特有變種，產於台灣中、南部中至高海拔山區，稀有。

花瓣齒緣較不規則

葉具一長柄且有明顯的下延翼，葉片下半部全緣，上半部葉緣有小突齒或近全緣。

柿樹科 EBENACEAE

喬木或灌木。單葉，互生，無托葉。花常單性而雌雄異株，常排成聚繖花序；花萼三至五裂，外面常被毛；花冠三至五裂；雄蕊數與花冠裂片同數或為其 2～3 倍，花絲離生或成各式合生；子房上位，2～8 或多室，花柱常分岔。肉質漿果，具增大之宿存花萼。

　　台灣有 1 屬。

特徵

喬木或灌木。單葉，互生。（山紅柿）

合瓣花，花冠三至五裂。（山紅柿）

雄蕊數與花冠同數或為其 2～3 倍，花絲離生或各式合生。（山柿）

花柱常分岔（毛柿）

萼片於花後宿存並增大（俄氏柿）

柿樹屬 DIOSPYROS

特徵如科。

象牙柿(象牙樹)

屬名	柿樹屬
學名	*Diospyros egbert-walkeri* Kosterm.

常綠小喬木，幼枝被柔毛，後漸光滑。葉厚革質，倒卵形，長 2～3 公分，先端圓而凹頭，葉緣常反捲，側脈不明顯，兩面光滑無毛，葉柄長約 2 公釐。花冠鐘形或壺形，黃白色，先端三裂。果實橢圓形，長約 1 公分，成熟時黃紅色。

產於琉球；在台灣分布於恆春半島及蘭嶼海岸附近。

果橢圓形，長約 1 公分，黃紅色熟。

果實約於 6 月末開始成熟　　花冠三裂　　雄花　　雌花

軟毛柿

屬名	柿樹屬
學名	*Diospyros eriantha* Champ. *ex* Benth.

常綠喬木，小枝被褐色絨毛。葉薄紙質，長橢圓狀披針形，長 7～10 公分，先端銳尖至漸尖，上表面光滑或（中脈上）被疏柔毛，下表面脈上被絨毛，側脈 4～6，葉柄長 2～4 公釐。花序有密毛，腋生。果實卵形，長 1.5～2 公分，被長柔毛。

產於中國南部及馬來西亞；在台灣分布於全島低海拔森林中。

葉薄紙質，長橢圓狀披針形，先端銳尖至漸尖。

果卵形，被長柔毛。　　花序有密毛，腋生。

山柿

屬名　柿樹屬

學名　*Diospyros japonica* Sieb. & Zucc.

落葉喬木。葉紙質，卵形至卵狀長橢圓形，長9～13公分，先端銳尖至鈍，上表面綠色，下表面略粉白，側脈6～8，兩面光滑無毛，葉柄長1～2.5公分。花冠米黃色，裂片粉紅色或黃白色。果實球形，直徑約2公分，成熟時黃色。

　　產於中國中部至琉球及日本南部，在台灣分布於全島低至中海拔山區森林中。

雄花

花冠米黃色，裂片粉紅色或黃白色。

葉下表面略粉白，側脈6～8對。

果球形，直徑約2公分。

蘭嶼柿 特有種

屬名	柿樹屬
學名	*Diospyros kotoensis* Yamaz.

常綠小喬木，小枝光滑無毛。葉
紙質，橢圓形至長橢圓形，長
4～6.5公分，先端鈍，兩面光
滑無毛，側脈6～8對，不明
顯；葉柄長3～4公釐，被糙
毛。雄花3～5朵排成聚繖狀；
花冠四裂，裂片反捲；雄蕊8或
12。果實球形，直徑約1.5公分。
　　特有種，產於離島
蘭嶼之山區森林中。

雄花花冠四裂，
裂片反捲。

葉側脈不明顯。果球形。

花序側面

葉紙質，長橢圓形，長4～6.5公分，先端鈍，兩面光滑無毛。

黃心柿

屬名	柿樹屬
學名	*Diospyros maritima* Bl.

常綠小喬木，幼枝被毛。葉革質，橢圓形至倒卵狀長橢圓形，
長7～17公分，先端銳尖至鈍，兩面光滑無毛，側脈約5，葉
柄長達1公分。雄花2～3朵簇生，雌花單生；花萼密被黃褐
色毛，先端四裂。果實扁球形，成熟時黃色，直徑3～4公分。
　　產於新幾內亞、澳洲熱帶地區、菲律賓及琉球；在台灣分
布於野柳、恆春半島及蘭嶼之灌叢中。

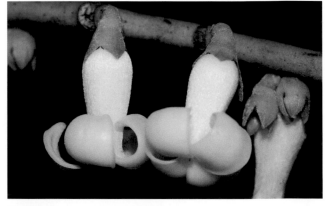

雌花單生

葉革質，橢圓至倒卵狀長橢圓形。

果扁球形，黃熟，直徑3～4公分。

山紅柿(油柿)

屬名　柿樹屬
學名　*Diospyros morrisiana* Hance

落葉小喬木，幼枝被毛。葉革質，橢圓形至卵狀披針形，長 7 ～ 10 公分，先端漸尖，上表面光滑，下表面光滑或沿中脈略被短毛。雄花序短小，腋生，萼裂片三角形，雄蕊 16 ～ 26；雌花單生，花冠近壺狀。果實球形，直徑約 1.5 公分。

　　產於中國南部、日本及琉球；在台灣分布於北部或中部之低至中海拔森林。

雄花花冠近壺狀

約 1 ～ 2 月時果轉成黃色。

俄氏柿(台東柿)

屬名　柿樹屬
學名　*Diospyros oldhamii* Maxim.

落葉小喬木，幼枝被毛。葉紙質，橢圓形至卵狀長橢圓形，長 8 ～ 12 公分，先端漸尖，上表面光滑，下表面側脈處略被毛或光滑，側脈 4 ～ 5，葉柄長 1.8 ～ 2.4 公分。果實近球形，直徑 2.5 ～ 4 公分。

　　產於琉球；在台灣分布於北、中及東部之低至中海拔森林中。

果近球形，直徑 2.5 ～ 4 公分。

葉側脈 4 ～ 5 對。（山柿側脈 6 ～ 8 對）

毛柿

屬名　柿樹屬
學名　*Diospyros philippensis* (Desr.) Gurke

常綠喬木，小枝被褐色絨毛。葉革質，披針形，長 8 ～ 30 公分，先端銳尖，基部圓心形至耳狀，上表面具光澤，下表面灰白色並被伏倒長柔毛，葉柄長約 1 公分。果實扁球形，直徑約 8 公分，密被長柔毛。

　　產於菲律賓；在台灣分布於高雄至恆春半島及台東、花蓮之低海拔灌叢中，常成純林。

雌花

果扁球形，直徑約 8 公分，密被長柔毛。

菱葉柿

屬名　柿樹屬
學名　*Diospyros rhombifolia* Hemsl.

落葉小喬木，小枝被疏柔毛。葉紙質，菱形、卵狀菱形或倒卵狀菱形，長 5 ～ 11 公分，先端漸尖或尾狀，側脈 6 或 7，葉柄長 4 ～ 6 公釐。雄花萼四深裂，裂片三角形，長約 3 公釐，寬約 2 公釐，被毛，花冠壺形，五裂；雌花白色，花萼四裂，裂片披針形，長約 1 公分，寬約 3 公釐，花柱 2。

　　產於中國，在台灣分布於中部的水里及東卯山一帶之森林中。

雌花側面

雌花白色，萼四裂，裂片披針形，長約 10 公釐，寬約 3 公釐，花柱 2。

葉稍菱形

楓港柿

屬名　柿樹屬
學名　*Diospyros vaccinioides* Lindl.

常綠灌木或小喬木，小枝被疏柔毛。葉近革質，橢圓形至近圓形，長 1.1～1.9 公分，先端銳尖至突尖，幼時近光滑無毛，上表面深綠色具光澤，下表面灰白色。果實卵形，平滑，成熟時黑色。

　　產於中國，在台灣分布於屏東楓港一帶山區之林下。

果卵形，光滑無毛，黑熟。

葉緣及枝條具褐毛

花冠緣具毛

葉表

小枝被疏柔毛

杜鵑花科 ERICACEAE

灌木或喬木，稀藤本。單葉，互生或對生，無托葉。花兩性，稀單性，單生或成總狀花序或圓錐狀，輻射對稱或略呈兩側對稱；萼片 4～7 枚，常宿存；花冠漏斗形或鐘形，先端四至七裂；雄蕊與花冠裂片同數或為其 2 倍，花藥 2 室，孔裂或縱裂；子房上位或下位，常 5 室。果實為蒴果或漿果。

特徵

花兩性，稀單性，輻射對稱，花瓣合生。（紅星杜鵑）

花藥 2 室，大多孔裂。（玉山鹿蹄草）

雄蕊與花冠裂片同數或為其 2 倍，花藥大多孔裂。（中原氏杜鵑）

單葉，互生或對生。（玉山杜鵑）

水晶蘭屬 CHEILOTHECA

真 菌異營性草本，淡白色，常為肉質；莖不分支，直立。葉互生，鱗片狀。花單一，頂生，向下彎；萼片鱗片狀；花瓣 3 ～ 5 枚；雄蕊 10；子房卵形，1 室，柱頭漏斗形，中央凹入。果實為漿果。

水晶蘭

屬名	水晶蘭屬
學名	*Cheilotheca humilis* (D. Don) H. Keng

莖肉質，白色，高 7 ～ 20 公分。葉無柄，卵狀橢圓形，長 1 ～ 1.8 公分，全緣。花長 1 ～ 2 公分，萼片 2 ～ 5 枚，花瓣 5 枚，雄蕊 10，子房卵狀。漿果卵球形。

　　產於韓國、日本、琉球、緬甸北部、中南半島及中國；在台灣分布於全島低至高海拔地區。

柱頭紫色　　　　　花瓣內側與花絲皆密生長毛（楊智凱攝）

阿里山水晶蘭

屬名	水晶蘭屬
學名	*Cheilotheca macrocarpa* (Andres) Y. L. Chou

莖肉質，白色，有時略帶淡紫色。葉橢圓形，長 1 ～ 1.9 公分，全緣。花長 1.5 ～ 2.2 公分，萼片 2 ～ 5 枚，花瓣 4 ～ 5 枚，雄蕊 8 ～ 10，子房卵狀。果實為下垂之漿果，橢圓球形，徑 2 ～ 3 公分，先端銳尖，花柱殘存其上。

　　阿里山水晶蘭植株為純白色，全株光滑無毛，柱頭黃或白色；而水晶蘭（*C. humilis*，見本頁）則為白色略帶淡粉紅色，其花瓣內側、花絲皆密生長毛，柱頭紫色。

　　產於緬甸北部及中國，在台灣分布於全島低至中海拔地區。

果實為下垂之漿果，橢圓球形，徑 2 ～ 3 公分，先端銳尖，花柱殘存其上。

全株光滑無毛，柱頭白或黃色。　　　阿里山水晶蘭群落

愛冬葉屬 CHIMAPHILA

亞 灌木狀草本。葉近輪生狀，革質，披針形，鋸齒緣，有柄。花單生或成繖房狀花序，頂生；花白色或淡紫色，有花梗，具苞片；花萼五裂，裂片鈍；花瓣 5 枚，合生成囊狀花冠；雄蕊 10，子房卵形，柱頭圓形。蒴果扁球形。

日本愛冬葉

屬名	愛冬葉屬
學名	*Chimaphila japonica* Miq.

植株高達 15 公分。葉對生及輪生，近革質，披針形至寬披針形，長 2～3 公分，寬 8～10 公釐，突尖頭，基部楔形，鈍齒狀鋸齒緣，深綠色，中脈蒼綠色。花通常 1 朵，苞片卵形，萼片長 5～7 公釐，花瓣長橢圓狀圓形，花梗長 3～7 公分。蒴果徑約 5 公釐。

產於中國東北、韓國及日本；在台灣分布於中、高海拔地區。

苞片卵形，萼片長 5～7 公釐。（台灣愛冬葉萼片長 1.5～2 公釐）（許天銓攝）

葉對生及輪生，長 2～3 公分，寬 8～10 公釐，鈍齒狀鋸齒緣。（謝牡丹攝）

台灣愛冬葉

屬名	愛冬葉屬
學名	*Chimaphila monticola* Andres

植株高達 15 公分。葉對生及輪生，亞革質，披針形至寬披針形，長 2～3 公分，寬 8～10 公釐，突尖頭，基部楔形，鈍齒狀鋸齒緣，深綠色，中脈蒼綠色。花通常 1 朵，苞片披針形或三角形，萼片長 1.5～2 公釐，花瓣長橢圓狀圓形，花梗長 3～7 公分。蒴果徑約 5 公釐。

產於中國，在台灣分布於中至高海拔地區。

花單生，花瓣 5，雄蕊 10。（陳美茹攝）

葉對生及輪生，披針形至寬披針形。（陳美茹攝）

萼片長 1.5～2 公釐。（陳美茹攝）

吊鐘花屬 ENKIANTHUS

枝常輪生。單葉，互生，常叢生枝頭，全緣，具緣毛。繖形或總狀花序頂生，萼片五裂，花冠壺形，先端五裂，雄蕊 10。蒴果球形，5 瓣裂。

台灣吊鐘花

屬名	吊鐘花屬
學名	*Enkianthus perulatus* C. K. Schneid.

落葉灌木，小枝柔軟，光滑無毛。葉紙質，長橢圓形至長橢圓狀披針形，長 4～6 公分，先端短尾狀，具緣毛。繖形花序，花下垂，白色，花萼五裂，花冠壺形，五裂，雄蕊 10。

　　產於日本，在台灣僅生長於北插天山及松蘿湖。

花下垂，白色，繖形花序。

葉灌木；葉紙質，長橢圓至長橢圓狀披針形，先端短尾狀漸尖，具緣毛。

白珠樹屬 GAULTHERIA

小　灌木，枝呈攀緣狀，前端下垂。葉互生，2～3對側脈，鋸齒緣。總狀花序，具小苞片；花萼五裂，結果時膨大包住果實；花冠筒五淺裂；雄蕊 10，花絲被毛。蒴果，5 瓣裂。

台灣有 2 種。

白珠樹

屬名	白珠樹屬
學名	*Gaultheria cumingiana* Vidal

亞灌木，小枝光滑無毛，常略呈「之字形生長。葉卵形，長 5～8 公分，先端漸尖成尾狀，細鋸齒緣，側脈 2～3 對。花序腋生，總狀，常著花 3～7 朵；花冠鐘形，白色至綠色，徑 7～9 公釐，先端淺五裂，反捲。果實球形，徑約 8 公釐，暗紫色至黑褐色。

　　產於中國南部及菲律賓；在台灣分布於海拔 2,500～3,000 公尺山區，北部大屯山硫磺泉地帶亦產之。

果暗紫色

小枝光滑，常略呈「之」字型。葉卵形，先端漸尖成尾狀。

花冠后五淺裂

雄蕊 10，每一雄蕊具 4 個芒。

高山白珠樹

屬名	白珠樹屬
學名	*Gaultheria itoana* Hayata

莖與小枝被短柔毛。葉長橢圓形，長 1～1.5 公分，寬 3～7 公釐，側脈 2～3 對。短總狀花序，著生於近枝端處，花序梗長約 2 公分，花冠白色，卵狀圓筒形，長 4～5 公釐，裂片細小，花梗長 2～3 公釐。漿果狀蒴果球形，乳白色，徑約 6 公釐。

　　產於菲律賓，在台灣分布於中高海拔之開闊地。

短總狀花序，著生於近枝端處。

葉長橢圓形，長 1～1.5 公分。果白色。

南燭屬 LYONIA

落葉灌木或小喬木。葉互生，全緣。花序總狀，腋生；花萼裂片 5 枚；花冠壺形，先端五裂，裂片短，反捲；雄蕊 10，子房略五裂。果實為蒴果，球形。

銳葉南燭

屬名	南燭屬
學名	*Lyonia ovalifolia* (Wall.) Drude var. *lanceolata* (Wall.) Hand.-Mazz.

承名變種（南燭，見本頁）之區別在於葉狹橢圓狀卵形，長 8 ～ 12 公分，基部闊楔形至圓形，萼片較狹長，但有時二者有中間形態而難以區別。

　　產華西、印度至中南半島；台灣分布於中、高海拔山區。

花冠壺形

葉狹橢圓狀卵形

南燭

屬名	南燭屬
學名	*Lyonia ovalifolia* (Wall.) Drude var. *ovalifolia*

落葉灌木或小喬木，小枝光滑無毛。葉紙質或略厚，卵形，長 6 ～ 8 公分，先端銳尖或略漸尖，基部圓、鈍或近心形，側脈 6 ～ 8，葉背脈上被毛。花冠壺形，裂片 5，短，反捲。蒴果，球形。

　　產於中國南部、喜馬拉雅山區、印度及緬甸；在台灣分布於中、高海拔山區，北部大屯山硫磺泉地帶亦產之。

蒴果，球形。

葉卵形，基部圓、鈍或近心形。

葉下表面脈上被毛

4 ～ 5 月開花

花冠壺形，裂片 5，短，反捲。

單花鹿蹄草屬 MONESES

矮 小草本。花單生於莖頂；花萼五深裂，花瓣 4 ～ 5 枚；雄蕊 10，稀 8，花藥頂有 2 管；子房球形，5 室，柱頭五齒裂；花梗長 4 ～ 7 公分。蒴果近球形，具 5 深溝。

單種屬。

單花鹿蹄草

屬名　單花鹿蹄草屬
學名　*Moneses uniflora* (L.) A. Gray

葉對生及輪生，寬菱形，長 1 ～ 1.6 公分，寬 1 ～ 1.5 公分，鈍齒狀鋸齒緣，具柄。花單生於莖頂，花瓣白色；子房光滑無毛，扁球形，花柱長於子房，柱頭五齒裂；雄蕊 10，花藥頂有 2 管。

產於中國、歐洲、西伯利亞、韓國及日本；在台灣分布於中海拔山區。

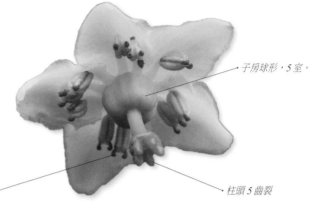

子房球形，5 室。

花藥頂有 2 管

柱頭 5 齒裂

花白或粉紅，單生莖頂。（相近屬——鹿蹄草屬 Pyrola 之花序為總狀）

錫杖花屬 MONOTROPA

真菌異營性草本。葉成鱗片狀。花單生或成總狀花序，頂生；萼片 4 枚，早落；花瓣 5 枚，長橢圓形，先端擴張，常在基部形成囊狀，早落；雄蕊 10 或 12，花藥盾狀；花盤基部與子房癒合，具 10 ～ 12 齒。蒴果 5 室。

錫杖花

屬名	錫杖花屬
學名	*Monotropa hypopithys* L.

植株淡褐黃色，高達 20 公分，莖及花序通常有柔毛。葉近直立，卵狀長橢圓形或寬披針形，長 1 ～ 1.5 公分，寬 5 ～ 8 公釐，漸尖頭，上部的葉常不規則齒緣。花數朵成下垂的總狀花序，花冠筒狀鐘形，長 1 ～ 1.5 公分。果實有毛，橢圓球形。

　　分布於歐洲、西伯利亞、韓國、日本及北美；在台灣見於中海拔山區。

果有毛，橢圓球形。（楊智凱攝）　　花冠筒狀鐘形，長 1 ～ 1.5 公分，數朵成下垂的總狀花序。

單花錫杖花

屬名	錫杖花屬
學名	*Monotropa uniflora* L.

莖肉質半透明，高達 30 公分。葉卵狀橢圓形至長橢圓狀菱形，長 1 ～ 2 公分，先端銳尖。花單生，花冠筒狀鐘形，長約 2 公分。果實無毛，橢圓球形。

　　產於印度、東亞及澳洲北部；在台灣分布於低至中海拔地區。

花單生，花冠筒狀鐘形，長約 2 公分。　　　　　　　　　　　　果無毛，橢圓球形。

馬醉木屬 PIERIS

常綠灌木。葉互生，鋸齒緣。花序總狀，腋生或頂生；花萼五裂；花冠壺形，裂片 5，短，反捲；雄蕊 10。蒴果球形，5 瓣裂。

台灣馬醉木

屬名　馬醉木屬
學名　*Pieris taiwanensis* Hayata

常綠灌木，高 1～3 公尺，小枝光滑無毛。葉叢生枝條頂端，革質，倒披針形至披針狀長橢圓形，長 5～8 公分，先端略漸尖，葉柄長 1～1.5 公分，光滑無毛。花序總狀，簇生於枝梢，花密集開放，懸垂性；花萼革質，幾裂至基部，裂片三角狀卵形；花冠壺形，白色。蒴果球形，徑約 7 公釐，胞背開裂。種子多數。莖葉及種子有劇毒，幼兒或家畜誤食莖葉會造成昏迷、呼吸困難、運動失調，甚至全身抽搐等症狀。

　　產於中國，在台灣分布於低至高海拔開闊地或林緣。

花萼革質，幾裂至基部，裂片三角狀卵形；花冠壺形，白色。

花序總狀，簇生於枝梢，花密集開放，懸垂性。

葉叢生枝頂端，革質，倒披針至披針狀長橢圓形。

鹿蹄草屬 PYROLA

多年生草本，無毛。葉基生，互生，全緣或鋸齒緣，具長柄。花白色、淡綠白色或淡紫色，排成總狀，下垂；花萼五裂，宿存；花瓣 5 枚，內凹，早落性；雄蕊 10，子房 5 室，柱頭五岔或不分岔。蒴果近球形，5 室。

斑紋鹿蹄草 特有種

屬名	鹿蹄草屬
學名	*Pyrola albo-reticulata* Hayata

莖略木質化，高達 20 公分。葉革質，卵狀長橢圓形，長 3 ～ 4 公分，先端銳尖，微突尖頭，基部圓，疏細齒緣，深綠色，葉脈處有明顯的斑紋，葉柄長 3 ～ 4 公分。花 3 ～ 4 朵排成總狀，花梗長約 10 公分。果徑 7 ～ 8 公釐。

　　特有種，分布於台灣中、高海拔山區。

花白色（陳柏豪攝）　　　　　　　花近照（王金源攝）　　　　　　　一花序有 2 ～ 4 朵（陳柏豪攝）

日本鹿蹄草

屬名	鹿蹄草屬
學名	*Pyrola japonica* Klenze *ex* Alef.

莖略木質化，高達 30 公分。葉互生，革質，卵狀長橢圓形，長 3 ～ 6 公分，先端銳尖，微突尖頭，葉緣疏生細齒，葉柄長 3 ～ 4 公分。花 5 ～ 10 朵排成總狀，苞片線形或披針形，花梗長 6 ～ 10 公分。果徑 6 ～ 8 公釐。

　　產於韓國、日本及中國東北；在台灣分布於中海拔山區。

雄蕊 10（陳柏豪攝）

花梗下的苞片線形（陳柏豪攝）　　葉背常為紅色（王金源攝）　　　花序有花 5 ～ 10 朵（王金源攝）

玉山鹿蹄草 特有種

屬名 鹿蹄草屬

學名 *Pyrola morrisonensis* (Hayata) Hayata

莖略木質化，高達 20 公分。葉互生或近對生，卵圓形至卵菱形，長 2～3 公分，寬 2～2.5 公分，先端圓、鈍或凹頭，基部圓、截形或鈍，細鈍齒狀細鋸齒緣，葉脈於正面明顯凹下而於背面顯著隆起，葉柄長 5～6 公分。花序長 10～25 公分；苞片狹長橢圓形；花彎垂，花冠廣鐘形；雄蕊 10，子房上位，4～5 室，花柱伸出花冠外，向上彎曲，柱頭盤狀。果實扁球形，徑約 5 公釐。

特有種，分布於台灣中至高海拔山區。

雄蕊 10

花柱伸出花冠外，柱頭盤狀。

葉較小，長 2～3 公分，葉脈於正面明顯凹下而於背面顯著隆起。

杜鵑花屬　RHODODENDRON

單葉，互生。單生、圓錐花序或總狀花序；花兩性，下位花；花萼合生成筒狀，五至八裂，覆瓦狀排列，宿存；花瓣合生成鐘形、漏斗形、輪狀、管狀、高杯狀花冠，先端五至十裂；雄蕊 5 ～ 10，離生，著生於花冠基部；雌蕊心皮 5 ～ 18 枚，合生；花柱 1，宿存，柱頭頭狀、圓齒狀或淺裂。蒴果，室間開裂。

南澳杜鵑（埔里杜鵑）　特有種

屬名　杜鵑花屬

學名　*Rhododendron breviperulatum* Hayata

小灌木，多分枝，幼枝被剛毛。葉紙質，長橢圓形或稀卵狀長橢圓形，長 2.5 ～ 3 公分，先端鈍，具短突尖，全緣，上表面被剛毛至糙毛，下表面脈上密被剛毛，葉柄密被剛毛。花淡紫色，2 ～ 5 朵頂生，雄蕊 5。與紅毛杜鵑（*R. rubropilosum* var. *rubropilosum*，見 61 頁）有些相似，但是本種雄蕊只有 5 枚，可與紅毛杜鵑雄蕊 10 枚區別。

　　特有種，分布於台灣中部及東部海拔 400 ～ 2,400 公尺之開闊地上。

與紅毛杜鵑有些相似，但是南澳杜鵑雄蕊只有 5 枚，可與紅毛杜鵑雄蕊 10 枚區別。

葉紙質，橢圓形，兩面被剛毛。花頂生，花冠漏斗狀，淡紫紅色，偶見白色品系。

棲蘭山杜鵑　特有種

屬名　杜鵑花屬

學名　*Rhododendron chilanshanense* Kurashige

落葉灌木，高達 2 公尺，小枝被淡褐色伏毛及短柄腺毛，老枝疏被毛及腺毛。葉紙質，5 ～ 7 枚近輪生，卵狀披針形，先端銳尖，基部楔形，上表面被淡褐色伏長柔毛及腺毛，下表面中脈上被腺毛及短柔毛，側脈 4 ～ 5 對。花 2 ～ 3 朵簇生，花萼密被腺毛及長柔毛，花冠深紅紫色，上三裂片具暗紫色斑點，雄蕊 7 ～ 10 枚，子房密被白色長柔毛，花梗密被腺毛。形態與守城滿山紅（*R. mariesii*，見 57 頁）非常相似，主要區別在於本種葉常 5 ～ 7 枚叢生於枝條先端，而守城滿山紅的葉片常 3 枚輪生。

　　特有種，產於新竹鴛鴦湖至宜蘭棲蘭山一帶。

花冠深紅紫色，上三裂片具暗紫色斑點；雄蕊 7 ～ 10 枚。

葉常 5 ～ 7 枚叢生枝條先端。

特有種，產於新竹鴛鴦湖至宜蘭棲蘭山一帶，較濕潤之林內。

西施花

屬名　杜鵑花屬
學名　*Rhododendron ellipticum* Maxim.

小喬木，枝光滑無毛。葉近革質，叢生於枝端，倒披針狀長橢圓形至長橢圓狀披針形，長6～12公分，先端銳尖或短漸尖，具小突尖，上表面光滑無毛，下表面灰綠色，網脈明顯，葉柄光滑無毛。有明顯的花冠；花芽2～5個簇生枝端，各具1～2花，花冠漏斗狀，粉紅色，雄蕊10。

　　產於中國南部及琉球；在台灣分布於全島低、中海拔闊葉林中。

雄蕊 10

花2～3朵叢生，花冠漏斗狀，粉紅色。　　花形大、花色美，可做為台灣原生綠美化樹種。

丁香杜鵑

屬名　杜鵑花屬
學名　*Rhododendron farrerae* Tate *ex* Sweet

葉常3枚近輪生且叢生枝頂，革質或亞革質，卵形，長2～3公分，先端銳尖，基部鈍，兩面被毛。花芽頂生，與葉芽分開，花與葉幾乎同時生長。花單生，淡粉紅色至深紫紅色，雄蕊10，花絲無毛，子房密生白毛，花柱無毛。與守城滿山紅（*R. mariesii*，見57頁）最主要的區別在於本種花頂生於枝條且僅1朵花，守城滿山紅則2～3朵花叢生於枝條。

　　分布於日本、琉球及中國江西、福建、湖南、廣東、廣西、香港等地；在台灣見於中央山脈南端，從北大武山至台東達仁，稀有。

花淡粉紅色至深紫紅色，雄蕊10枚，花絲無毛。

本種花頂生於枝條且僅1朵花，守城滿山紅則2～3朵花叢生於枝條。　　葉常3枚近輪生且叢生枝頂，長2～3公分，革質或亞革質，卵形。

台灣杜鵑 特有種

屬名 杜鵑花屬

學名 *Rhododendron formosanum* Hemsl.

小喬木,幼株近無毛。葉厚革質,倒披針狀長橢圓形,長 8 ～ 15 公分,先端鈍,全緣,上表面光滑,下表面被灰白褐色毛茸,葉柄光滑無毛。花 7 ～ 15 朵成頂生繖形花序,雄蕊 10 ～ 12。

　　特有種,分布於台灣全島低、中海拔地區,可形成杜鵑純林。

花冠白色,雄蕊 10 ～ 12。

花 7 ～ 15 朵成頂生繖形花序。葉下表面被灰白褐色毛茸。

南湖杜鵑 (小西氏杜鵑) 特有種

屬名 杜鵑花屬

學名 *Rhododendron hyperythrum* Hayata

小喬木,枝直,光滑無毛。葉革質,長橢圓狀披針形,長 8 ～ 10 公分,先端銳尖,全緣,上表面光滑,下表面被紅褐色腺點,葉柄光滑無毛。花 3 朵或較多朵成頂生繖形花序,雄蕊 10。蒴果,長子彈形。

　　特有種,分布於台灣之北、中部山區。

3 朵或較多朵成頂生繖形花序,雄蕊 10。(謝佳倫攝)

蒴果長子彈形

花後長出密黃褐色毛茸的幼葉是其在外觀形態上最大的特徵

烏來杜鵑 特有種

屬名	杜鵑花屬
學名	*Rhododendron kanehirae* E. H. Wilson

小灌木，多分枝，幼枝密被剛毛。葉紙質，披針形至長橢圓狀披針形，長 3～4.5 公分，先端銳尖至漸尖，全緣或略疏圓齒緣，葉柄密被剛毛。花 1～3 朵頂生，雄蕊 10。

　　特有種，原分布於烏來地區北勢溪河床上，目前於野外已絕跡。本種第一份標本為樹木學專家 Wilson 在 1918 年與佐佐木舜一、金平亮三等人於烏來的一個警察駐在所採得，並據此發表為新種。據 Wilson 所載，該植株是栽種的，由其它地方的山坡上移植而來。金平亮三在後來的《台灣樹木誌》上，記載本種的野生產地為台北文山郡石碇庄乾溝北勢溪森林內溪岸的岩石上。

由於花色美艷，已有作為景觀植物使用。

葉紙質，披針形至長橢圓狀披針形。

著生杜鵑 特有種

屬名	杜鵑花屬
學名	*Rhododendron kawakamii* Hayata

為台灣野生杜鵑花中，唯一具有黃色花冠及唯一屬於附生型的杜鵑。（許天銓攝）

附生性灌木，多分枝，枝條柔軟，光滑無毛，被腺點。葉簇生，革質，倒卵形，長 2.5～5 公分，先端圓或微凹，具小突尖，葉背具腺點，葉柄光滑無毛。花黃色，2～5 朵成繖形狀，雄蕊 10。蒴果長橢圓形。本種為台灣野生杜鵑花中唯一花冠為黃色，且唯一屬於附生型者。

　　特有種，常見於台灣中海拔濕潤森林內之樹幹上。

蒴果長橢圓形

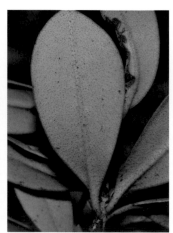

葉下表面具腺點

葉半革質，長橢圓形，兩面光滑。（許天銓攝）

守城滿山紅(馬禮士杜鵑)

屬名　杜鵑花屬
學名　*Rhododendron mariesii* Hemsl. & E. H. Wils.

小灌木，枝條近光滑。葉3～5枚叢生枝頂，紙質，卵狀菱形，長2.5～6公分，先端鈍，兩面近光滑或光滑或僅葉背脈上被微毛，葉柄近光滑。花先於葉長出，2～5朵成繖形花序，雄蕊10；本種的花色變異大，從淡粉白色至粉紅色，偶見白色品系或紫紅色者。

　　產於中國；在台灣分布於台北、台中、苗栗及宜蘭之低、中海拔山區。

陽金公路之族群的花呈淡粉白色

葉3～5枚叢生枝頂。約於5月初開花。

鴛鴦湖之族群的花呈紫紅色，花形也有微小差異。

太平山之族群的花呈粉紅色

中原氏杜鵑(大屯杜鵑、爬地杜鵑) 特有種

屬名　杜鵑花屬
學名　*Rhododendron nakaharae* Hayata

匍匐性灌木，幼枝被灰色或褐色伏刺毛。葉卵狀橢圓形，長約2公分，上表面被刺毛，下表面脈上被刺毛。花單生或2～6朵簇生於枝端，磚紅色。蒴果卵形，密被絨毛。與金毛杜鵑（*R. oldhamii*，見58頁）的花相似，但本種為匍匐性，葉子小，長度通常在2公分以下，與金毛杜鵑有明顯的差異。與唐杜鵑（*R. simsii*，見62頁）的主要差別在於本種為低矮的匍匐性灌木。

　　特有種，主要產於台灣北部山區，如大屯山、七星山、汐止、石碇等，多生於岩石、陡崖和瘦稜間。

本種為匍匐性，素有爬地杜鵑之稱，葉子極小，長度通常在2公分以下。

主要產於台灣北部山區，如大屯山、七星山、汐止、石碇等，多生於岩石、陡崖和瘦稜間。

細葉杜鵑（志佳陽杜鵑、南湖大山杜鵑、北部高山紅花杜鵑）　特有種

屬名　杜鵑花屬
學名　*Rhododendron noriakianum* T. Suzuki

低矮灌木，分枝多，小枝細軟。葉紙質，橢圓形至長橢圓形，長 0.7 ～ 1.8 公分，寬 4 ～ 6 公釐，上表面光滑無毛，下表面灰色，沿脈上被毛，葉柄被毛。頂生繖形花序，花 2 ～ 5 朵，粉紅色，雄蕊 7 ～ 10。蒴果長橢圓形。

　　特有種，分布於台灣北部及中部中海拔之草生地上。

細葉杜鵑是台灣野生杜鵑花中葉片最細小者

花 2 ～ 5 朵，粉紅色，成頂生繖形花序。

滿樹的杜鵑花

金毛杜鵑　特有種

屬名　杜鵑花屬
學名　*Rhododendron oldhamii* Maxim.

灌木，小枝密被腺狀鏽毛及柔毛。葉紙質，多種形狀，如披針狀長橢圓形至橢圓狀卵形等，上表面深綠色，疏被鏽色毛。花 2 ～ 4 朵成頂生繖形花序，磚紅色；雄蕊 10，不等長。蒴果長橢圓形。

　　特有種，分布於台灣全島低至中海拔山區之開闊地或路旁。本種是台灣所有的野生杜鵑花中，海拔分布幅度最大者，從海拔 250 公尺到 2,700 公尺的山區皆可見。

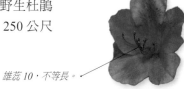

雄蕊 10，不等長。

花 2 ～ 4 朵成頂生繖形花序，磚紅色。

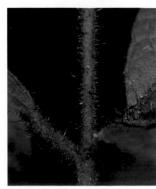

小枝密被腺狀鏽毛及柔毛

開花時為山野中注目的焦點

長卵葉馬銀花 特有種

屬名	杜鵑花屬
學名	*Rhododendron ovatum* Planch. var. *lamprophyllum* (Hayata) Y. C. Liu, F. Y. Lu & C. H. Ou

灌木，幼枝、葉、花梗及萼片被有腺毛及短毛。葉長卵形，長 3～5 公分，兩面被伏毛，葉柄被伏毛。花單生，白色或淡紫色，花冠長約 2.5 公分，雄蕊 5。

特有變種，分布於台灣中、南部中海拔之疏林中。

果熟裂開

花單生，白或淡紫色，雄蕊 5。（李權裕攝）

葉片長卵形

馬銀花

屬名	杜鵑花屬
學名	*Rhododendron ovatum* Planch. var. *ovatum*

灌木，幼枝細軟，被腺毛。葉卵形，長 2.5～5 公分，上表面沿中脈被柔毛，葉柄幼時被柔毛。花單生於葉腋，白色、淡粉紅色至玫瑰色並具深色斑點，雄蕊 5。

產於中國東部；在台灣主要分布於中北部海拔 200～1,800 公尺山區，可見於苗栗、台中及南投等地。

花冠漏斗狀，白至淡粉紅色，雄蕊 5。

葉卵形，長 2.5～5 公分。

台灣主要分布於中北部海拔 200～1,800 公尺地區，可見於苗栗、台中及南投等地。

玉山杜鵑 特有種

屬名　杜鵑花屬
學名　*Rhododendron pseudochrysanthum* Hayata

灌木，小枝堅直，被灰色或鏽色絨毛。葉革質，長 2 ～ 8 公分，寬 1.5 ～ 3.5 公分，基部常圓或略近心形，偶漸狹；幼葉下表面常被鏽色或灰色絨毛，不久即脫落；葉柄扁平，被毛或光滑。花 10 ～ 20 朵頂生成繖房狀（近繖形），花冠白色，雄蕊 10。

　　特有種，分布於台灣高海拔地區之開闊地或林緣。

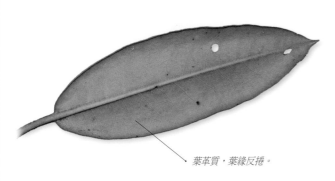

葉革質，葉緣反捲。

花 10 ～ 20 朵頂生成繖房狀（近繖形），白色，雄蕊 10。

玉山杜鵑是台灣海拔分布最高的杜鵑，可達 3,800 公尺。

紅毛杜鵑 特有種

屬名 杜鵑花屬

學名 *Rhododendron rubropilosum* Hayata var. *rubropilosum*

灌木，幼枝細軟，密被灰色或褐色伏毛。葉卵狀披針形至長橢圓狀披針形，長1～4公分，寬0.5～1.7公分，邊緣略反捲，上表面深綠色，下表面沿脈被灰色或褐色刺毛；葉柄長約1公分，被伏毛。花淡紫紅色，偶見白色品系，雄蕊9或10。

　　特有種，分布於台灣中高海拔之開闊地。

偶見花色淡之個體

紅毛杜鵑，花色鮮紫紅，非常引人注目。

台灣高山杜鵑 特有種

屬名 杜鵑花屬

學名 *Rhododendron rubropilosum* Hayata var. *taiwanalpinum* (Ohwi) S. Y. Lu, Yuen P. Yang & Y. H. Tseng

灌木，幼枝細軟。葉近革質，卵狀長橢圓形至葉下表面通常被極密的伏毛，長橢圓狀披針形，長1.5～2公分，寬0.7～1.2公分，葉緣明顯反捲，上表面疏被刺毛；葉柄長2～3公釐，被伏毛。花2～3朵頂生，粉紅色並具玫瑰色斑點，雄蕊9或10。

　　特有變種，分布於台灣中北部高海拔地區之開闊地。

葉緣明顯反捲且葉背密被粗毛，葉片小。

台灣高山杜鵑開滿高山的山坡

台灣特有變種，分布於北部海拔2,800～3,000公尺之高山地區。

紅星杜鵑 特有種

屬名	杜鵑花屬
學名	*Rhododendron rubropunctatum* Hayata

小喬木,高可達 4 公尺以上。葉革質,長橢圓形至披針形,長 6 ～ 10 公分,寬 1.5 ～ 3.5 公分,基部常圓形,偶漸狹,葉緣反捲,葉背通常光滑無毛,密被小腺點。花 8 ～ 10 朵頂生成繖房狀(近繖形),花冠鐘形,粉紅色或白色,雄蕊 10 或 12。

　特有種,主要分布於大屯山群及基隆山區,生於海拔 700 公尺以上之山峰稜線或岩壁,北插天山稜線亦有分布,此外也零星分布於汐止、石碇等地海拔 400 ～ 600 公尺之岩峰稜線。

葉緣常強烈反捲

七星山之族群的雄蕊大多為 12

唐杜鵑

屬名	杜鵑花屬
學名	*Rhododendron simsii* Planch.

灌木,幼枝密被灰色或褐色伏刺毛。葉橢圓狀披針形至卵狀橢圓形,長 2 ～ 5 公分,上表面疏被刺毛,下表面脈上被刺毛。花 2 ～ 6 朵簇生於枝端,紅色或深紅色,雄蕊 7 ～ 10。

　產於中國溫帶地區;在台灣生長於北部及南部之低、中海拔開闊地或岩石地。

唐杜鵑的果實

花 2 ～ 6 朵簇生於枝端,紅或深紅色,此為屏東壽卡的族群。

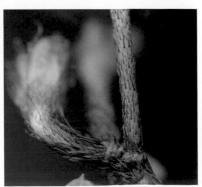

與金毛杜鵑相比,其毛被物較疏,且較伏貼莖上。

越橘屬 VACCINIUM

地生或有時附生之灌木。葉互生，有時近輪生。花小，成總狀花序或單生，常具苞片；花萼筒球形，五裂；花冠管狀，或卵狀，先端四或五裂；雄蕊 10，花藥先端具 2 頂端開裂之長筒。果實為漿果，球形，上端具萼齒。

米飯花

屬名	越橘屬
學名	*Vaccinium bracteatum* Thunb.

葉表面光滑

幼枝光滑無毛。葉厚紙質，卵狀長橢圓形或長橢圓形，長 3 ～ 5 公分，鋸齒緣，上表面綠色，下表面灰綠色，側脈 4 ～ 5 對；葉柄長 2 ～ 3 公釐，光滑無毛。花序被毛，花冠被毛，花梗長 1 ～ 2.5 公釐，被毛。果實球形，黑色。

　　產於中國東南部、印度、中南半島及琉球；在台灣分布於全島低至中海拔山區森林。

葉背中肋有小突起物

花冠表面具毛

開花之植株

珍珠花（長尾葉越橘）

屬名	越橘屬
學名	*Vaccinium dunalianum* Wight var. *caudatifolium* (Hayata) H. L. Li

幼枝被毛。葉厚革質，橢圓形，長 5 ～ 8 公分，全緣，兩面光滑，側脈約 3，葉柄被毛。花序光滑無毛，花冠光滑無毛，黃綠色，花梗光滑無毛。果實球形，成熟時淡紅色或紫色。

　　原種產於印度北部及中國西部；本變種為台灣特有，分布於中、高海拔闊葉林中。

花冠光滑，黃綠色。

葉厚革質，橢圓形，全緣，兩面光滑，側脈約 3 對。

花之內部

凹葉越橘 特有種

屬名　越橘屬
學名　*Vaccinium emarginatum* Hayata

附生性灌木，幼枝光滑。葉厚革質，卵狀長橢圓形，長 3 ～ 5 公分，先端圓或略凹，全緣，上表面灰綠色，下表面淡褐色，側脈約 4，葉柄長 2 ～ 3 公釐。花序光滑無毛；花冠光滑無毛，白色，有紅紋帶；花梗光滑無毛。果實球形。

特有種，分布於台灣中、高海拔山區，常附生於闊葉樹之枝幹上。

花之內部

花冠光滑，白色，有紅紋帶。

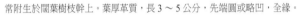
常附生於闊葉樹枝幹上。葉厚革質，長 3 ～ 5 公分，先端圓或略凹，全緣。

果球形

毛蕊花 特有種

屬名　越橘屬
學名　*Vaccinium japonicum* Miq. var. *lasiostemon* Hayata

落葉性枝明顯具稜，光滑無毛，稍扁平，綠色。葉紙質，近無柄，橢圓形或卵狀長橢圓形，長 2 ～ 4 公分，先端漸尖，基部圓至近心形，鋸齒緣，上表面綠色，下表面略帶灰色。花單生，花冠白中帶粉紅色，光滑無毛，花梗光滑無毛。果實球形，猩紅色。

特有變種，分布於台灣全島中、高海拔森林中。

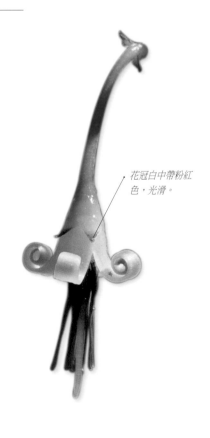

花冠白中帶粉紅色，光滑。

枝明顯具稜，稍扁平。

鞍馬山越橘 特有種

屬名　越橘屬

學名　*Vaccinium kengii* C. E. Chang

小枝細軟。葉近革質，卵狀披針形，長 6.5 ～ 7 公分，圓齒狀鋸齒緣，側脈 5 ～ 7，兩面光滑無毛；葉柄長約 7 公釐，被毛。花序被毛，花冠闊鐘狀，先端五裂，裂片長 3 公釐。

特有種，分布於台灣中海拔山區森林中。

花序被毛

花五裂，闊鐘狀，雄蕊 10 枚。(林哲緯攝)

葉近革質，卵狀披針形，長 6.5 ～ 7 公分，兩面光滑。

於 6、7 月盛花。

高山越橘 特有種

屬名　越橘屬

學名　*Vaccinium merrillianum* Hayata

小灌木，常匍匐，有時附生，幼枝被毛。葉厚紙質，倒卵形，長 8 ～ 10 公釐，寬 5 ～ 6 公釐，先端圓或略凹，全緣，兩面光滑無毛，上表面綠色，下表面灰綠色；葉柄長 1 ～ 2 公釐，被毛。花序被毛，花冠光滑無毛，白色，花梗光滑無毛。果實球形，帶紫紅色。

特有種，分布於台灣中、高海拔山區，匍匐生於岩石地上或附生於枝幹上。

葉厚，小，長 8 ～ 10 公釐，寬 5 ～ 6 公釐，先端圓或略凹。

花冠光滑，白色。

巒大越橘

屬名　越橘屬

學名　*Vaccinium randaiense* Hayata

幼枝光滑無毛。葉厚紙質，披針形至長橢圓狀披針形，長6～10公分，先端漸尖至近尾狀，鋸齒緣，側脈6～7，兩面光滑無毛；葉柄長1～2公釐，光滑無毛。花序光滑無毛，花冠光滑無毛，花梗光滑無毛。果實球形。

　　產於琉球；在台灣分布於中、南部低至中海拔山區森林中。

花梗光滑，花冠筒狀，光滑。

結果植株。杉林溪之族群的葉片先端尾尖較長。

葉披針至長橢圓狀披針形，先端漸尖至近尾狀，側脈6～7對。陽明山之植株的葉片先端不為尾狀。

大葉越橘

屬名　越橘屬
學名　*Vaccinium wrightii* A. Gray var. *wrightii*

幼枝光滑或略疏被毛。葉厚紙質，卵形至長橢圓至菱狀長橢圓形，長 3 ～ 5 公分，先端漸尖，鋸齒緣，側脈 3 ～ 4，兩面綠色，光滑無毛；葉柄長約 2 公釐，略被毛。花序被毛，花冠光滑無毛，花梗長 5 ～ 8 公釐。果實球形。

產於琉球，在台灣分布於低至中海拔山區。蘭嶼亦產之。

果近球形

花冠光滑

4 月盛花

葉卵形至長橢圓形至菱狀長橢圓形，長 3 ～ 5 公分。

台灣大葉越橘 特有種

屬名　越橘屬
學名　*Vaccinium wrightii* A. Gray var. *formosanum* (Hayata) H. L. Li

常綠小灌木。與承名變種（大葉越橘，見本頁）之差別在於葉長 1.5 ～ 2 公分，寬 1 ～ 1.5 公分。

特有變種，分布僅限於花蓮太魯閣一帶之森林中。

與承名變種之差別在於葉較小，長 1.5 ～ 2 公分，寬 1 ～ 1.5 公分。

特有變種，分布僅限花蓮太魯閣一帶森林中。

果球形

玉蕊科 LECYTHIDACEAE

喬木或直立灌木。單葉，互生，漸向莖頂密生，偶近對生；托葉無，或微小而早落。花頂生或腋生，單一、簇生、總狀或圓錐狀花序；花萼四至六裂或在花後二至四裂；花瓣 4～6 枚，稀缺；雄蕊多數，花絲多離生，花藥基著，側面裂縫開裂；子房下位或半下位，柱頭頭狀或瓣狀。果實漿果狀、核果狀或蒴果狀。

特徵

喬木或直立灌木。單葉，互生，漸向莖頂密生。(棋盤腳)

果實核果狀（穗花棋盤腳）

雄蕊多數，花絲多離生。(穗花棋盤腳)

花萼四至六裂或在花後二至四裂；花瓣 4～6 枚；雄蕊多數。(棋盤腳)

棋盤腳樹屬 BARRINGTONIA

喬 木。葉螺旋集生於枝端；托葉小，早落。直立或下垂之總狀或穗狀花序，苞片及小苞片小且早落，萼片宿存，花瓣4枚，稀5～6枚，雄蕊多數。果皮纖維質。

棋盤腳樹

屬名	棋盤腳樹屬
學名	*Barringtonia asiatica* (L.) Kurz

常綠喬木。葉厚革質，倒卵形至長橢圓狀倒卵形，長達50公分，寬達20公分，先端鈍圓、略凹或短突尖，全緣，光滑無毛，無柄。總狀花序頂生，直立；花徑10公分，花瓣寬卵形，白色；雄蕊前半淡紅色，近基部白色，花絲長可達10公分。果實寬錐狀，具四稜，長約11公分。

　　產於馬來西亞、澳洲及太平洋島群；在台灣分布於南部海岸林及蘭嶼、綠島。

花徑10公分，花瓣寬卵形，白色；雄蕊前半淡紅色，近基部白色，花絲長可達10公分。

果寬錐狀，具四稜，長約11公分。

穗花棋盤腳(水茄苳)

屬名	棋盤腳樹屬
學名	*Barringtonia racemosa* (L.) Blume *ex* DC.

常綠小喬木，枝下垂。葉長橢圓狀倒卵形，長達20～35公分，寬8～14公分，先端短漸尖，基部尖至圓。穗狀花序懸垂於近枝端之葉腋，長達80公分；花瓣長橢圓形，淡綠色或淡玫瑰色，雄蕊紅色或白色。果實卵狀長橢圓形，長達7公分，具不明顯四稜。

　　產於亞洲熱帶、非洲、大洋洲島群及澳洲；在台灣分布於南部及北部之海岸。

果實卵形長橢圓狀，長達7公分，具不明顯四稜。

穗狀花序懸垂於近枝端之葉腋 (林哲緯攝)

花於夜晚開放

葉長橢圓狀倒卵形，長達20～35公分。

奴草科 MITRASTEMONACEAE

肉 質草本，寄生於木本植物之根上。葉鱗片狀，無葉綠素，對生。花單一，頂生，兩性或單性；花被片肉質，合生；雄蕊 8 至多數，合生成筒狀；子房下位或上位。

特徵

葉鱗片狀，無葉綠素，對生。（菱形奴草）

肉質，寄生於木本植物根上之草本。（台灣奴草）

奴草屬 MITRASTEMON

矮 小寄生草本；根莖杯狀，莖極短，直立，單生。葉退化為鱗片狀，覆瓦狀排列，交互對生，排成四列，內凹，從上到下由大變小。花兩性，輻射對稱，單生於莖頂；花被杯狀，頂截平，宿存；雄蕊合生成一筒狀，套住雌蕊，花後筒部縱裂而脫落，花藥極多數，合生成環狀，位於頂部以下，藥室匯合，外向，孔裂，初被一薄膜所遮蓋，後膜破裂，藥隔於頂部合生呈錐狀體，上有一小孔；子房上位，1 室，側膜胎座 8 ～ 15，不規則地伸向子房中央，花柱粗厚，柱頭扁錐形，胚珠倒生，多數，珠被單層。果實為漿果。種子多數，小，種皮堅硬，具網紋。

菱形奴草 特有種

屬名	奴草屬
學名	*Mitrastemon kanehirai* Yamamoto

不具葉綠體；植物體倒圓錐形，高 3 ～ 5 公分，徑 1.5 ～ 2 公分，橫切面略呈方形。葉 5 ～ 6 對，十字對生，鱗片狀，厚質，卵狀三角形，長 1 ～ 2 公分，寬 0.5 ～ 1 公分，上部幾對葉片較大。花單一，頂生；雄蕊筒部長約 7 公釐，花藥環長約 6 公釐，花藥極多數，帽狀藥隔長 2 公釐，頂端孔裂；子房球形或橢圓形，連花柱長 1.2 公分，直徑 9 公釐，1 室，側膜胎座 10 ～ 20 個；花柱粗短，柱頭短錐形，高 6 ～ 7 公釐，頂端微凹。果實呈漿果狀。種子細小，多數，具硬殼。

特有種，僅分布於南投蓮華池及東眼山國家森林遊樂區，通常寄生在殼斗科植物的根上。每年 9 月初開始萌芽，花期在 10 ～ 11 月，花期過後（11 月中旬以後）植物體漸漸變為焦黑色而枯萎，完成一個生命週期。

雄花後期雄蕊筒脫落（左下），慢慢進入雌花期。（楊智凱攝）

雄花期（楊智凱攝）

雄花期後期，雄蕊筒鬆動，後將脫落。（楊智凱攝）

雌花期（楊智凱攝）

鱗葉期，植株剛冒出土。（楊智凱攝）

雌花期後期，已完成授粉，雌花頭部變黑。（楊智凱攝）

台灣奴草 特有種

屬名 奴草屬
學名 *Mitrastemon kawasasakii* Hayata

不具葉綠素，植物體呈卵圓形，高 5 ～ 7 公分，橫切面圓形。葉 3 ～ 4 對，十字對生，長 2 ～ 2.5 公分，寬 1.5 ～ 2 公分，上面幾對較大，鱗片狀。台灣奴草的生活史花期約一個月，在不到一個月的出土期間分四期：鱗葉期（剛出土的台灣奴草，其鱗片葉乳黃色）→雄花期（鱗葉期數日後，雄花從莖頂冒出，（多數雄蕊合生成筒狀）→雌花期（整個雄蕊筒先端漸變成褐色，隨後脫落，露出粉紅色雌花）→結果期（雌花頭部變黑，種子在子房孕育）。雄花期雄蕊筒脫落後露出雌蕊，雄蕊筒與雌蕊柱頭頗為相似。

　　菱形奴草與台灣產台灣奴草之外型相似，但後者之外型呈圓錐狀，植株也較大，最大的差異為台灣奴草的花期為 2 ～ 4 月，與菱形奴草出現的時間（9 ～ 10 月）明顯不同。

　　特有種，分布於台灣中低海拔山區之闊葉林中。

植株冒出前，被寄主的根部隆起一小球狀，內有台灣奴草的小花苞。

將冒出的植株

鱗葉期 - 只見鱗片。（楊智凱攝）

雌花期即將進入結果期，可見到部分植株已開始轉黑。

雌花期，此時整個雄蕊筒已自動脫落，露出粉紅色雌花。（楊智凱攝）

五列木科 PENTAPHYLACACEAE

常綠喬木。柃木屬、楊桐屬、紅淡比屬為裸芽。單葉，互生，革質，無托葉。花兩性，稀單性，花小，萼片及花瓣均5枚，萼片覆瓦狀排列，子房上位或半下位；雄蕊5～20，一至二輪，花藥長圓形，有尖頭，基部著生，花絲短。果實為漿果。

特徵

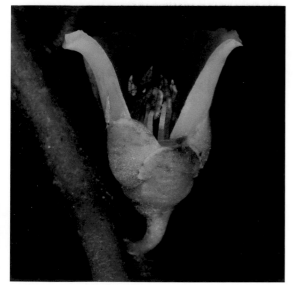

常綠喬木。單葉，互生，革質，無托葉。（凹葉柃木）

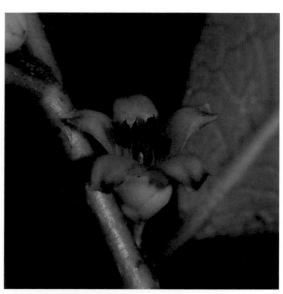

花萼及花瓣均5枚，萼片覆瓦狀排列。（蓮花池柃木）

花藥長圓形，有尖頭。（早田氏柃木）

果實為漿果（長果紅淡比）

楊桐屬 ADINANDRA

小喬木。葉革質，網脈不明顯。花具梗；小苞片 2 枚；萼片 5 枚，宿存；花瓣 5 枚；花絲常於基部癒合並與花冠合生，花藥基著，有毛。果實不開裂，球形。

台灣楊桐

屬名　楊桐屬
學名　*Adinandra formosana* Hayata var. *formosana*

常綠小喬木。葉芽密生淡褐色伏毛，葉形主要為倒卵形或長橢圓形，長 4～8.5 公分，寬 1.5～3 公分，上半部顯著鋸齒緣，鋸齒 7～18 對。花單一，腋生，花柱被短毛，花梗長 2.5～3 公分。漿果徑約 8 公釐，具毛被物。

分布於台灣全島低、中海拔森林中。琉球亦產。

花腋生，單生，花梗長 2.5～3 公分，花柱被短毛。

果徑約 8 公釐，具毛被物。

葉上半部顯著鋸齒緣

至 5 月盛花

綠背楊桐 特有種

屬名　楊桐屬
學名　*Adinandra formosana* Hayata var. *hypochlora* (Hayata) Yamamoto

葉長橢圓形，先端漸尖，基部狹楔狀下延，大部分近於全緣，或僅於近先端處有
為數少於 11 之細鋸齒緣。萼片近光滑，花柱微毛。果球形，被軟毛，果梗較承
名變種（台灣楊桐，見上頁）短，約 2 公分，葉長橢圓形，近全緣。

　　特有變種，分布於台灣南部低海拔地區，如壽卡、欖仁溪等。

果球形，具軟毛。

約於 5 月中開始開花，於恆春半島較易發現。　　　　　　葉長橢圓形，大部分近於全緣。　　　　萼片近光滑，花柱微毛。

毛柱楊桐（阿里山楊桐）特有種

屬名　楊桐屬
學名　*Adinandra lasiostyla* Hayata

葉芽密生褐色或白色伏毛或軟
毛。葉卵狀長橢圓形或披針狀橢
圓形，全緣或具細齒緣。葉背、
花梗及果實表面密生軟毛。花梗
長約 5 公釐。

　　特有種，分布於台灣中、南
部中海拔森林。

花正面（蔡錫麒攝）

葉背具密毛

花及葉皆被絨毛（蔡錫麒攝）

開花植株（蔡錫麒攝）

茶梨屬 ANNESLEA

大喬木，枝條光滑無毛。葉聚生於小枝頭，革質。萼片 5 枚，宿存；花瓣中央突然變窄；花藥基著，無毛；子房半下位或下位，花柱多為三岔。果實為漿果。

細葉茶梨 (台灣安納士樹) 特有種

屬名	茶梨屬
學名	*Anneslea fragrans* Wall. var. *lanceolata* Hayata

葉橢圓形至披針形，長 8 ～ 12 公分，寬 3.5 ～ 4 公分，先端銳尖，不明顯鈍齒緣，側脈不明顯，光滑無毛，下表面有多數深褐色或黑色小點，葉柄長 1 ～ 3 公分。花淡紅色，花瓣 5 枚，花柱三岔。果實漿果狀，被毛。

特有變種，分布於台灣南部低海拔森林中。

花淡紅色，花瓣 5 枚，花柱三岔。

葉橢圓形至披針形，全緣，葉柄長約 3 公分。

紅淡比屬 CLEYERA

喬木或灌木。花常為密繖花序，萼片宿存，花瓣反捲，花柱常伸長而有二至三岔，子房光滑無毛，花梗前端加厚。果實為漿果。

早田氏紅淡比 特有種

屬名 紅淡比屬
學名 *Cleyera japonica* Thumb. var. *hayatae* (Masam. & Yamamoto) Kobuski

小喬木。葉革質，狹長橢圓形或披針狀橢圓形，長 3.5 ～ 7 公分，寬 1.2 ～ 2.2 公分，全緣，基部略反捲，表面綠色有光澤。密繖花序，花數朵著生於葉腋。果實球形，花柱宿存。

承名變種（紅淡比，見本頁）之區別在於葉形。

特有變種，產台灣中海拔地區如南投瑞岩溪、花蓮和平林道或高雄武威山等地，少見。

葉狹長橢圓形或披針狀橢圓形，寬 1.2 ～ 2.2 公分，全緣。

果球形，花柱宿存。

植株標本

紅淡比

屬名 紅淡比屬
學名 *Cleyera japonica* Thumb. var. *japonica*

小喬木，枝條光滑無毛，葉芽光滑無毛。葉革質，橢圓形，長約 7 公分（不超過 10 公分），寬 3 公分，先端銳尖、微漸尖或尾狀，全緣，略反捲，側脈常不明顯，葉柄長 0.5 ～ 1 公分。花數朵著生於葉腋，兩性花，徑 1.5 公分，黃白色，有芳香，萼片及花瓣各 5 枚，雄蕊多數，花藥基著，子房 3 室，胚珠甚多，花柱長 0.8 ～ 1 公分，柱頭 3 短裂，花梗長 1 公分。果實球形或卵形，徑約 8 公釐，有宿存花柱。

產於印度、中國至琉球及日本；在台灣分布於全島中海拔森林中，以北部山區為多，少見。

除承名變種外，台灣尚有 4 變種。葉全緣者為：葉長橢圓狀披針形且全緣之早田氏紅淡比（var. *hayatae*，見本頁）及葉呈倒卵形且全緣之森氏紅淡比（var. *morii*，見 78 頁）；葉淺鋸齒緣者為：葉長橢圓形且有鋸齒之長果紅淡比（var. *longicarpa*，見 78 頁）及葉倒卵形且有鋸齒之太平紅淡比（var. *taipinensis*，見 79 頁）。

葉革質，橢圓形，長約 7 公分（不超過 10 公分），全緣，略反捲。

果枝。葉脈不明顯。

果球形或卵形，徑約 8 公釐，花柱宿存。

長果紅淡比 特有種

屬名	紅淡比屬
學名	*Cleyera japonica* Thumb. var. *longicarpa* (Yamamoto) L. K. Ling & C. F. Hsieh

葉長橢圓形至長橢圓狀披針形，長 6～10 公分，寬 1.2～3 公分，先端鈍、銳尖或漸尖，葉緣略反捲，基部全緣，上半部鋸齒緣，葉柄長 1～1.2 公分。

　　特有變種，分布於台灣中、北部中高海拔森林。

果實具宿存柱頭

葉淺鋸齒緣者，長橢圓形。

森氏紅淡比 特有種

屬名	紅淡比屬
學名	*Cleyera japonica* Thunb. var. *morii* (Yamamoto) Masam.

葉倒卵形或匙狀倒卵形，長 5～10 公分，寬 3.4～5 公分，先端鈍圓、圓或微凸，全緣，側脈常不明顯，葉柄長 0.8～1.2 公分。果實近球形。

　　特有變種，分布於台灣北部低海拔森林中，甚普遍。

花黃白色，雄蕊多數。

葉全緣，葉倒形或匙狀倒卵形。

太平紅淡比 特有種

屬名	紅淡比屬
學名	*Cleyera japonica* Thumb. var. *taipinensis* H. Keng

葉倒卵形或匙狀倒卵形，長 3 ～ 5.5 公分，寬 1 ～ 2 公分，先端鈍或圓，前半部微鋸齒緣，
葉柄長 0.7 ～ 1 公分。

　　特有變種，分布於台灣中、北部中海拔森林。

果實

葉背脈不明顯

葉倒卵形，先端鈍或圓，前半部微鋸齒緣。

柃木屬 EURYA

喬 木或灌木。葉成二列排列，鋸齒緣。花單性，雌雄異株，單生或簇生；花藥基著，光滑無毛；花柱常 3；無梗或具短梗。果實為漿果。

米碎柃木(中國柃木)

屬名	柃木屬
學名	*Eurya chinensis* R. Br.

小枝具稜，被柔毛，葉芽被柔毛。葉薄革質或革質，菱狀橢圓形，長 3 ～ 6 公分，先端銳尖或漸尖，稀鈍或圓、微凹頭或凹頭，葉背近光滑。花白綠色，萼片與花瓣光滑無毛，雄蕊約 15 枚，花藥不具分格，花柱長 1.5 ～ 2 公釐，子房平滑。

產於中國南部及斯里蘭卡；在台灣分布於全島低、中海拔山區之林緣或開闊地，花期為 10 ～ 12 月。

花白綠色，萼片與花瓣光滑，花藥不具分格。

花柱長 1.5 ～ 2 公釐，子房平滑。

葉芽被柔毛

葉形

果枝。葉薄革質或革質，菱狀橢圓形，長 3 ～ 6 公分。

花期 10 ～ 12 月

雄蕊約 15 枚

假柃木(賽柃木) 特有種

屬名　柃木屬
學名　*Eurya crenatifolia* (Yamamoto) Kobuski

小枝密被柔毛，葉芽被柔毛。葉薄革質，橢圓形至倒卵形，長1～1.5公分，先端鈍或圓，葉背微被毛至光滑。花光滑無毛，雌花淡紫紅色，花柱長0.5～1公釐，子房卵狀球形；雄花紫紅色，雄蕊5～6。果實成熟時紫黑色，光滑無毛。

　　特有種，分布於台灣東、北、中部中海拔山區之森林中，花期2～4月。

葉薄革質，下表面微被毛至光滑。

果熟呈黑紫黑色，光滑無毛。

雄花紫紅色，雄蕊5～6。

雌花淡紫紅色，花柱長0.5～1公釐，子房卵狀球形，光滑無毛。

結果之植株

凹葉柃木(濱柃木)

屬名	柃木屬
學名	*Eurya emarginata* (Thunb.) Makino

小枝密被毛,漸變光滑;葉芽明顯被毛。葉革質,倒卵形或倒卵狀長橢圓形,長2～4公分,先端圓或鈍,凹頭,稀略凸,葉背光滑無毛。雄花較大,雌花較小;萼片光滑無毛,雄蕊16～20,藥室具分格;花柱長1～1.5公釐,三淺裂。果實扁球形,徑4～5公釐,光滑無毛。

　　產於中國、韓國、日本及琉球;台灣目前標本紀錄僅見於淡水、石門、野柳及龜山島,馬祖亦產,生長在海岸邊,花期1～3月。

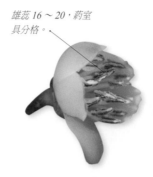
雄蕊 16～20,藥室具分格。

雄花植株

雌花枝。雄花較大,雌花較小。

果實扁球形,徑4～5公釐,光滑無毛。

葉革質,倒卵形或倒卵狀長橢圓形,長2～4公分,先端圓或鈍,凹頭。

雌花,偶見有退化雄蕊者。

厚葉柃木(高山柃木) 特有種

屬名	柃木屬
學名	*Eurya glaberrima* Hayata

小枝與葉芽均光滑,芽基部有緣毛。葉厚革質,長橢圓狀披針形,長7～10公分,先端銳尖或略鈍頭,銳鋸齒緣,鋸齒40～60對,葉背略呈紅色。花萼有緣毛,外表面光滑,稀被柔毛;花柱3或4,甚短,長0.5～1公釐,殆近離生;雄蕊5～10,花藥明顯有分格。

　　特有種,分布於台灣中、高海拔山區,生長於林緣或林道兩側。

雄蕊 5～10,有時可見退化之雌蕊。

葉厚革質,銳鋸齒緣,鋸齒40～60對。

花柱3或4,甚短,長0.5～1公釐,殆近離生。

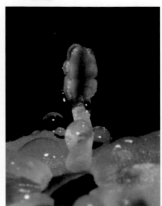
花藥明顯有分隔

毛果柃木(菱葉柃木)

屬名　柃木屬
學名　*Eurya gnaphalocarpa* Hayata

小枝被伏毛，有稜，枝條常綴有紅葉，葉芽被柔毛。葉革質，菱狀橢圓形或菱狀披針形，長 4 ～ 6 公分，先端尾狀，鈍或凹頭，葉身三分之一以下全緣，葉背被柔毛。雄蕊 10 ～ 15，花藥明顯有分隔，長約 1.8 公釐；花柱四至五岔，反捲，長 2 ～ 2.5 公釐，子房密被淡褐色伏毛。果實有毛。

　　產於菲律賓；在台灣分布於全島低至高海拔山區之林緣或森林中，蘭嶼也有。

葉革質，菱狀橢圓形或菱狀披針形，葉身基部全緣。

花藥明顯有分隔

果實有毛

雌花較小，花柱四至五岔，反捲，長 2 ～ 2.5 公釐。

植株上常綴有紅葉

早田氏柃木 特有種

屬名	柃木屬
學名	*Eurya hayatae* Yamamoto

當年生幼枝疏被短柔毛，小枝光滑或極疏被短柔毛，葉芽光滑或於脊部極疏被短柔毛，不久即脫落；小枝具斜稜。葉革質，長橢圓形、倒卵狀長橢圓形或倒披針狀橢圓形，先端鈍或略尖，稀銳尖，側脈極不明顯。萼片光滑無毛，邊緣膜質；花柱長2～3公釐，三淺裂。果實球形，徑4～5公釐，具宿存花柱。

特有種，產於台灣中、南及東部中低海拔山區林緣，花期9～12月。

側脈極不明顯

花柱長2～3公釐，三淺裂。

萼片光滑，邊緣膜質。

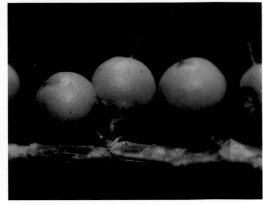

小枝具斜稜。果實球形，徑4～5公釐，花柱宿存。

結果植株

日本柃木(柃木)

屬名　柃木屬
學名　*Eurya japonica* Thunb.

小喬木或灌木，小枝及葉芽光滑無毛。葉橢圓形或倒披針狀長橢圓形，長 3.5 ～ 6.5 公分，寬 1.5 ～ 2.5 公分，先端銳尖、漸尖、鈍頭或微凹頭，基部銳尖或楔形，疏細鋸齒緣，上表面光滑無毛且具光澤，下表面光滑無毛。花 1 ～ 3 朵，腋生，白色。漿果球形，直徑 5 公釐，有小凸頭。與光葉柃木（*E. nitida*，見 87 頁）極為相近，根據山崎敬之報告，光葉柃木花柱長 1.2 ～ 2.5 公釐，本種的花柱長 0.8 公釐。龜山島產之柃木的花柱長為 1 公釐，當屬於日本柃木。

　　產日本、韓國及中國；在台灣分布於離島龜山島。

本種與光葉柃木極為相近，但光葉柃木之花柱長為 1.2 ～ 2.5 公釐，本種的花柱長為 0.8 公釐。（王偉聿攝）

果實具長梗（王偉聿攝）

雄花（王偉聿攝）

葉疏細鋸齒緣（王偉聿攝）

果熟呈紫黑色（王偉聿攝）

雄花株（王偉聿攝）

薄葉柃木(紙葉柃木、祝山柃木) 特有種

屬名　柃木屬
學名　*Eurya leptophylla* Hayata

小枝密被柔毛，有稜。葉紙質或革質，長橢圓形或長橢圓狀披針形，常大小不等，長 2 ～ 4 公分，先端銳尖、漸尖或鈍頭，細鋸齒緣。萼片被柔毛或光滑；花柱長 1 ～ 1.5 公釐，三淺裂，子房平滑；雄蕊 6 ～ 8，花藥具分格。果實平滑無毛。

　　特有種，分布於台灣中、南部與東部之中高海拔山區森林中或林緣，花期 1 ～ 3 月。

雄蕊 6 ～ 8，花藥不具分隔。

花柱長 1 ～ 1.5 公釐，三淺裂，子房平滑。

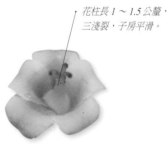

葉長 2 ～ 4 公分，常大小不等。

果實平滑無毛

細枝柃木

屬名　柃木屬
學名　*Eurya loquaiana* Dunn.

小枝圓柱狀，不具斜稜，密被短直之柔毛，葉芽被短毛。葉紙質，披針形或長橢圓狀披針形，長 4 ～ 8 公分，先端長尾狀，鋸齒 26 ～ 34 對，葉背光滑無毛。萼片下表面被短柔毛或柔毛，具緣毛，花柱長 2 ～ 3 公釐，三淺裂，雄蕊 8 ～ 14，花梗被氈毛。果實成熟時紫黑色。

　　產於中國中南部；在台灣分布於全島低至高海拔山區森林中，花期 10 ～ 12 月。

果熟紫黑色

葉芽被短毛

花柱長 2 ～ 3 公釐，三淺裂。

小枝圓柱狀，不具斜稜。

浸水營柃木 特有種

屬名　柃木屬
學名　*Eurya lui* Y. H. Tseng & Y. H. Wu

小喬木。小枝圓柱狀，不具斜稜，被毛。成熟葉革質，長橢圓形，長6.5 ～ 9公分，寬1.5 ～ 2.5 公分，先端銳尖至漸尖，齒緣 32 ～ 42 對，葉背被柔毛，葉柄長 3 ～ 4 公釐，光滑。雄花：萼片 5，卵形，被毛，深綠色，花瓣 5，卵形，白綠色，長 4 ～ 4.5 公分，雄蕊約 15 ～ 19 枚，花藥具分格；雌花：花柱長 1 ～ 1.5 公釐，三深裂。果實被毛，紫熟。

　　特產屏東浸水營。

葉背被貼伏毛

雌花花柱長 1 ～ 1.5 公釐，三深裂。

成熟葉革質，長橢圓形。葉柄 3 ～ 4 公釐。近似種粗毛柃木為近無柄。

南仁山柃木 特有種

屬名	柃木屬
學名	*Eurya nanjenshanensis* (C. F. Hsieh, L. K. Ling & Sheng Z. Yang) Sheng Z. Yang & S. Y. Lu

小枝有稜，光滑無毛；幼枝光滑，極稀被柔毛；葉芽光滑無毛，常呈紅色或淡紅色。葉厚革質，圓狀倒卵形或闊卵形，長4～5.5公分，先端圓，具短突尖，葉緣微反捲，鋸齒14～20，表面淡綠色具光澤，兩面側脈不明顯。花白色，花瓣長約4公釐，雄蕊10～15，花柱長2～2.5公釐，三淺裂。果實直徑4～6公釐，光滑無毛。與光葉柃木（*E. nitida*，見本頁）及早田氏柃木（*E. hayatae*，見84頁）近似，但光葉柃木的鋸齒數為36～46，早田氏柃木分布於海拔1,500公尺以上，可以區別之。

　　特有種，分布於恆春半島南仁山至墾丁一帶，花期1～3月。

果實直徑4～6公釐，光滑無毛。

雄蕊約10～15。

葉表面淡綠色具光澤，側脈不明顯，鋸齒14~20對。　背面側脈不明顯

葉芽光滑，常呈紅色或淡紅色。

花柱長2～2.5公釐，三淺裂。（呂順泉攝）

光葉柃木

屬名	柃木屬
學名	*Eurya nitida* Korthals

小枝與葉芽均光滑，有斜稜。葉薄革質，橢圓形或橢圓狀披針形，長4～6.5公分，最寬於中央處，先端漸尖或銳尖，基部漸狹或楔形，下延至柄，鋸齒36～46對，上表面具光澤，兩面光滑無毛。花淡綠色；雄蕊10～18，花藥具分格；花柱長2.5～3公釐，三淺裂。

　　產於印度、斯里蘭卡、爪哇、緬甸、越南及菲律賓；在台灣分布於北部低海拔山區之森林中。

葉片鋸齒36～46對，網脈略凸起明顯。

雌花偶可見退化雄蕊

雄蕊10～18，花藥不具分格。

小枝有斜稜　　小枝與葉芽均光滑　　結果枝

花柱長2.5～3公釐，三淺裂。

蓮華池柃木 特有種

屬名 柃木屬

學名 *Eurya rengechiensis* Yamamoto

全株光滑無毛。葉革質，長橢圓形或披針形，長 7 ～ 8
公分，先端尾狀、尾狀漸尖或鈍頭，微細鋸齒緣，邊緣
反捲，兩面光滑無毛，幼葉紫紅色。萼片光滑無毛，花
淡紫紅色，雄蕊 8 ～ 12，花柱長 2 ～ 2.5 公釐，三淺裂。

　　特有種，分布於台灣中部低海拔山區森林中。

雄蕊 8 ～ 12，花淡紫紅色。

花柱長 2 ～ 2.5 公釐，三淺裂。

幼葉紫紅色

葉背葉脈凸起明顯

台灣格柃 特有種

屬名 柃木屬

學名 *Eurya septata* Chi C. Wu, Z. F. Hsu & C. H. Tsou

小枝被柔毛，略具稜，頂芽被疏柔毛。葉硬紙質或革質，
橢圓形，長 2.5 ～ 10 公分，先端漸尖，細鋸齒緣，中脈
下表面被疏柔毛，無柄或具短柄。萼片光滑或疏被毛，
花瓣白色，雄蕊 14 ～ 16，花藥具分格，柱頭三至四岔，
花柱長 1 ～ 1.5 公釐。果實球形，無毛。與米碎柃木（*E.
chinensis*，見 80 頁）最為近似，唯本種之花藥有分格，
花梗較短，且一花序中花數較多。

　　特有種，分布於台灣全島。

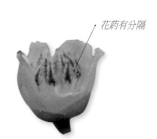

花藥有分隔

柱頭三至四岔，花柱長 1 ～ 1.5 公釐。

與米碎柃木近似，惟花藥有分隔，花梗較短，且一花序中花數較多。

開雄花之植株

粗毛柃木

屬名　柃木屬
學名　*Eurya strigillosa* Hayata

小枝密被褐色長軟毛或淡褐色伏毛，葉芽密被褐色軟毛。葉薄革質或革質，長橢圓狀披針形，長 7 ～ 10 公分，先端漸尖或短尾狀漸尖，粗齒狀鋸齒緣，下表面被褐色軟毛或淡褐色伏毛，無柄或具短柄。雄花瓣闊卵形，花瓣淡綠色，開放時略反捲，雄蕊 10 ～ 14，花藥具分格，子房密被毛，花柱長 1 ～ 1.5 公釐，三深裂。果實被毛或近光滑。

　　分布於台灣全島低、中海拔山區林緣或森林中，花期 10 ～ 12 月。琉球亦產。

雄蕊 10 ～ 14。（浸水營柃木為 15 ～ 19 枚。）

小枝及葉密被褐色長軟毛或淡褐色伏毛

花期 10 ～ 12 月。

清水山柃木　特有種

屬名　柃木屬
學名　*Eurya taitungensis* C. E. Chang

與厚葉柃木（*E. glaberrima*，見 82 頁）相似，葉長 4 ～ 6 公分，寬 1.5 公分，但芽有毛。萼片被毛，子房光滑無毛，花柱常四岔。

　　特有種，僅知分布於花蓮清水山，僅有模式標本一份。

與厚葉柃木相似，但本種芽被毛。

葉長 4 ～ 6 公分，寬 1.5 公分。

僅知分布於花蓮清水山山區，僅有模式標本一份。

厚皮香屬 TERNSTROEMIA

小 喬木或灌木，小枝光滑無毛；頂芽具芽鱗，光滑無毛。葉革質，叢生於當年生枝條頂端。花單生或數朵簇生於無葉的小枝上，兩性或雜性，具2小苞片；萼片5枚，宿存；花瓣5枚；雄蕊多數，花藥基著，光滑無毛；花柱單一。果實肉質，不裂。

台灣有1種。

厚皮香

| 屬名 | 厚皮香屬 |
| 學名 | *Ternstroemia japonica* Thunb. |

常綠喬木，小枝略帶紅色。葉叢生枝端，革質，倒卵形，長4～7公分，先端鈍或圓，基部漸狹或楔形，全緣，兩面側脈不明顯，葉柄紅色。花單一，腋生，向下開，萼片5枚，花瓣5枚，雄蕊多數。果實球形，直徑1～1.5公分，成熟後開裂。種子3～4粒，紅色。

產於印度、馬來西亞、菲律賓、中國至日本；在台灣分布於全島低、中海拔山區。

花單一，腋生，向下開。

葉叢生枝端，革質，葉柄紅色。

葉倒卵形，長4～7公分，全緣，先端鈍或圓。

報春花科 PRIMULACEAE

大部分為一年生或多年生草本，或灌木，莖直立或匍匐。葉互生、對生或輪生，有時沒有地上莖而葉全部基生形成蓮座狀；葉全緣，或具齒或有各式分裂。花單生或成總狀、繖形或穗狀花序；花兩性，輻射對稱；花萼通常五裂，宿存；花冠下部合生成筒狀或花瓣離生，上部通常五裂；雄蕊或多或少貼於花冠之上，與花冠裂片同數而對生，花絲分離或下部連合；子房上位，1室，花柱單一，胚珠通常多數，生於獨立的中央胎座上。蒴果通常五齒裂或瓣裂，稀蓋裂。種子小，有稜角，常為盾狀。

特徵

雄蕊或多或少貼於花冠之上，與花冠裂片同數而對生。（賽山椒）

花兩性，輻射對稱；花冠下部合生成筒狀，上部通常五裂。（施丁草）

雄蕊或多或少貼於花冠之上；花柱單一。（台灣山桂花）

蒴果。花萼通常五裂，宿存。（蓬萊珍珠菜）

蠟燭果屬 AEGICERAS

灌木或小喬木，分枝多；葉互生或於枝條頂端近對生，全緣。繖形花序，花兩性，5 數，花萼不對稱，宿存；花冠鐘形，裂片覆瓦狀排列；雄蕊花絲基部連合成管；花藥每室具若干橫隔；子房上位，胚珠多數，數輪，鑲入胎座內。蒴果圓柱形，新月狀彎曲，種子 1 粒。

桐花樹(蠟燭果)

屬名	蠟燭果屬
學名	*Aegiceras corniculatum* (L.) Blanco

灌木或小喬木，高 1.5 ～ 4 公尺，小枝黑褐色，無毛。葉互生或近枝端者對生，橢圓形至倒卵形，長 3 ～ 10 公分，寬 2 ～ 4.5 公分，先端圓形或微凹，基部楔形，全緣，略反捲，兩面密布小窩點，表面無毛，背面密被細柔毛，側脈 7 ～ 11 對。繖形花序頂生，無總梗，具花 10 餘朵；花冠白色，鐘形，長約 9 公釐；子房卵形。蒴果圓柱形，弓狀彎曲，長 6 ～ 8 公分，徑約 5 公釐，基部具宿存花萼。

　　廣布亞洲、澳洲熱帶至中國大陸兩廣、福建及海南島。金門僅見於烈嶼清遠湖之泥質灘地，台灣有栽植及逸出。

花冠白色、五裂、鐘形。（劉思章攝）

蒴果圓柱形，弓狀彎曲。（王金源攝）

繖形花序頂生，不具總梗。（王金源攝）

金門僅見於烈嶼清遠湖之泥質灘地，台灣有栽植及逸出。（劉思章攝）

點地梅屬 ANDROSACE

至多年生草本，莖缺或短。葉基生或蓮座狀排列。花單生或常成繖形著生於開花莖上；花小，白色或粉紅色；花萼五深裂；花冠高杯狀或近輪狀，花冠筒短於花萼，喉部窄縮；雄蕊 5，藏於花冠筒內，花絲極短；子房球形。果實卵狀或球形。

地錢草

屬名	點地梅屬
學名	*Androsace umbellata* (Lour.) Merr.

雄蕊 5，藏於花冠筒內，花絲極短。

一或二年生草本，無莖。葉基生或蓮座狀排列，卵圓形，長、寬各 5 ～ 15 公釐，基部截形或楔形，粗齒緣，兩面有柔毛，葉柄長 1 ～ 3 公分。開花莖長 5 ～ 15 公分，花瓣白色，花梗長 2 ～ 4 公分。果實卵球形，長約 4 公釐，5 瓣裂。

產於日本、韓國及東亞；在台灣分布於海岸及低海拔之平野地區。

葉兩面有柔毛，卵圓形，長寬各 5 ～ 15 公釐，粗齒緣，葉柄長 1 ～ 3 公分。

葉基生或蓮座狀排列

花萼五裂。果實卵球形，長約 4 公釐。

紫金牛屬 ARDISIA

至多年生草本，莖缺或短。葉基生或蓮座狀排列。花單生或常成繖形著生於開花莖上；花小，白色或粉紅色；花萼五深裂；花冠高杯狀或近輪狀，花冠筒短於花萼，喉部窄縮；雄蕊 5，藏於花冠筒內，花絲極短；子房球形。果實卵狀或球形。

屯鹿紫金牛（短莖紫金牛）

屬名	紫金牛屬
學名	*Ardisia brevicaulis* Diels

花白色或粉紅色，花瓣上有黑斑點。

植株矮小，幼莖被短柔毛。葉紙質，卵形、披針形至橢圓形，長 10 ～ 18 公分，寬 3 ～ 6 公分，先端銳尖至略漸尖，基部圓至鈍，全緣或略波狀緣，葉背灰綠色，被短柔毛，葉柄被短柔毛。花白色或粉紅色，花瓣及花藥上有黑色斑點，內部具毛狀物，萼片狹卵形。果實表面有黑斑，成熟時紅色。

產於中國南部；在台灣分布於中、北部低海拔山區之森林中。

葉紙質，披針形至橢圓形，長 10 ～ 18 公分，全緣或略波狀緣。

果實表面有黑斑，紅熟。

華紫金牛

屬名　紫金牛屬
學名　*Ardisia chinensis* Benth.

花白色

矮小灌木，高不及 50 公分，常具匍匐莖，幼莖被褐色鱗片。葉倒卵形或橢圓形，短於 6 公分，先端鈍、短漸尖或銳尖，波狀緣或鈍粗齒緣，有時全緣，葉背被褐色鱗片。花序近繖形，花白色，萼片三角狀卵形，被褐色鱗片。果實成熟時轉黑色。

　　產於馬來西亞、中南半島、中國及琉球；在台灣分布於北、南部之低海拔森林中。

果熟轉黑

矮小灌木，高不及 50 公分。葉波狀緣或鈍粗齒緣，有時全緣。

雨傘仔 特有種

屬名　紫金牛屬
學名　*Ardisia cornudentata* Mez subsp. *cornudentata*

小灌木，小枝光滑。葉革質，鋸齒狀齒緣或銳齒緣，兩面光滑無毛，葉柄光滑無毛。花枝光滑無毛，前段散生葉，花序繖形或總狀繖形；萼片圓形，光滑無毛。

　　特有種，分布僅限於屏東大漢山以南，尤其近海岸地帶，蘭嶼及綠島亦有。

果紅熟，有黑點。

葉革質，鋸齒狀齒緣或銳齒緣，兩面光滑。

小枝光滑

玉山紫金牛 特有種

屬名　紫金牛屬

學名　*Ardisia cornudentata* Mez subsp. *morrisonensis* (Hayata) Yuen P. Yang var. *morrisonensis*

小灌木，小枝與花枝被鏽色多細胞短毛。葉近革質，葉背被多細胞短毛。花序繖形；萼片闊卵形，各片邊緣重疊，花瓣及花藥上有黑點。果實成熟時紅色，具宿存花柱。

　　特有種，分布僅限於屏東大漢山以北之台灣本島中、低海拔森林中。

全株被鏽色多細胞短毛

果紅熟，具宿存花柱。

萼片闊卵形，各片邊緣重疊。

花序繖形，花瓣及花藥上有黑點。

葉鋸齒狀齒緣

阿里山紫金牛 特有種

屬名	紫金牛屬
學名	*Ardisia cornudentata* Mez subsp. *morrisonensis* (Hayata) Yuen P. Yang var. *stenosepala* (Hayata) Yuen P. Yang

小灌木，小枝與花枝被鏽色單細胞毛。葉先端尾狀或尾狀漸尖，葉背被鏽色單細胞毛。萼片線狀三角形，各片邊緣不重疊。

　　特有種，分布僅限於溪頭至阿里山一帶之森林中。

與玉山紫金牛的差別在於本種的萼片線狀三角形，各片邊緣不重疊。

小枝與花枝被鏽色單細胞毛（楊智凱攝）

小灌木（楊智凱攝）

硃砂根（鐵雨傘）

屬名	紫金牛屬
學名	*Ardisia crenata* Sims

小灌木，莖光滑無毛。葉紙質，橢圓形或橢圓狀披針形，長7～18公分，寬2～4公分，圓齒緣，邊緣常呈波浪狀，葉背灰綠色或紫紅色並具突起之腺點。花枝前段具2～3葉，光滑或近無毛；萼片三角狀卵形。

　　產於中國南部、琉球、韓國及日本；在台灣分布於全島中低海拔之森林中。

花瓣上有黑斑

萼片三角狀卵形

紅果

葉邊緣常呈波浪狀

百兩金

屬名　紫金牛屬
學名　*Ardisia crispa* (Thunb.) A. DC.

小灌木，高可達 1 公尺，幼莖被細小
腺狀短毛。葉膜質，狹橢圓形或線形，
長 12 ～ 13 公分，波狀緣或淺圓齒緣，
側脈在邊緣連接成緣脈。花枝略被腺
毛，萼片長橢圓狀卵形或披針形，光
滑無毛。

　　產於越南、中國南部、琉球、韓
國及日本；在台灣分布於北部中低海
拔山區之森林內。

花無明顯黑點

萼片長橢圓狀卵形或披針形，光滑。

果紅熟

葉膜質，狹橢圓形或線形。

蘭嶼紫金牛

屬名　紫金牛屬
學名　*Ardisia elliptica* Thunb.

直立灌木，高可達 2 公尺，莖光滑無毛。葉革質，略呈肉質，倒卵形，全緣，側脈
不明顯。花序近繖形或總狀繖形，有花序梗；花紫紅色帶白色，腋生，萼片圓形，
具緣毛。

　　產於印度、中南半島、馬來西亞、越南及菲律賓；在台灣分布於台東、屏東南
端之海岸、蘭嶼及綠島。

花紫紅帶白色

在台灣分布於台東、屏東南端海岸、蘭嶼及綠島。

開花植株

果熟紅色

紫金牛

屬名 紫金牛屬
學名 *Ardisia japonica* (Hornsted) Bl.

匍匐性亞灌木,高不超過 30 公分,幼莖被微毛。葉對生或近輪生,近革質,橢圓形或橢圓狀卵形,長 1.3 ～ 8 公分,寬 0.8 ～ 3.5 公分,細鋸齒緣,上表面具光澤,網脈明顯。花序近繖形,具細毛,生於葉腋或小苞片腋;萼片廣卵形或卵形;花冠白色或紫色,裂片廣卵形,外表具腺點;花梗長 0.3 ～ 1.5 公分,具短腺毛。

　　產於中國、琉球及日本;在台灣分布於北部中低海拔森林內,如尖石山區、鴛鴦湖、太平山及拉拉山一帶。

紅果熟

花柱伸長

花冠裂片廣卵形,具多數腺點。

葉細鋸齒緣,上表面具光澤,網脈明顯。

高士佛紫金牛 特有種

屬名 紫金牛屬
學名 *Ardisia kusukuensis* Hayata

小灌木，高可達 20 公分，幼莖被短柔毛。葉片平整，不呈波浪狀，倒披針形、橢圓形或長橢圓狀卵形，長 10 ～ 17 公分，寬 2.5 ～ 3.8 公分，圓齒緣，葉背灰綠色並被短柔毛。花序繖形，腋生或頂生，花序梗被微柔毛，花枝前端具 1 ～ 2 枚小葉片，花紫色或白色，萼片線狀三角形。

　　特有種，產於恆春半島及東部低海拔森林中。

花序繖形，花紫色或白色，腋生或生於花枝先端。

小灌木，高可達 20 公分，幼莖被短柔毛。

萼片線狀三角形

麥氏紫金牛

屬名 紫金牛屬
學名 *Ardisia maclurei* Merr.

匍匐性亞灌木，高約 15 公分。幼莖密被鏽色多細胞長毛及短腺毛。葉互生或近輪生，紙質，卵形或橢圓形，長 2.5 ～ 6 公分，寬 1.5 ～ 4 公分，基部明顯心形，不規則齒緣，兩面被鏽色多細胞長毛。花序近繖形，生於葉腋或小苞片腋；萼片狹披針形，外面被多細胞長毛。

　　產於越南及中國南部，在台灣分布於烏來及東部山區之森林中。

葉基部明顯心形，不規則齒緣，兩面被鏽色多細胞長毛。

花梗具長毛

苗栗紫金牛 特有種

屬名　紫金牛屬
學名　*Ardisia miaoliensis* S. Y. Lu

小灌木，株高 40～90 公分。葉長橢圓形，先端漸尖，基部楔形，葉緣微呈波浪狀，上表面灰綠色，下表面紫色。花序聚繖狀，生於葉腋。果實紅色。

　　特有種，分布於台灣北部中海拔山區。

幼株之葉帶微紅

葉背紫色

輪葉紫金牛

屬名　紫金牛屬
學名　*Ardisia pusilla* A. DC.

小灌木，高約 30 公分，具匍匐莖，被多細胞長毛及短腺毛。葉對生或近輪生，紙質，卵形或倒卵形，基部圓或銳尖，鋸齒緣，葉背被鏽色多細胞長毛。萼片披針狀錐形，外面被長毛。

　　產於泰國、菲律賓、中國、琉球、日本及韓國；在台灣分布於中、北部之低、中海拔山區林內或林緣。

葉對生或近輪生，紙質，鋸齒緣。

開花植株

小葉樹杞

屬名　紫金牛屬
學名　*Ardisia quinquegona* Bl.

灌木或小喬木，小枝柔軟，被鏽色鱗片。葉薄紙質，長橢圓形或披針形或倒卵形，長 5.2～15 公分，寬 1.8～2.8 公分，先端長漸尖具尖頭，側脈多數，在邊緣聯合成緣脈，葉背被鏽色鱗片。花序聚繖狀或近繖形，萼片三角形，具緣毛。

　　產於印度、中南半島、中國、琉球及日本；在台灣分布於全島低至高海拔山區森林中。

花柱伸長，花藥具斑點。

葉寬 1.8～2.8 公分，先端長漸尖具尖頭。

樹杞

屬名　紫金牛屬
學名　*Ardisia sieboldii* Miq.

灌木或喬木，幼枝被鏽色鱗片。葉革質，常呈卵形，偶倒卵形或倒披針形，先端圓、鈍或銳尖具鈍或圓頭，側脈多數，不明顯，聯合成緣脈。花序近繖形或聚繖形；花多數，小型，花徑 7～8 公釐；萼片三角形，長 1～1.5 公釐，全緣或略具緣毛；花瓣闊卵形，長 3～4 公釐，先端銳尖，散生稀疏斑點；雄蕊較花瓣為短，花絲與花藥等長，花藥闊卵形，先端有尖突，有時具斑點。

　　產於中國、琉球及日本；在台灣分布於全島低海拔山區之森林中。

花瓣闊卵形，先端銳尖，稀疏斑點散生；雄蕊較花瓣為短。

果熟轉紅或黑色

花序近繖形或聚繖形，花多數。

葉先端圓、鈍或銳尖具鈍或圓頭。

雪下紅

屬名　紫金牛屬
學名　*Ardisia villosa* Roxb.

直立小灌木，幼莖被多細胞長柔毛。葉橢圓形或披針形，兩面密被多細胞長柔毛。花序繖形，生於花枝前端，被長柔毛；萼片三角狀披針形，被長柔毛。果披長毛，球形，熟時轉為紅色。

　　產於馬來西亞、泰國、越南、香港及中國；在台灣僅知分布於台東壽卡、歸田一帶之低海拔山區之開闊地。

萼片三角狀披針形。果被長毛。

花瓣及花萼被長毛

葉兩面密被多細胞長柔毛

裡菫紫金牛

屬名　紫金牛屬
學名　*Ardisia violacea* (T. Suzuki) W. Z. Fang & K. Yao

矮小亞灌木，具匍匐莖，幼莖帶紅色並被微毛。葉紙質，卵形或卵狀披針形，長 2～6.5 公分，寬約 6.2 公釐，基部圓或略成心形，圓齒緣，葉緣呈波浪狀，葉背帶紅色。花序繖形。

　　產於中國，在台灣分布於北部低海拔之闊葉林中。

葉圓齒緣，邊緣常呈波浪狀。
（林哲緯攝）

植株矮小，果熟紅色。

黑星紫金牛

屬名　紫金牛屬

學名　*Ardisia virens* Kurz

小灌木，高約 3 公尺，幼莖被極疏腺毛。葉紙質，橢圓形或橢圓狀披針形，長 8 ～ 16 公分，葉緣皺曲或有細鈍鋸齒，上表面略深綠色，下表面灰綠色並密被黑色小腺點（乾燥後明顯）。花枝具多枚葉片；萼片長圓狀卵形或近圓形，先端鈍或圓，密生小黑腺體；花柱長，柱頭不明顯。

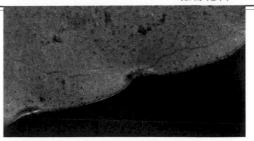

葉緣皺曲，下表面密被黑色小腺點。

　　產於印度、中南半島、馬來西亞、泰國、越南及中國；在台灣分布於全島低海拔森林中。

花偶有淡紅色者；萼片長圓狀卵形或近圓形。

花柱長，柱頭不明顯。

結果枝條

開花植株

藤木槲屬 EMBELIA

攀緣性灌木。葉互生，成二列排列。花序總狀、圓錐或近繖形，具苞片，花單性或兩性。雌雄蕊果。

正藤木槲

屬名　藤木槲屬

學名　*Embelia laeta* Mez var. *laeta*

蔓性小灌木。葉互生，革質，倒卵形或長橢圓形，先端圓鈍，側脈不明顯，葉柄長 4 ～ 8 公釐。花單性，雌雄異株，數朵排成總狀花序，腋生；花 4 數，花萼裂片三角形，花瓣黃綠色，雄蕊著生於花瓣上；雌花子房瓶形，具退化雄蕊；花梗光滑無毛。漿果球形，果徑 5 ～ 6 公釐，成熟時紫黑色，具宿存花柱。

　　分布於中國華南，在台灣產於離島金門。

漿果球形，直徑 5 ～ 6 公釐，具宿存花柱。

花梗光滑無毛

產於金門的正藤木槲

藤毛木槲

屬名　藤木槲屬
學名　*Embelia laeta* (L.) Mez var. *papilligera* (Nakai) Walker

小枝具多數小突起。葉紙質，倒卵形，長 3～7 公分，寬 1～2.5 公分，先端鈍或圓，全緣，側脈 5～7 對，不明顯。花序腋生；花瓣 4 枚，綠色；雄蕊 4。與承名變種（正藤木槲，見 103 頁）差別在於本變種的小枝被細小乳頭狀毛，花梗被粒狀腺毛。

　　產於中國，在台灣分布於全島中低海拔之山區森林中。

花 4 數

葉互生，革質，倒卵形，先端圓鈍，側脈不明顯。

賽山椒

屬名　藤木槲屬
學名　*Embelia lenticellata* Hayata

果實紅熟（林家榮攝）

小枝被紅褐色毛及小突起。葉紙質，卵形、闊卵形或披針形，長 5～10 公分，寬 1.5～4 公分，先端漸尖或銳尖，不明顯波狀鋸齒緣，側脈明顯，8 對以上，網脈不明顯，不突起。花藥無褐黑色細點，花絲基部光滑無毛。

　　產於不丹、印度、尼泊爾、越南及中國；在台灣分布於全島中高海拔之森林中。

花藥無黑色細點，花絲基部光滑。（林家榮攝）

葉不明顯波狀鋸齒緣

野山椒

屬名 藤木槲屬
學名 *Embelia rudis* Hand.-Mazz.

蔓性灌木，小枝直，被腺毛及小突起。葉革質，卵形至披針形，先端銳尖或漸尖，密鋸齒緣或近全緣，側脈多數，兩面網脈明顯突起，上表面褐綠色並具光澤，下表面灰綠色。花藥具複黑色細點；雌花子房球形，光滑無毛。

　　產於中國南部，在台灣分布於中部低海拔山區森林中。

葉兩面網脈明顯突起，密鋸齒緣。

結果之植株（楊智凱攝）

雌花子房球形，光滑。

雄花，花藥具褐黑細點。（vs. 賽山椒，花藥無黑褐細點）

開花植株，總狀花序。

珍珠菜屬 LYSIMACHIA

　　年或二年生草本，稀亞灌木。單葉，對生、互生或輪生，常全緣，常有腺點。花單生於葉腋或成總狀、繖房或圓錐狀花序；花萼四至九裂，常深五裂，宿存；花冠輪狀、漏斗狀、高杯狀或鐘狀，先端四至九裂；雄蕊著生於花冠筒上；子房球形或卵形。果實縱裂或不裂。

台灣排香 特有種

屬名 珍珠菜屬
學名 *Lysimachia ardisioides* Masam.

直立草本，高達 50 公分，具蔓莖，莖圓或具稜。葉互生，長橢圓狀卵形至橢圓形，長 3 ～ 13 公分，漸尖頭，基部楔形，葉柄長 5 ～ 15 公釐。花冠黃色，深裂，裂片卵形或披針形，長 7 ～ 15 公釐，花梗長 3 ～ 5 公分。蒴果熟時白色，球形，直徑 4 ～ 6 公釐。

　　特有種，產於台灣低至中海拔地區之林下。

蒴果球形，徑 4 ～ 6 公釐。

花冠黃色，深裂，裂片卵形或披針形。

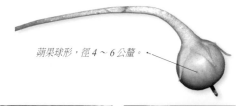
葉多生於莖上端，具帶有狹翅的長柄。

莖圓

產於台灣低至中海拔地區林下

琉璃繁縷

屬名 珍珠菜屬
學名 *Lysimachia arvensis* (L.) U.Manns & Anderb.

一或二年生草本，莖基匍匐，四稜，長
達 30 公分。葉對生，卵形，長 1 ～ 2.5
公分，寬 5 ～ 15 公釐，銳尖頭，基部
圓，無柄。花常單生於葉腋，花梗長 2 ～
3 公分；花瓣橘紅色，瓣緣具細鋸齒。

　　產於熱帶地區、日本及琉球；在台
灣分布於海岸及低海拔耕地附近。

攝於烈嶼野地的開花植株

琉璃繁縷原種的花為橘紅色

藍花琉璃繁縷

屬名 珍珠菜屬
學名 *Lysimachia arvensis* (L.) U.Manns & Anderb. var. *caerulea* (L.) Turland & Bergmeier

與原種琉璃繁縷差別在於本變種花冠
為藍色，其它特徵無大的差異，2 分類
群偶有混生的狀況。

　　產於熱帶地區，台灣及金門低海
拔野地。

花瓣淡藍紫色至淡紅色，瓣緣具細鋸齒。

花常單生於葉腋

澤珍珠菜

屬名	珍珠菜屬
學名	*Lysimachia candida* Lindl.

一年生或二年生草本，全株無毛，莖高 15 ～ 30 公分。基生葉匙形或
倒披針形，長 2.5 ～ 6 公分，具帶有狹翅的長柄；莖生葉互生，很少
對生，倒卵形、倒披針形或線形，長 1 ～ 5 公分，寬 3 ～ 12 公釐，
基部漸狹，下延至葉柄成狹翅，兩面均有褐色小腺點。總狀花序頂生，
初時寬圓錐狀，後漸伸長，結果時長 5 ～ 10 公分；花冠白色。

　　分布於越南、緬甸
與中國河南、山東、陝
西及長江以南各省；在
台灣僅只台北一次採集
紀錄，推測已經滅絕。

花冠白色（朱明輝攝）

在台灣僅只於台北一次採集紀錄，推測已於台灣滅絕。（朱明輝攝）

排香草

屬名	珍珠菜屬
學名	*Lysimachia capillipes* Hemsl.

直立草本，無毛，莖通常叢生，四稜，高達 60 公分，上部多分枝。
葉膜質，卵狀橢圓形，長 1 ～ 8 公分，先端銳尖或漸尖，基部漸尖，
全緣或略波緣，葉柄長 5 ～ 10 公釐。花冠裂片卵形，長 4 公釐，花
梗長 1.5 ～ 3.5 公分。果實球形，徑 3 ～ 5 公釐，縱裂。

　　產於中國南部，在台灣分布於低至中海拔地區。

花冠裂片卵形

莖非圓形，四稜，此特徵可與
台灣排香相比較。

葉膜質，卵狀橢圓形。

清水山過路黃 特有種

屬名　珍珠菜屬
學名　*Lysimachia chingshuiensis* C. I Peng & C. M. Hu

莖斜立，常在節處生根，具多細胞鏽色毛。葉無柄，亞革質，莖中部以下者對生，窄橢圓形，上表面無毛，綠色，下表面褐色，疏生多細胞毛；莖上部的葉近輪生，卵形，長達1公分。花少，生於最上部葉腋，花梗短於1公釐。果實褐色。

　　特有種，產於花蓮清水山之裸露石灰岩山坡。

台灣特有種，產於花蓮清水山裸露石灰岩山坡。（朱恩良攝）

台灣珍珠菜（叢生花珍珠菜）

屬名　珍珠菜屬
學名　*Lysimachia congestiflora* Hemsl.

匍匐性草本，稀分支，具柔毛；蔓莖被有白或褐色的多細胞毛，向外平展，毛長1公釐。葉卵形，長2～6公分，先端有小突尖，基部鈍或楔形，兩面均被多細胞毛及黑點，葉柄長1～1.5公分。花冠黃色，五裂，裂片具棕色斑點，倒卵形，長1公分。果實球形。

　　產於喜馬拉雅山區、中國西南至東南部；在台灣分布於北、中部中海拔地區。

萼先端有明顯毛狀物

葉卵形，長2～6公分，銳尖頭，葉尖有小突尖。

異葉珍珠菜

屬名　珍珠菜屬

學名　*Lysimachia decurrens* G. Forster

一年生草本，莖直立，有稜，高 15 ～ 80 公分，被微腺毛。葉互生，橢圓形、披針形至窄卵形，長 5 ～ 10 公分，先端漸尖，基部漸尖，葉背有細小的暗褐色斑點。總狀花序頂生，花白色至淡粉紅色，長 5 ～ 6 公釐；雄蕊 5，花絲有毛。果實球形，花柱宿存。

　　產於日本、韓國、琉球、南亞及澳洲；在台灣分布於低至中海拔地區。

雄蕊 5，花絲有毛。

果球形，花柱宿存。

花下垂

葉互生，橢圓、披針至窄卵形，漸尖頭，基部漸尖。

星宿菜

屬名　珍珠菜屬

學名　*Lysimachia fortunei* Maxim.

多年生直立草本，匍匐莖蔓性，莖圓柱狀，具小黑點，高 30 ～ 60 公分。葉近對生或互生，橢圓形或披針形，長 4 ～ 7 公分，鈍或銳尖頭，無柄或近無柄。總狀花序頂生，密生多數花，長 10 ～ 20 公分，無毛或有細腺毛；花白色，花瓣先端圓鈍。

　　產於日本、韓國、琉球、中南半島及中國東南部；在台灣分布於北、中部之低海拔潮濕處。

花白色（許天銓攝）

花序生於枝端

分布於台灣北、中部低海拔潮濕處。

小茄

屬名 珍珠菜屬
學名 *Lysimachia japonica* Thunb.

蔓性或匍匐性多年生草本，莖有稜，具柔毛。葉具透明腺點，卵形至近於腎形，長 1 ～ 3 公分，先端圓或銳尖，基部圓或楔形，葉柄長 4 ～ 8 公釐。花腋生，黃色，花冠裂片倒卵形，長 5 ～ 7 公釐，具透明腺點。果實褐色，球形，具柔毛，縱裂，花後果柄反折。

產於日本、琉球、馬來西亞及中國東南部；在台灣分布於全島低至中海拔地區。

葉背密被黑色腺點

花腋生，黃色，花冠裂片倒卵形。

花後果柄反折，隱於葉下。

花冠裂片長 5 ～ 7 公釐，與葉相比花顯得較小（與蓬萊珍珠菜相比）。

茅毛珍珠菜（濱排草）

屬名 珍珠菜屬
學名 *Lysimachia mauritiana* Lam.

二年生草本，莖單生或叢生，無毛，略肉質，上部常分支，高 10 ～ 40 公分。葉略肉質，倒卵形或匙形，長 2 ～ 7 公分，鈍或銳尖頭，具黑色腺點，無柄或近無柄。頂生總狀花序，常成圓錐狀，長 4 ～ 12 公分；花白色至淡粉紅色。果實球形，徑 4 ～ 6 公釐。

產於印度、日本、韓國、琉球、太平洋群島及中國；在台灣分布於北、南、東部及各離島岩岸地區之岩隙或砂礫地。

花淡粉紅色者

莖單生或叢生，無毛，略肉質。

花白至淡粉紅色，具長花梗。

小海綠

屬名 珍珠菜屬
學名 *Lysimachia minima* (L.) U.Manns & Anderb.

一年生草本，莖光滑無毛，高約 10 公分。葉互生，有時對生，橢圓形至匙形，長 3 ～ 10 公釐，寬 2 ～ 4 公釐，全緣，無毛，近無柄。單花，腋生，近無梗；花萼裂片（3 ～）4 ～ 5 枚，披針形，長 1.5 ～ 2.5 公釐；花冠白色，花瓣（3 ～）4 ～ 5 枚，長 1.2 ～ 1.5 公釐。蒴果球形，徑 1.5 ～ 2 公釐。種子 5 ～ 15 粒。

　　原生美國及歐洲；近來歸化於台灣北部。

蒴果球形，徑 1.5 ～ 2 公釐。

花冠白色，花瓣（3 ～）4 ～ 5。

一年生草本植物，莖光滑，約 10 公分高。

雄蕊緊合

黑點珍珠菜 特有種

屬名 珍珠菜屬
學名 *Lysimachia nigropunctata* Masam.

匍匐或蔓性草本，少分支，被柔毛。葉對生，莖上部者偶互生，寬卵形至心形，長 3 ～ 10 公釐，先端銳尖，基部心形或圓形，兩面被柔毛，葉柄長 2 ～ 4 公釐。花黃色，花冠有紅黃色腺點，花梗長 3 ～ 5 公釐。果實棕色，被柔毛，縱裂。

　　特有種，分布於台灣中海拔山區。

花正面

莖通常紅色，莖及葉具長柔毛，寬卵形至心形。

花冠有紅黃色腺點

大漢山珍珠菜 特有種

屬名　珍珠菜屬
學名　*Lysimachia ravenii* C. I Peng, *sp. nov.*

Diagnosis: *Lysimachia* ravenii superficially resembles *L. japonica* Thunb. (1784: 83) in creeping habit and widely ovate leaves, but differs in its stems densely cover with erect villous (vs. appressed villous).—TYPE: Taiwan, Pingtung County, Tahanshan Logging Trail 27k, 1500m elev., 8 July 2011, *T.C. Hsu 4288* (holotype: TAIF), here designated.

匍匐或直立小草本，莖上被許多長伏毛，向外平展。葉寬卵形，先端有短突尖，葉表及葉背被長疏毛，葉背具許多紫斑。花集生於莖頂端，花瓣 4 或 5，黃色，花瓣背面具紫紅斑；花萼通常 5，邊緣具長柔毛，背面具紫紅斑。果圓形，花柱宿存。與小茄近緣，但其莖上的毛為向外平展（vs. 貼伏）。

特產於浸水營古道。

莖上被許多長伏毛

雄蕊通常 5

特產於浸水營古道。與小茄近緣，但其莖上的毛為向外平展。

蓬萊珍珠菜

屬名　珍珠菜屬
學名　*Lysimachia remota* Petitm.

匍匐或蔓性草本，莖有稜，被柔毛。葉卵形至菱狀卵形，長 2 ～ 3 公分，葉背無黑色腺點，鈍或銳尖頭，葉柄長 1 公分。花黃色，叢生枝頂，花瓣緣有細齒，花梗長 5 ～ 10 公釐。果實棕色，被柔毛，縱裂。

產於中國東南部；在台灣分布於北、中部近海之丘陵及田野。

花 5 數

花黃色，與小茄形態相近，但花較大。

初果

山桂花屬 MAESA

灌木或小喬木。葉互生。花序總狀或圓錐狀,花梗頂端具 2 小苞片,花 5 數,兩性或雜性,萼片與子房癒合,花冠鐘狀,雄蕊離生,子房半下位。果實為漿果或核果。

山桂花

屬名	山桂花屬
學名	*Maesa japonica* (Thunb.) Moritzi

雌花具退化雄蕊

雄花,雄蕊多藏於花冠筒內,著生於花冠。

直立灌木,有時攀緣,枝條被微小細直毛。葉革質,長橢圓形或披針形,長 5 ~ 15 公分,寬 2 ~ 5 公分,先端漸尖或銳尖,波狀鋸齒緣,葉背灰綠色並具褐色小突起,兩面光滑無毛,葉柄長 0.5 ~ 1.3 公分。總狀花序,腋生,長 1 ~ 3 公分;花具短梗及小苞片;花萼鐘形,五裂;花冠筒狀鐘形,長 3 ~ 4 公釐,黃白色,先端五裂,裂片長為花冠筒長之五分之一;雄花雄蕊多藏於花冠筒內,著生於花冠,雄蕊 5;雌花具退化雄蕊,子房下位,球形。果實球形,成熟時稍呈漿質。

產於中國西南部及日本,在台灣分布於全島低至高海拔之森林中。

果實球形,熟時稍呈漿質。

葉革質,具波狀鋸齒。

蘭嶼山桂花 特有種

屬名	山桂花屬
學名	*Maesa lanyuensis* Yuen P. Yang

直立灌木,莖及幼枝光滑無毛。葉紙質或近革質,倒卵形至橢圓形,長 5 ~ 12 公分,寬 3.2 ~ 6 公分,先端圓、鈍至漸尖,具縱長網脈與側脈平行,兩面光滑無毛。花冠筒與裂片近等長。

特有種,產於離島蘭嶼及綠島之路邊及林緣。尚在菲律賓巴丹島上發現許多這種植物,在檢視菲律賓博物館中植物標本館的標本後,發現菲律賓有許多相似的類群,但學名眾多,一時難以釐清何者才是最正確的學名。

果枝

葉紙質或近革質,倒卵形至橢圓形。

台灣山桂花

屬名　山桂花屬
學名　*Maesa perlaria* (Lour.) Merr. var. *formosana* (Mez) Yuen P. Yang

幼枝被細長直毛及腺毛，後變近光滑或光滑。葉近膜質，橢圓狀卵形，先端漸尖或銳尖，疏被細直毛。圓錐花序，花密集排列；花白色，花冠裂片僅及花冠筒長之二分之一；雜性花，雄花具退化子房，雄蕊 5 枚；雌花具退化雄蕊，子房下位，花柱長約 1 公釐，柱頭三岔。果實光滑無毛。

　　產於中南半島、中國及琉球；在台灣分布於全島低海拔之林緣或路旁。

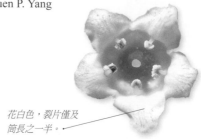

花白色，裂片僅及
筒長之一半。

花序

葉橢圓狀卵形

鯽魚膽

屬名　山桂花屬
學名　*Maesa perlaria* (Lour.) Merr. var. *perlaria*

小枝、葉背、花序及果實明顯被長直毛。

　　產於中南半島及中國，在台灣生長於中南部山區。

葉背脈上具褐色毛

分布中南部，淺山地區。

花序明顯被長直毛

竹杞屬 MYRSINE

喬木或灌木。葉鋸齒緣，稀全緣。花序繖形或簇生，著生於短枝上，具苞片，花兩性或單性，雌雄同株或雜生，花瓣及萼片離生或合生，雄蕊生於花瓣基部或中間，柱頭類型多樣。

小葉鐵仔

屬名	竹杞屬
學名	*Myrsine africana* L.

小灌木，幼枝被短毛。葉常橢圓形或倒卵形，長0.5～2.5公分，先端常銳尖，有時鈍或圓，突尖狀鋸齒緣，近無柄。花瓣較萼片長1倍，花4數。果徑約3公釐，紅色。

產於亞速群島、非洲、阿富汗、印度西北部、喀什米爾、尼泊爾及中國；在台灣分布於全島山區。

花4數；雄蕊深紅色，4枚。

葉突尖狀鋸齒緣

大明橘

屬名	竹杞屬
學名	*Myrsine sequinii* H. Lévl.

灌木或小喬木，幼枝光滑無毛。葉革質，長橢圓形、長橢圓狀披針形或披針形，長6～15公分，先端鈍，全緣，側脈多數，不明顯，光滑無毛。花5數，花瓣卵形，近邊緣被毛，雄蕊生於花瓣中間。果實略近球形，徑約7公釐，紫黑色。

產於東亞從中南半島至中國、日本；在台灣分布於全島低海拔地區。

雄蕊生於花瓣中間

1～2月開花

葉全緣，側脈多數，不明顯。

蔓竹杞

屬名　竹杞屬
學名　*Myrsine stolonifera* (Koidz.) Walker

灌木，常略成蔓性，幼枝光滑無毛。葉紙質或近革質，橢圓形至披針形，長 6 ～ 10 公分，寬 1.5 ～ 3 公分，先端漸尖或尾狀。花序繖形或簇生，花瓣 5 數，花瓣上具紅斑點，匙形，光滑無毛，基部合生。果實球形，直徑 3 ～ 4 公釐，成熟時紅色。

　　產於中國、琉球及日本；在台灣分布於低至高海拔森林中。

果球形，直徑 3 ～ 4 公釐，紅熟。

花瓣 5 數，花瓣上具紅斑點。

花瓣外部具紅斑點，內部具許多的小乳頭突起。

花序繖形或簇狀

櫻草屬 PRIMULA

草本。葉常基生，腎圓形或倒卵狀匙形，全緣或淺至深裂，常具齒，無或有柄。花頂生，排成繖形或塔狀繖形，稀單生；花萼漏斗形，五裂；花冠高杯狀或鐘形，喉部常有附屬物，五裂，白色或紫紅色，稀黃色。蒴果球形至圓柱形。

玉山櫻草 特有種

屬名	櫻草屬
學名	*Primula miyabeana* Ito & Kawakami

葉全部基生，膜質，匙形，長 12～24 公分，先端鈍圓，三角狀齒緣至細鋸齒緣，無毛。開花莖圓柱形，長 20～45 公分；花多數，排成塔狀繖形；花萼杯形；花冠紫色，偶見白色者，長 1.5～2 公分，裂片倒卵形；花梗長 2～4 公分。果實球形，花柱宿存。

　　特有種，分布於台灣中、高海拔山區，常見。

花冠紫色，裂片倒卵形，長 1.5～2 公分。

葉全部基生，無毛，膜質，匙形。

偶見白花者

水茵草屬 SAMOLUS

草本，莖直立，單一或分枝，有時基部木質化。葉互生，有時具蓮座狀叢生的基生葉，葉片線形至倒卵形，全緣。花小，排成頂生總狀花序或繖房花序，苞片常生長於花梗中部；花萼五裂，筒部與子房下部連合，宿存；花冠白色，近鐘狀，五裂；雄蕊 5，貼生於花冠筒部或喉部，花絲短，花藥先端鈍或銳尖，藥隔有時伸長；退化雄蕊 5，線形或舌狀，與花冠裂片互生；子房球形，半下位，花柱短，胚珠多數，半倒生。 蒴果球形，先端五裂。

水茵草

屬名	水茵草屬
學名	*Samolus valerandii* L.

一年生草本，全株無毛；莖直立，高 10～30（40）公分；基生葉倒卵形或矩圓狀卵形，1.2～6.5 公分，寬 7～30 公釐，全緣，先端圓形或鈍，基部漸狹，下延至具狹翅的短柄；莖葉較小，先端鈍或具小突尖頭，具短柄或無柄。總狀花序疏鬆，通常有花 10～20 朵；花梗纖細，長 6～12 公釐；苞片披針形，長約 1 公釐，著生於花梗中部；花萼鐘狀半球形，裂片三角形，花後增大，果期長達 2～2.5 公釐；花冠白色，直徑 2～3 公釐，筒部約與花萼等長，裂片卵形，先端鈍。蒴果球形，直徑 2～3 公分。

　　世界廣布種。台灣歸化於中北部濕地及小溝旁。

果枝

花白色

植株

施丁草屬 STIMPSONIA

直立，一至二年生草本，具多細胞腺毛。葉基生及莖生，下部莖生葉及基生葉橢圓形至寬卵形，齒牙緣；上部的葉無柄。花單生於上部葉腋或成總狀雄蕊 5，著生於花筒中部，花絲短；花藥近圓形；子房球形花柱短，長約花冠筒中部。蒴果球形，5 瓣縱裂。

　　單種屬。

施丁草

屬名	施丁草屬
學名	*Stimpsonia chamaedryoides* C. Wright *ex* A. Gray

直立，一至二年生草本，高 15～18 公分，具多細胞腺毛。葉基生及莖生，下部莖生葉及基生葉橢圓形至寬卵形，長 1～2 公分，齒牙緣，葉柄長 1～2 公分；上部的葉無柄。花單生於上部葉腋或成總狀，徑 4～5 公釐，花瓣先端凹入，喉部具密毛。蒴果球形，5 瓣縱裂。

　　產於日本南部、琉球及中國；在台灣分布於北部低海拔田野。

花瓣先端凹入，喉部具密毛。

具多細胞腺毛

下部莖生葉及基生葉橢圓至寬卵形，長 1～2 公分。

山欖科 SAPOTACEAE

喬木或灌木,具乳汁。單葉,互生,偶叢生枝端,全緣,羽狀脈。花通常兩性,稀單性或雜性,常叢生葉腋,稀單生,具花序梗,有時似總狀;萼片四至八淺裂;花冠裂片數目為萼片之 1 ～ 2 倍;雄蕊與花瓣對生,雄蕊上位,雄蕊數與花瓣數相同或更多;花柱單一。果實為核果或漿果。

特徵

喬木或灌木(大葉山欖)

果實為核果或漿果。(樹青)

喬木或灌木。單葉,互生,偶叢生枝端,全緣。(樹青)

雄蕊與花瓣對生,雄蕊上位,與花瓣同數或更多。(大葉山欖)

膠木屬 PALAQUIUM

大喬木。葉常簇生，革質。花簇生或單生於葉腋，有花梗，黃白色，具芳香；萼片 4 ～ 6 枚，二輪；花冠裂片 4 ～ 6；雄蕊 12 ～ 18，有時多或少，二至三輪；子房被毛，常 6 室。漿果多肉，球形或長橢圓形。
台灣有 1 種。

大葉山欖（台灣膠木）

屬名	膠木屬
學名	*Palaquium formosanum* Hayata

葉叢生於枝端，厚革質，長橢圓形或長卵形，長 10 ～ 15 公分，寬 5 ～ 7.6 公分，先端銳尖、圓或微凹，基部鈍。花徑 8 ～ 12 公釐，花冠六裂，裂片披針形，淡黃或淡黃白色；外輪花萼被褐色柔毛；雄蕊 12 ～ 20，著生於花冠筒。果實橢圓形，長達 3.5 公分。

　　產於菲律賓；在台灣分布於北部、南部、東部、蘭嶼及綠島之近海叢林中。

花冠六裂，裂片披針形，淡黃或淡黃白色。

果橢圓形，長達 3.5 公分。

花簇生於葉腋

樹青屬（山欖屬）PLANCHONELLA

中或小喬木。葉革質，互生、對生或叢生於枝端。花簇生於葉腋，無梗或有梗，梗被柔毛，花部常 5 數。果實為漿果，有時木質，卵形至球形。

蘭嶼山欖（大葉樹青）

屬名	膠木屬
學名	*Planchonella duclitan* (Blanco) Bakh. f.

常綠大喬木，幹基具大板根。葉長橢圓形，長 10 ～ 24 公分，可達 50 公分，寬 6 ～ 11 公分，先端圓、鈍或銳尖。總狀花序長（3.5 ～）5 ～ 12（～ 15）公分，花淡黃色或淡黃綠色，漿果橢圓形，長 3.1 ～ 5.4 公分，成熟時呈暗淡紫紅色。

　　產於馬來西亞、印尼、菲律賓及新幾內亞；在台灣僅見於離島蘭嶼。

漿果橢圓形，長 3.1 ～ 5.4 公分。（王偉聿攝）

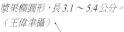

結果枝條（王偉聿攝）

台灣僅見於離島蘭嶼（王偉聿攝）

樹青 (山欖)

屬名　樹青屬
學名　*Planchonella obovata* (R. Br.) Pierre

中或小喬木，小枝及葉背具鐵鏽色柔毛。葉倒卵形、倒卵狀長橢圓形或長橢圓形，長6～11公分，寬3～5公分，先端圓或微凹。花1～4朵叢生於葉腋或枝幹上，花冠裂片5，雄蕊5。果實橢圓形，長約1.2公分。

　　產於印度、巴基斯坦、緬甸、馬來半島、中國（海南島）、菲律賓、琉球、小笠原群島、新幾內亞、塞席爾群島、索羅門群島及澳洲；在台灣分布於北部、南部、東部、蘭嶼及綠島之近海叢林中。

果橢圓形，長約1.2公分。

花1～4朵叢生葉腋或枝幹上，花冠裂片5，雄蕊5。（郭明裕攝）

葉背具鐵鏽色柔毛

變味果屬 SYNSEPALUM

灌木或小喬木，具乳汁。葉互生。葉叢生枝端。花小，簇生葉腋；萼長筒狀，常具縱稜，先端五淺裂，裂片短小；花冠黃白色，略長於萼筒；裂片10，二輪，外輪長橢圓形，肉輪狹披針形；有葯雄蕊5。漿果；種子常1枚。

神祕果

屬名　變味果屬
學名　*Synsepalum dulcificum* (Schumach. & Thonn.) Daniell

灌木或小喬木，高可達6公尺。葉倒卵形或倒卵狀披針形，長5～10公分，先端漸尖，基部楔形，兩面平滑，側脈約8對。花簇生葉腋；萼筒狀，略具稜，褐色，先端五淺裂；花冠筒狀，白色；裂片10，二輪，外輪長橢圓形，肉輪狹披針形；有葯雄蕊5。果橢圓形，長約2公分，紅熟。紅熟果實咀嚼後能阻擾酸味之味覺。

　　原產非洲，台灣偶有逸出野外。

果紅熟

花小不起眼

安息香科 STYRACACEAE

喬 木或灌木，常被星狀毛。單葉，互生，全緣或有齒。花單朵腋生，或成簇生、總狀或圓錐狀花序頂生於短側枝上；兩性花，輻射對稱；花萼四至五裂；花瓣4～8枚，常僅在基部癒合；雄蕊與花瓣同數或為其2倍，連生而著生於花瓣基部，罕離生；子房3～5室。果實為核果或蒴果。

特徵

花兩性，輻射對稱。（蘭嶼野茉莉）

常被星狀毛（假赤楊）

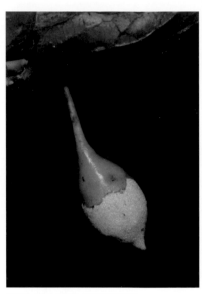

果實為核果或蒴果（蘭嶼野茉莉）

喬木或灌木。單葉，互生。(蘭嶼野茉莉)

雄蕊為花瓣的同數或2倍，連生而著生於花瓣基部，罕分離。(假赤楊)

假赤楊屬 ALNIPHYLLUM

灌木或喬木。葉互生，不明顯鋸齒緣。花序總狀分支，每分支2～3朵花，形成圓錐花序；花被5數；雄蕊10，花絲不等長；子房5室。蒴果5瓣裂。

# 假赤楊（翼子赤楊葉）	屬名　假赤楊屬
	學名　*Alniphyllum pterospermum* Matsum.

落葉喬木，樹幹通直。葉紙質，長橢圓狀披針形，長8～10公分，先端漸尖至圓，上表面疏生星狀毛，下表面密生星狀毛。花白色或淡紅色，長約1.5公分。果實長橢圓形，直立。

　　產於中國南部，在台灣分布於低至中海拔之次生林。

葉下表面密生星狀毛

枝條及芽黃褐色或紅褐色

果長橢圓形，直立。

4～5月盛花。

雄蕊花絲下部合生

安息香屬（野茉莉屬）STYRAX

灌木或喬木，具鱗片或星狀毛。葉全緣或不明顯齒緣。花序腋生或頂生總狀；花通常白色，花被通常 5 數；雄蕊 10，或偶有 8 ～ 13 者；子房下部 3 室，上部 1 室。核果球形至橢圓形，乾時三裂或不規則裂。

烏皮九芎（奮起湖野茉莉）　特有種

屬名	安息香屬
學名	*Styrax formosana* Matsum.

灌木或小喬木。葉菱狀長橢圓形，長 4 ～ 6 公分，先端銳尖或短漸尖，幼時密被淡褐色星狀毛，成熟時上表面漸光滑，下表面疏生星狀毛茸。花梗具毛，花下垂，花冠長約 1.5 公分，花瓣披針形，寬 3 ～ 4 公釐。果實頂端尖。

特有種，分布於台灣本島低至中海拔森林中。

花瓣披針形，
寬3～4公釐。

果頂端尖頭

花梗具毛，花下垂。

恆春野茉莉（早田氏紅皮）　特有種

屬名	安息香屬
學名	*Styrax hayataiana* Perkins

與紅皮（*S. suberifolia*，見126頁）近似，差別僅在於本種葉背被淡灰白色星狀毛及花梗短於 1 公分，惟兩者有許多的中間種。

特有種，分布於台灣全島低海拔地區。

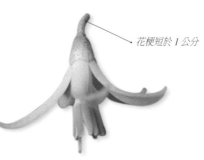

花梗短於 1 公分

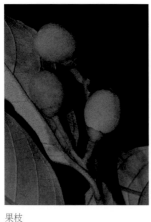

果枝

與紅皮相似，僅差別在於葉下表面被淡灰白色星狀毛。

葉長橢圓披針形

蘭嶼野茉莉（蘭嶼安息香）

屬名　安息香屬

學名　*tyrax japonica* Sieb. & Zucc. var. *kotoensis* (Hayata) Masam. & Suzuki

灌木或小喬木。葉長橢圓形至菱形，長 7 ～ 10 公分，先端銳尖，幼葉上表面有細星狀毛。花序著花 4 ～ 6 朵，花瓣橢圓形，寬 5 ～ 10 公釐，兩面密被細星狀毛，花梗近無毛。果實卵形，長 1.2 ～ 1.4 公分，先端尖。

產於菲律賓，在台灣僅見於離島蘭嶼。

雄蕊 10，花下垂。

果卵形，長 1.2 ～ 1.4 公分，尖頭。

葉與烏皮九芎近似

台灣野茉莉（松村氏野茉莉、苗栗白花龍）特有種

屬名	安息香屬
學名	*Styrax matsumuraei* Perkins

小喬木，幼枝密被放射狀毛。葉膜質，寬橢圓形至近於圓形，長 3.5 ～ 5.5 公分，先端鈍或偶銳尖，不明顯細齒緣，兩面密被淡褐色星狀毛（偶見偏白色毛或光滑無毛者）。花序軸及花冠外被淡褐色星狀毛。果實近球形，先端不為尖頭。

　　特有種，分布於台中及苗栗中海拔山區，稀少。

花為台灣產本屬植物中較小者

果實近球形，不為尖頭，大約於5 ～ 6 月結果。

葉寬橢圓至近於圓形，偶見光滑無毛者。

枝條及葉兩面密被淡褐色星狀毛

盛花期 3 ～ 4 月 (林哲緯攝)

紅皮（葉下白）

屬名	安息香屬
學名	*Styrax suberifolia* Hook. & Arn.

小喬木。葉卵狀長橢圓形至長橢圓狀披針形，長 5 ～ 11 公分，先端漸尖，幼嫩時兩面被淡褐色星狀毛，成熟時上表面無毛。總狀花序腋生或頂生，著花 8 ～ 12 朵，花序軸被淡褐色星狀毛，花冠外被貼伏毛。果近球形。

　　產於中國南部；在台灣分布於低海拔地區，常見。

葉背灰褐色

滿樹的白花

灰木科 SYMPLOCACEAE

常綠灌木或喬木。單葉，互生，無托葉。花序頂生或腋生，總狀、穗狀、圓錐狀或簇生，稀為單生；具 1 枚苞片及 2 枚小苞片；花輻射對稱，兩性、單性異株或雜性；萼片 3 ～ 5 枚；花冠三至十一裂，常五裂；雄蕊 4 至多數，合生成單體的長形雄蕊筒，或花絲僅在基部結合成單體或 5 體；子房下位或部分下位。果實為核果，上端常有宿存花萼。

特徵

雄蕊常多數，花冠在基部結合。（佐佐木氏灰木）

常綠灌木或喬木。單葉，互生。（蘭嶼鏽葉灰木）

花序亦有簇生或叢生者（楊桐葉灰木）

花序多樣，有些為總狀花序。（小泉氏灰木）

核果，上端常有宿存花萼。（佐佐木氏灰木）

雄蕊數亦有不是多數，僅 3 ～ 5 者；花冠合生，三至十一裂，五裂者尤多。（蕘花葉灰木）

灰木屬 SYMPLOCOS

特 徵如科。

大里力灰木（月桂葉灰木）

屬名	灰木屬
學名	*Symplocos acuminata* (Bl.) Miq.

常綠喬木，頂芽被伏毛。葉革質，橢圓形至狹橢圓形，長 5～16 公分，寬 2.5～6 公分，先端漸尖至尾狀，基部漸狹，腺狀齒緣至細圓齒緣，兩面光滑無毛；葉柄長 7～20 公釐，光滑無毛。穗狀花序，常於基部分支；花冠五深裂。果實卵形至球形。

　　廣布於中國、東南亞、喜馬拉雅山區、印度及斯里蘭卡；在台灣分布於屏東與台東之低海拔山區森林中。

果卵至球形

葉腺狀齒緣至細圓齒緣

尾葉灰木

屬名	灰木屬
學名	*Symplocos caudata* Wall. *ex* G. Don

葉薄革質，橢圓形至狹橢圓形，稀卵形，長 4～8 公分，寬 2～5 公分，先端尾狀或短尾狀，圓齒狀齒緣，兩面光滑或下表面中脈疏被毛，側脈 5～8 對；葉柄長 5～8 公釐，光滑，或被短毛或疏短柔毛。花序總狀，不分支；花萼三角形，先端銳尖；花冠長橢圓形，長約 4 公釐；雄蕊多數，20～60 枚，花絲僅於基部癒合；花柱光滑無毛；花通常具梗，長 3～5 公釐。果實壺形，先端具宿存之花萼。

　　產於琉球、中國、中南半島、泰國、緬甸、印度及馬來半島；在台灣分布於北部及南部之低海拔山區森林中。

果壺形，頂端具宿存之花萼。

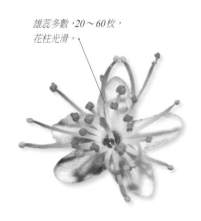

雄蕊多數，20～60枚，花柱光滑。

9～11 月開花。

葉先端尾狀

灰木

屬名 灰木屬
學名 *Symplocos chinensis* (Lour.) Druce

落葉灌木。葉紙質，倒卵形或橢圓形，長 2.5～6 公分，寬 1～4.5 公分，先端鈍、銳尖或略成短尾狀，基部楔形，腺狀齒緣，上表面疏被毛，下表面灰白色，被短柔毛，側脈 3～6 對；葉柄長 2～5 公釐，被疏柔毛。花序圓錐狀，下方分支基部為葉片包被；苞片及小苞片會脫落；花盤具 5 腺體，被疏柔毛；雄蕊 25～50，子房光滑或被毛。果實卵形，黑色。

　　產於中國及越南，在台灣分布於全島低至中海拔山區森林中。

雄蕊 25～50，子房光滑或被毛。

5 月盛花

生長於乾燥向陽地區，分布於台灣低海拔至 2,000 公尺之開闊地。

銹葉灰木

屬名　灰木屬

學名　*Symplocos cochinchinensis* (Lour.) S. Moore var. *cochinchinensis*

常綠喬木，頂芽被紅鏽色長絨毛。葉革質，橢圓形至狹橢圓形，長 14 ～ 25 公分，寬 5 ～ 9 公分，先端尾狀，腺狀齒緣至細圓齒緣，上表面光滑，下表面灰綠色，被褐色短柔毛，側脈 9 ～ 14，葉柄被褐色短柔毛或被絨毛或近光滑。花序穗狀，常分支；雄蕊 40 ～ 80。果實壺形或球形。

　　廣布於日本、中國、中南半島、泰國、緬甸、印度、馬來半島、蘇門答臘、爪哇、婆羅洲及新幾內亞；在台灣分布於台北近郊之新店、乾溝、坪林、景美及三峽一帶山區，桃園大溪亦有產之。

果壺形

雄蕊 40 ～ 80，花柱光滑。

果序

頂芽被紅鏽色長絨毛

葉下表面灰綠色，被褐色短柔毛。

10 ～ 11 月盛花

花序穗狀，常分支。

蘭嶼銹葉灰木

屬名　灰木屬
學名　*Symplocos cochinchinensis* (Lour.) S. Moore var. *philippinensis* (Brand) Noot.

常綠小喬木。葉革質，橢圓形或卵形，長7～15公分，寬3.5～7公分，先端漸尖至尾狀，腺狀齒緣至細圓齒緣，兩面漸變光滑，側脈6～10，葉柄稀疏被微細柔毛或漸變光滑。果實卵形或短狹頸瓶形。

　　產於菲律賓；在台灣僅分布於離島蘭嶼、綠島之森林中。

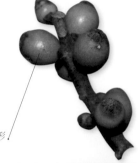
果卵形或短狹頸瓶形

花序軸密生鏽毛

葉腺狀齒緣至細圓齒緣，兩面漸變光滑。

台灣僅生於離島蘭嶼、綠島之森林中。

楊桐葉灰木

屬名　灰木屬
學名　*Symplocos congesta* Benth. var. *congesta*

常綠小喬木。葉革質，披針形，長6.5～15公分，寬2～6公分，先端漸尖尾狀，全緣或有時腺狀鋸齒緣，上表面光滑，下表面中脈上多蛛絲狀毛，不久後變光滑，側脈7～10對；葉柄長5～10公釐，漸變光滑。花成密集之穗狀花序，雄蕊30～60。果實圓筒狀，長8～13公釐，成熟時紫色。

　　產於中國南部及中南半島，在台灣分布於南部低至中海拔山區森林中。

雄蕊 30～60

果圓筒狀，長8～13公釐，熟時紫色。

葉大多全緣

茶葉灰木

屬名 灰木屬
學名 *Symplocos congesta* Benth.var. *theifolia* (Hayata) Yuen P. Yang & S. Y. Lu

常綠小喬木，小枝及幼芽嫩葉被有紅褐色絨毛。葉披針狀橢圓形，長約 15 公分，寬 3～5 公分，先端尾狀漸尖，葉緣具腺狀鋸齒，光滑無毛，脈 5～6 對，葉柄長 4～5 公釐。密織花序，花萼光滑無毛，雄蕊 30～60，花盤無毛。果實圓筒形，長 5～10 公釐。與承名變種（楊桐葉灰木，見 131 頁）之差異僅在於具腺狀鋸齒緣、較寬之葉及短小之果實花瓣。

分布於中國南部及印度至中南半島；在台灣見於中、北部中海拔山區。

葉緣具腺狀鋸齒緣

葉光滑，果長筒狀。

小泉氏灰木

屬名 灰木屬
學名 *Symplocos decora* Hance

常綠小喬木。葉革質，長橢圓形、卵狀披針形或倒卵形，長 4～13 公分，寬 2～4 公分，先端漸尖至尾狀，圓齒緣，兩面光滑無毛，側脈 6 或 7 對；葉柄長 5～12 公分，光滑無毛。花序總狀，常於近枝頂簇生，花序軸、花梗及花萼均光滑無毛。果實卵形。

產於中國南部；在台灣分布於中部低至中海拔山區，極稀有。

花

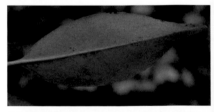
葉長橢圓、卵狀披針形或倒卵形，葉背脈不明顯。

葉正面，光滑，尾尖。

4 月開花，新枝條綠色光滑。

花序軸、花梗及花萼均光滑。

台灣灰木（阿里山灰木）

屬名	灰木屬
學名	*Symplocos formosana* Brand var. *formosana*

常綠小喬木，小枝黑褐色，具灰絨毛。葉革質，常歪狹菱形，或長橢圓形或披針形，長 5 ～ 10 公分，寬 1.5 ～ 3.5 公分，先端漸尖至長尾狀，邊緣略反捲，圓齒狀鋸齒緣，葉表面中肋無毛，側脈 6 ～ 10 對；葉柄甚短，近無柄，柄長 1 ～ 4 公釐，被伏毛或斜展毛。花序穗狀，不分支，被短柔毛；花冠五深裂，雄蕊 15 ～ 40。果實歪卵形至球形。

產於琉球，在台灣分布於全島中海拔山區森林中。

花冠五深裂，雄蕊 15 ～ 40。

葉常歪狹菱形，或長橢圓或披針形；葉柄甚短，近無柄，葉柄被伏毛或斜展毛。

4 ～ 5 月盛花

花序穗狀，不分支，被短柔毛。

小葉台灣灰木 特有種

屬名	灰木屬
學名	*Symplocos formosana* Brand var. *taiheizanensis* (Mori) C. C. Wang

常綠灌木或小喬木。葉卵狀披針形，長度短於 4 公分，寬度小於 1.5 公分，葉背全密生伏毛，鋸齒緣，先端尾狀漸尖。花冠短於 4 公釐。果實長橢圓形，徑小於 2 公釐。

特有變種，分布於台灣全島低至中海拔山區森林中。

葉形比台灣灰木小，葉中肋被毛。

開花稀疏

結果的枝條

山羊耳

屬名　灰木屬
學名　*Symplocos glauca* (Thunb.) Koidz.

常綠小喬木。葉革質，狹長橢圓形或狹長
倒卵形，長 8 ～ 18 公分，寬 1.5 ～ 4 公分，
先端漸尖或尾狀，有時銳尖，全緣或稀疏
腺狀齒緣，兩面光滑或疏被蛛絲狀毛，下
表面密被乳頭狀突起，側脈 8 ～ 13 對；
葉柄近光滑至被鏽色絨毛，長 8 ～ 20 公
釐。花密集著生於葉叢生下之枝條上，成
頭狀之穗狀花序。果實卵形，藍黑色。

　　產於日本、琉球、中國南部及中南半
島；在台灣分布於全島低至中海拔山區森
林中。

果卵形

花密集著生於葉叢生下之枝條上

平遮那灰木

屬名　灰木屬
學名　*Symplocos heishanensis* Hayata

常綠喬木。幼葉常呈紫紅色或黃紅色，葉
紙質或近革質，狹橢圓形或狹長橢圓形，
長 6 ～ 9 公分，寬 1 ～ 3 公分，先端尾狀
漸尖，近全緣或細圓齒狀鋸齒緣，兩面光
滑無毛，側脈 8 ～ 14 對；葉柄長 5 ～ 12
公釐，光滑無毛。花序總狀。果實狹橢圓
形。

　　廣布於中國南部及中南半島，在台灣
分布於全島中海拔山區。

葉先端尾狀漸尖，兩面光滑，側脈 8 ～ 14 對。

結果枝條

小葉日本灰木

屬名 灰木屬

學名 *Symplocos japonica* A. DC. var. *nakaharai* Hayata

單葉，互生，葉革質，小型，橢圓形、倒卵狀橢圓形或狹長橢圓形，兩側對稱，長 2 ～ 4 公分，寬 1.5 ～ 3.5 公分，先端漸尖，全緣或具腺狀鈍鋸齒緣，中肋突起，兩面光滑無毛。花成腋生之密生穗狀花序，近基部具分支，長可達 1 公分，花序軸被細柔毛；花冠白色，長 3.5 ～ 4 公釐，五淺裂，裂片橢圓形；雄蕊 20 ～ 35，合生為五體雄蕊。果實成熟時藍黑色，橢圓形，長 6 ～ 10 公釐，徑 5 ～ 7 公釐。

　　產於日本（琉球）；在台灣僅分布於北插天山山稜北部及觀霧山區，稀有。

果橢圓形，長 6 ～ 10 公釐，徑 5 ～ 7 公釐。

葉小型，葉中肋突起。

葉背光滑

瑞岩灰木 (大葉灰木) 特有種

屬名 灰木屬

學名 *Symplocos juiyenensis* C. C. Wang & C. H. Ou

常綠喬木。葉革質，狹橢圓形或狹卵形，長 8 ～ 25 公分，寬 2.5 ～ 9 公分，先端短尾狀或尾狀，全緣或稀疏腺狀齒緣，上表面光滑或疏被蛛絲狀毛，葉脈凹陷，形成明顯網紋，下表面密生乳頭狀腺體，蒼白色，被鏽色蛛絲狀短毛，側脈 7 ～ 14 對；葉柄被蛛絲狀毛或近光滑，長 7 ～ 35 公釐。頭狀穗狀花序。果實圓筒形或狹卵形。

　　特有種，分布僅限於南投梅峰及松崗一帶之森林中。

果圓筒形或狹卵形

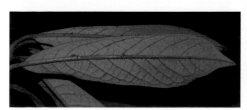

葉下表面蒼白色，被鏽色蛛絲狀短毛。

葉上表面葉脈凹陷，形成明顯網紋。

小西氏灰木

屬名　灰木屬
學名　*Symplocos konishii* Hayata

常綠喬木。葉革質，橢圓狀披針形，長 12 ～ 18 公分，寬 4 ～ 6 公分，先端漸尖，腺狀齒緣，上表面具光澤，兩面光滑無毛；葉柄長 1.5 ～ 2.5 公分，光滑無毛。穗狀花序，基部分支。果實球形至狹頸瓶形。

　　產於日本（琉球西表島）；在台灣分布於全島低、中海拔山區。

果球形

葉大，葉背光滑。（vs. 山豬肝的葉中肋疏生短伏毛）

結實的枝條

葉革質，橢圓狀披針形，長 12 ～ 18 公分。

恆春灰木 特有種

屬名　灰木屬
學名　*Symplocos koshunensis* Kanehira

常綠小喬木或灌木，幼葉被紅褐色絨毛。葉革質或近革質，長橢圓形或長橢圓狀披針形，全緣或極疏腺狀齒緣，上表面光滑無毛，下表面蒼白色，疏被蛛絲狀毛，側脈 11 ～ 13 對；葉柄長 2 ～ 2.5 公分，被蛛絲狀毛，後變光滑。花成頭狀穗狀花序。果實暗紫色，狹卵形。

　　特有種，僅分布於浸水營及恆春半島及南台東一帶。

果狹卵形（郭明裕攝）

花成頭狀穗狀花序，生於枝幹上。（郭明裕攝）

新芽呈紅色。多分布於大武、壽卡、恆春半島一帶。

大花灰木 特有種

屬名	灰木屬
學名	*Symplocos macrostroma* Hayata

常綠小喬木。葉革質，倒卵形，長 3～6 公分，寬 1.5～2 公分，先端短尾狀或凸尖，側脈 5～6 對，明顯凹陷；葉柄長 5～7 公釐，光滑無毛。花萼卵形，先端圓至鈍，花冠長 7 公釐。

特有種，分布於台灣北部中海拔山區森林中。

花瓣卵形

白花，總狀花序。

葉革質，短尾尖或凸尖，側脈 5～6 對，明顯凹陷。

擬日本灰木(光葉灰木) 特有種

屬名	灰木屬
學名	*Symplocos migoi* Nagamasu

常綠小喬木。葉革質，橢圓形或長橢圓形，長 3～7 公分，寬 1～4 公分，先端短尾狀，圓齒狀鋸齒緣，兩面光滑無毛，側脈 6～9 對；葉柄長 3～10 公釐，光滑無毛。花成密集穗狀花序，被微柔毛。果實橢圓形或倒卵形。

特有種，分布於台灣全島海拔 400～2,700 公尺山區。

花冠白色，雄蕊多數，花序梗具毛。

葉革質，橢圓或長橢圓形，長 3～7 公分，寬 1～4 公分，兩面光滑，先端短尾狀，葉柄稍長些。

花成壓縮穗狀花序

小葉白筆 特有種

屬名　灰木屬
學名　*Symplocos modesta* Brand

常綠灌木或小喬木。葉紙質，橢圓形至卵形，長 3 ～ 6 公分，寬 1 ～ 3 公分，先端長尾狀，腺狀鋸齒緣，兩面光滑無毛，側脈 4 ～ 6 對；葉柄長 2 ～ 5 公釐，光滑無毛。花疏鬆排成總狀，花軸細長，光滑無毛。果實卵形。

　　特有種，分布於台灣全島低至中海拔山區森林中。

花疏鬆排成總狀，花軸細長，光滑無毛。

葉先端長尾狀

常滿樹盛花

開花之植株

玉山灰木 特有種

屬名　灰木屬
學名　*Symplocos morrisonicola* Hayata

常綠小喬木。葉革質，卵形至披針形，長 1.5 ～ 8 公分，寬 1 ～ 3 公分，先端銳尖至尾狀，全緣或圓齒狀鋸齒緣，兩面光滑或稀下表面中脈上被疏毛，側脈 4 ～ 8 對；葉柄長 1 ～ 5 公釐，具狹翼，光滑無毛，稀被伏毛。花疏鬆排成總狀花序。果實橢圓形。

　　特有種，分布於台灣全島低至中海拔山區森林中。

葉形變化大。

結果植株，果黑熟。葉大多披針形。

花瓣白色

能高山灰木 特有種

屬名	灰木屬
學名	*Symplocos nokoensis* (Hayata) Kanehira

常綠灌木。葉革質，橢圓形，長1～
2.2 公分，寬 0.7～1.5 公分，圓
齒緣，兩面光滑無毛，側脈 4～5
對；葉柄長 1～2 公釐，光滑無毛。
花單生或 3 朵成無花序梗之穗狀花
序。果實卵形。

　　特有種，分布於台灣中、北部
高海拔山區。

葉革質，橢圓形，長 1～2.2 公分，寬 0.7～1.5 公分，圓齒緣，兩面光滑。

佐佐木氏灰木 特有種

屬名	灰木屬
學名	*Symplocos sasakii* Hayata

常綠小喬木。葉近革質，橢圓形，長 3～6 公分，寬 2～3 公分，先端
短尾狀，齒狀或圓齒狀鋸齒緣，兩面光滑無毛，側脈 4～7 對；葉柄長 3～
7 公釐，光滑無毛。花成總狀花序。果實狹頸瓶形。

　　特有種，分布於恆春半島低海拔地區。

台灣產灰木科中果實最大者
（長達 1 公分以上）。

葉光滑，鋸齒稀疏。

雄蕊基部合生

四川灰木（團繖灰木）

屬名　灰木屬
學名　*Symplocos setchuensis* Brand

常綠喬木。葉革質，橢圓形、狹橢圓形或卵形，長 4 ～ 10 公分，寬 1.5 ～ 4 公分，先端漸尖至尾狀，圓齒狀鋸齒緣，兩面光滑無毛，側脈 6 ～ 12 對；葉柄長 5 ～ 10 公釐，光滑無毛。花成頭狀之穗狀花序。果實卵形至筒形。與擬日本灰木（*S. migoi*，見 137 頁）相似，差異在於本種花之苞片被密毛，擬日本灰木之苞片被疏毛。

產於中國中部，在台灣僅分布於北部低至中海拔山區。

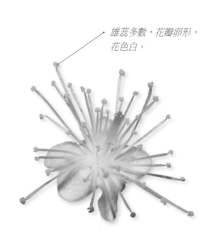
雄蕊多數，花瓣卵形，花色白。

葉背

與擬日本灰木相似，差異在於本種花之苞片被密毛，擬日本灰木苞片疏毛。

花成頭狀之穗狀花序

果卵至筒形

11 ～ 12 月盛花

葉革質，橢圓、狹橢圓或卵形。

希蘭灰木 特有種

屬名　灰木屬
學名　*Symplocos shilanensis* Y. C. Liu & F. Y. Lu

常綠小喬木。葉革質，橢圓形至卵形，長 2.5～5 公分，先端短尾狀並具鈍頭，全緣或圓齒狀鋸齒緣，兩面光滑無毛，側脈 4～5 對；葉柄長 5～7 公釐，紫色，光滑無毛。花成圓錐狀分支之短穗狀或總狀花序。果實狹倒卵形，紫色。

　　特有種，分布僅限於台東與屏東之低至中海拔山區。

果狹倒卵形

葉橢圓至卵形，長 2.5～5 公分，先端短尾狀並具鈍頭。

葉常全緣（郭明裕攝）

南嶺灰木

屬名　灰木屬
學名　*Symplocos sonoharae* Koidz. var. *sonoharae*

常綠喬木。葉革質，橢圓形，偶倒卵形，長 5～9 公分，寬 2～4 公分，先端鈍至漸尖，全緣或腺狀圓鋸齒緣，兩面光滑無毛，側脈 5～8 對；葉柄常紫色，光滑或疏被短毛。花一至數朵成短總狀花序，花萼筒長鐘狀，花冠筒長 9 公釐，裂片先端鈍圓，雄蕊花絲合生成圓筒狀，子房被毛。果實橢圓形，黑色。

　　產於琉球，在台灣分布於全島低至中海拔山區。

花單生或數朵成短總狀花序。葉革質，橢圓形，偶倒卵形，長 5～9 公分。

花絲合生成圓筒狀

枇杷葉灰木

屬名 灰木屬

學名 *Symplocos stellaris* Brand

常綠灌木或小喬木。葉革質，狹橢圓形、狹長橢圓形或狹倒卵形，長 8～22 公分，寬 2～6 公分，先端銳尖至短漸尖，全緣或具疏腺狀齒緣，上表面光滑，下表面灰白色而光滑或脈上疏被毛，側脈 7～16 對；葉柄長 1～4 公分，光滑或疏被毛。頭狀之穗狀花序，花瓣先端有腺毛。果實狹卵形，藍黑色。

　　產於琉球及中國南部，在台灣分布於全島低至中海拔山區。

花序，花瓣先端有腺毛。

花密生於枝條上

葉革質，狹橢圓、狹長橢圓或狹倒卵形。

山豬肝 (大葉 白礬)

屬名	灰木屬
學名	*Symplocos theophrastifolia* Sieb. & Zucc.

常綠喬木。葉革質，狹橢圓形至狹長橢圓形，長 7～15 公分，寬 2～5 公分，先端尾狀至漸尖，圓齒至鋸齒緣，上表面光滑，下表面灰綠色至略粉白色，有時中脈疏生短伏毛，側脈 8～13 對；葉柄長 7～15 公釐，光滑或疏被伏毛。花成基部分支之穗狀花序。果實球形至狹頸瓶形，暗紫色。

廣布於日本及中國南部，在台灣生長於全島低海拔山區。

果實

8 月盛花

花序

花序多分枝

褐毛灰木

屬名	灰木屬
學名	*Symplocos trichoclada* Hayata

常綠小喬木。葉革質，狹卵形至披針形，長 1～5 公分，寬 0.8～1.5 公分，先端銳尖至漸尖，淺圓齒狀齒緣，上表面具光澤，被細剛毛，下表面被長柔毛，中脈上毛密，側脈 4～8 對；葉柄長 1～3 公釐，密生鏽色細剛毛。花成頭狀穗狀花序或總狀花序。果實卵形，暗紫色。

產於中國南部及越南；在台灣分布於中部及南部中海拔山區，稀有。

全株被密褐毛

葉密生毛，中肋凸起。

莨花葉灰木

屬名　灰木屬
學名　*Symplocos wikstroemiifolia* Hayata

常綠灌木或喬木。葉近革質，狹倒卵形或倒卵狀披針形，長4～15公分，寬1～4公分，先端短尾狀且鈍頭，近全緣或細圓齒狀齒緣，上表面具光澤，光滑無毛，下表面略粉白，被細伏毛，側脈8～10對；葉柄長3～10公釐，被細伏毛或近光滑。花成密集之圓錐花序或總狀花序。果實卵形。本種為台灣產灰木中唯一具雜性花（雄花及兩性花）者。

　　產於中國南部、中南半島及馬來半島；分布於台灣北部及東部低至中海拔山區。

兩性花

開花之植株

雄花（王偉聿攝）

葉近全緣或細圓齒狀齒緣

花序短

姑子崙灰木 特有種

屬名　灰木屬
學名　*Sympolcos* sp.

小常綠灌木。葉革質，橢圓形，長1.5～1.9公分，寬0.7～1.0公分，具4～5對鋸齒，兩面光滑；兩面中肋凸起；葉柄光滑。花序僅著1～3朵花，花序軸纖細；萼片明顯呈三角形；花冠白具紅紫暈，深五裂，裂片狹長橢圓形，長5.6～6.2公釐，寬3～3.6公釐；雄蕊20～26枚；花柱光滑或基部具毛，長4～4.5公釐。果實綠色，紫黑熟，長橢圓形至長筒狀。

　　特產於大漢山區，喜生於向陽之衝風稜線上。

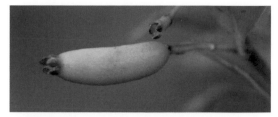

果實圓筒狀

花柱紅色

葉小於2公分

花序僅著1～3朵花

茶科 THEACEAE

常綠喬木或灌木。單葉，互生，多為鋸齒緣，稀全緣，無托葉。花常腋生，單生或簇生，常兩性，輻射對稱；花萼下具苞片，萼片常 5 枚，覆瓦狀排列；花瓣常 5 枚；雄蕊多數，稀 5，花藥背著；子房常上位。果實為漿果、核果或蒴果。

特徵

常綠喬木或灌木（木荷）

雄蕊多數，花瓣常 5 枚。（烏皮茶）

果實蒴果（尾葉山茶）

單葉，互生，多為鋸齒緣，無托葉。（柳葉山茶）

山茶屬 CAMELLIA

葉常鋸齒緣。花單生或 2～4 朵簇生，無梗或具短梗；小苞片 4～8 枚；萼片 5 至多數；花瓣 5～7 枚；花藥背著，無毛；子房上位，花柱先端多三岔。果實為蒴果，連軸脫落。

生於雙溪之花瓣較狹長些

短柱山茶

屬名	山茶屬
學名	*Camellia brevistyla* (Hayata) Coh.-Stuart

小枝與葉芽有毛。葉長橢圓形，長 3.5～5 公分，寬 1.5～2 公分，光滑無毛，葉背側脈不明顯。花萼與花瓣外面有毛，花瓣倒卵狀楔形至卵圓形；花柱長 1～1.5 公釐，先端四岔。

　　產於華南至華西；台灣分布於全島低、中海拔森林中。

葉背光滑，葉背側脈不明顯。

生於神祕湖的植株之花瓣較偏卵圓形

花期為 10 月至隔年 1 月，攝於觀霧。

尾葉山茶

屬名	山茶屬
學名	*Camellia caudata* Wall.

小枝及葉芽有黃褐色短柔毛及淡褐色絨毛。葉膜質，長橢圓形或長橢圓狀披針形，長 4～11 公分，寬 1～2 公分，細鋸齒緣，鋸齒 25～40，上表面光滑，下表面有稀疏黃褐色絨毛。花 2～3 朵叢生，花瓣 5 枚，長 1～1.4 公分，萼片與花瓣外面有毛，雄蕊花絲有毛。蒴果長球形。

　　產於中國南部、印度及中南半島；在台灣分布於東部及南部低、中海拔森林中。

蒴果長球形

花瓣 5 枚，長 1～1.4 公分。

葉膜質，長橢圓或長橢圓狀披針形，長 4～11 公分，寬 1～2 公分。

台灣山茶 特有種

屬名	山茶屬
學名	*Camellia formosensis* (Masam. & Suzuki) M. H. Su, C. F. Hsieh & C. H. Tso

小喬木,小枝圓,光滑無毛;冬芽卵狀披針形,光滑無毛。葉薄革質,長橢圓形,長 8～15 公分,寬 2.5～5 公分,先端漸尖,基部楔形,細鋸齒緣,兩面光滑無毛,葉柄長 3～6 公釐。花單生或 3～5 朵,腋生,花梗長 5～8 公釐,苞片 2 枚,萼片 5 枚,花瓣 4～7 枚,子房光滑無毛,花柱先端三岔,光滑無毛。果實球形,徑約 2 公分。

　　特有種,產於台灣中、南部之低、中海拔森林中,分布零散,現有少數茶農栽培製茶。

花梗下彎,花瓣光滑,雄蕊與雌蕊光滑。

花正面

生於台東大武山區之台灣山茶,10～12 月開花。

果球形

垢果山茶

屬名	山茶屬
學名	*Camellia furfuracea* (Merr.) Coh.-Stuart

全株光滑無毛。葉橢圓形或長橢圓形,長 8～15 公分,寬 2.5～4 公分,兩面無毛,側脈 7～8 對。花常頂生,花瓣倒卵形,長 1.5～2 公分。果實表面呈粒垢狀,灰褐色。

　　產於越南、寮國及中國南部;在台灣分布於中部之低海拔森林中。

果實表面呈粒垢狀,灰褐色。

花常頂生,花瓣倒卵形,長 1.5～2 公分。

葉橢圓或長橢圓形,長 8～15 公分,寬 2.5～4 公分,兩面無毛,側脈 7～8 對。

恆春山茶 特有種

屬名　山茶屬
學名　*Camellia hengchunensis* C. E. Chang

小枝光滑無毛。葉芽及葉柄光滑無毛，葉厚革質，卵狀橢圓形，長 4.5～5 公分，寬 2～2.5 公分，前半部疏鋸齒緣，兩面光滑無毛。花頂生，萼片外表被毛；花瓣形狀多樣，先端凹入，花瓣與雄蕊光滑，子房密被毛，花柱長 5 公釐，光滑無毛。果實表面具毛狀物。

　　特有種，分布局限於恆春半島南仁山一帶之森林中。

花瓣狹長橢圓形者

花瓣倒卵形者

葉厚革質，卵狀橢圓形，長 4.5～5 公分，寬 2～2.5 公分，兩面光滑，前半部疏鋸齒緣。果實表面具毛狀物。

植株形態

花瓣形狀多樣，此為倒卵圓形者。

日本山茶

屬名　山茶屬
學名　*Camellia japonica* L.

小喬木。葉厚革質，長橢圓形或倒卵狀長橢圓形，長 8 ～ 10.5 公分，寬 3.5 ～ 5.5 公分，先端尾狀，鈍頭，基部銳尖或略，兩面光滑無毛，側脈 5 ～ 9 對。花單一，頂生，花冠漏斗狀，徑 4.5 ～ 5.5 公分，紅色，花瓣基部合生；雄蕊紅色，花絲連生至三分之二，子房光滑無毛，花柱長約 2.5 公分。果闊圓形，徑 3 ～ 4 公分，上部具淺溝，成熟後 3 片開裂，木質。

　　產於琉球；在台灣分布於北、中部之低、中海拔森林中。

雄蕊紅色，花絲連生至三分之二處。

花常頂生，花瓣倒卵形，長 1.5 ～ 2 公分。

葉橢圓或長橢圓形，長 8 ～ 15 公分，寬 2.5 ～ 4 公分，兩面無毛，側脈 7 ～ 8 對。

落瓣油茶

屬名　山茶屬
學名　*Camellia kissi* Wall.

小喬木，高達 8 公尺。葉薄革質，長橢圓形至卵形或披針形，長 5 ～ 8 公分，寬 2 ～ 2.5 公分，先端尾狀、漸尖至銳尖，基部圓形至漸狹，鋸齒緣，上表面亮深綠色，光滑，下表面灰綠色，幼時疏生絨毛，成熟時光滑，中肋於兩面被絨毛；葉柄長 3 ～ 7 公釐，被毛。花單一，腋生（近頂生）；花瓣 5 ～ 6 枚，早落，離生，白色，倒卵形至卵形，先端微凹至圓形，長 8 ～ 15 公釐，寬 3 ～ 6 公釐，光滑無毛；雄蕊長 4 ～ 8 公釐，光滑無毛，花絲於基部癒合；子房 3 室，花柱 1，長 2 ～ 3 公釐，深三岔至近離生，光滑無毛。蒴果梨形，長 1.2 ～ 2 公分，直徑 1 ～ 1.8 公分，通常具 1 ～ 2 粒種子。

　　分布於不丹、中南半島、錫金、尼泊爾、印度、中國南部及海南島等地。台灣發現於知本山區。

花白色，花瓣倒卵形至卵形。（Den Yau 攝）

能高山茶 特有種

屬名　山茶屬
學名　*Camellia nokoensis* Hayata

花

小喬木，小枝被灰褐色毛，葉芽密被絨毛。葉披針形，細鋸齒緣，鋸齒 25 ～ 35 對，上表面中脈有毛，下表面有伏毛，葉柄長 1 ～ 2 公釐或近無柄。花 1 ～ 2 朵，腋生，徑約 1 公分，花絲前端有毛，花柱長 0.8 ～ 1 公分。蒴果球形，徑約 1 公分。

　　特有種，分布於台灣中部低、中海拔森林中。

葉披針形，細鋸齒緣，齒數 25 ～ 35 對，上表面中脈有毛。

1 ～ 2 月開花，花 1 ～ 2 朵，腋生，徑約 1 公分。

結果枝條，果熟轉成紅色，徑約 1 公分。

油茶

屬名　山茶屬
學名　*Camellia oleifera* Abel.

灌木或中喬木，嫩枝有粗毛。葉卵狀橢圓形，長 5 ～ 7 公分，寬 2 ～ 4 公分，革質，有鋸齒緣，柄短有毛，僅中肋有粗毛，側脈不明顯。花白色，幾乎無梗，常單生或成對生於枝頂之側腋；雄蕊黃色，無毛；花柱長約 1 公分。蒴果卵圓形，木質化，被毛，徑 3 ～ 5 公分，熟時開裂。

　　分布於越南、緬甸北部、中國大陸。台灣栽培逸出各地。

花瓣 5，雄蕊多數。

花白色約於春夏之交開花

種子可榨茶油

柳葉山茶

屬名　山茶屬
學名　*Camellia salicifolia* Champ.

小枝密被軟毛。葉膜質，披針形或長橢圓狀披針形，先端漸尖，尾長 0.5～1.5 公分，細鋸齒緣，鋸齒 50～65 對，側脈 9～11，上表面光滑但中脈有毛，下表面被褐色長絨毛。花腋生，萼片、花瓣、雄蕊、雌蕊均有毛，花柱先端三岔。

耿煊曾發表一變種——長萼柳葉山茶，其區別在於其它有較長的萼片和較大的花瓣。

產於中國南部及香港；在台灣分布於中、南部之低、中海拔森林中。

花腋生，萼片、花瓣、雄蕊、雌蕊
均有毛；花柱先端三岔。

葉膜質，披針或長橢圓狀披針形，先端漸尖。

茶

屬名　山茶屬
學名　*Camellia sinensis* (L.) O. Ktze

灌木或小喬木，嫩枝無毛。葉革質，長圓形或橢圓形，長 4～12 公分，寬 2～5 公分，先端鈍或尖銳，基部楔形，上面發亮，下面無毛或初時有柔毛，側脈 5～7 對，邊緣有鋸齒，葉柄無毛。 花 1～3 朵腋生，白色；苞片 2 片，早落；萼片 5 片，闊卵形至圓形，無毛，宿存；花瓣 5～6 片，闊卵形，基部略連合，背面無毛，有時有短柔毛；子房密生白毛；花柱無毛，先端三裂。 蒴果 3 球形或 1～2 球形，高 1.1～1.5 厘米，每球有種子 1～2 粒。

原生於中國至印度半島，以及日本。台灣山區偶見逸出馴化植株。

花白色

植株

阿里山茶 特有種

屬名	山茶屬
學名	*Camellia transarisanensis* (Hayata) Coh.-Stuart

小喬木，小枝有毛，葉芽光滑或近光滑。葉薄革質，菱狀長橢圓形或菱狀披針形，長 2～4 公分，先端鈍，兩面僅中脈有毛。花瓣 5 枚，長 1～2 公分，萼片與花瓣外表有毛，雄蕊無毛，子房近花柱處及花柱有毛。

　　特有種，分布於台灣中部中海拔森林中。

花瓣 5 枚，長 1～2 公分。

葉菱狀長橢圓形或菱狀披針形，長 2～4 公分。

泛能高山茶 特有種

屬名	山茶屬
學名	*Camellia transnokoensis* Hayata

小枝有毛，葉芽光滑無毛。葉薄革質，橢圓形或披針形，長 4～5 公分，寬 1.5 公分，鋸齒 14～20 對，上表面光滑但中脈處有毛，下表面光滑，葉柄長 1.5～2.5 公分。花近頂生，無梗；萼片光滑，有緣毛；花瓣、雄蕊及雌蕊均光滑無毛，花柱先端三岔。

　　特有種，分布於台灣低、中海拔森林中。

花正面

花瓣、雄蕊及雌蕊均光滑。

花近頂生，無梗。

葉橢圓形或披針形，長 4～5 公分。

毛枝連蕊茶

屬名　山茶屬
學名　*Camellia trichoclada* (Rehd.) S.S. Chien

灌木，高約 1 公尺，多分枝，嫩枝被長粗毛。葉革質，葉背除中肋外，
皆光滑，橢圓形，長 1-2.4 公分，寬 6-13 公釐，先端漸尖，鋸齒緣，
葉柄短，有粗毛。花頂生及腋生，無毛，花柄長 2-4 公釐，有苞片 3-4
片；苞片闊卵形；萼淺杯狀，無毛，萼片 5 片，闊卵形，先端圓；蒴
果圓形，直徑 9-10 毫米，1 室，種子 1 個，2 片裂開，果片薄。

　　分布中國。台灣產屏東姑子崙山區。台灣的植株與中國產的毛枝
連蕊茶在形態上仍有差異，其分類地位尚須再深入研究。

葉背面除中肋外，皆光滑。（許天銓攝）

花白色（許天銓攝）

台灣產屏東大漢山及姑子崙山區。稀有。（許天銓攝）

老佛山山茶 特有種

屬名	山茶屬
學名	*Camellia* sp.

葉革質，橢圓形至長橢圓形，長 2.6 ～ 4.3 公分，寬 1.2 ～ 2.6 公分，先端略尖，基部闊楔形，上表面深綠色，稍發亮，下表面被密毛且中肋凸起有柔毛，側脈明顯，葉緣有鈍鋸齒；葉柄被密毛，長 4 ～ 5 公釐。花白色，頂生或腋生，花梗極短；苞片 6 ～ 7 枚，闊卵形，長 4 ～ 5 公釐，被灰白色柔毛；花瓣 5 枚，闊倒卵形，長 8.5 ～ 12 公釐，寬 6 ～ 7 公釐，基部與雄蕊連生；雄蕊長 6 ～ 9 公釐，基部約三分之一連合成筒狀，無毛；子房 3 室，被長粗毛，花柱 3，長約 2.5 公釐，從基部分離。蒴果圓球形或倒卵球形，直徑約 1 公分。種子 1 ～ 2 粒。與短柱山茶（*C. brevistyla*，見 147 頁）相似，但本種之花瓣短而圓，葉背脈明顯，隆起，中肋有毛。

此為一新種，小枝有毛；葉片前三分之二鋸齒緣，近基部全緣；萼片外表有絨毛；雄蕊無毛。

特有種，產於屏東老佛山。

葉背脈明顯，隆起，中肋有毛。

本種與短柱山茶相似，但其花瓣短而圓。

大頭茶屬 GORDONIA

喬木。葉革質，螺旋狀著生。花單生，具 4 ～ 7 枚小苞片；萼片 5 枚，宿存；花瓣 5 枚；雄蕊多數，花藥近基著；花柱單一。蒴果橢圓形，縱裂。種子上部具翅。

台灣有 1 種。

大頭茶

屬名	大頭茶屬
學名	*Gordonia axillaris* (Roxb.) Dietr.

中喬木，樹皮淡灰色，平滑。葉芽圓錐形，被短柔毛及銀色毛，無芽鱗。葉革質，披針形或倒披針形，長 12 公分，寬 3 公分，先端圓，全緣或上半部有波狀疏鋸齒。花 1 或 2 朵腋生，無梗，徑 8 公分，子房 5 室，柱頭不明顯三岔。蒴果長橢圓形，長 3 公分，胞背 3 ～ 5 開裂。種子先端有翅，長 1.5 公分。

產於印度及中國；在台灣分布於全島低、中海拔森林中。

花瓣 5 枚；雄蕊多數，花藥近基著；花柱單一。

果熟時開裂

果長橢圓形

烏皮茶屬 PYRENARIA

常綠喬木。葉螺旋狀著生。花腋生，具多數小苞片；萼片 5 枚；雄蕊多數，花藥背著；子房 3 ～ 6 室。蒴果背裂，三至六裂，中軸留存。

武威山烏皮茶（台灣烏皮茶）

屬名	烏皮茶屬
學名	*Pyrenaria microcarpa* (Dunn) H. Keng var. *ovalifolia* (H. L. Li) T. L. Ming & S. X. Yang

常綠中喬木。葉芽被白色短柔毛。葉革質，橢圓形或倒卵形，長 6.5 ～ 15 公分，先端鈍，基部銳尖或楔形，側脈 9 ～ 11 對，全葉為細鋸齒緣。花瓣白色，萼片 3 枚。果徑長於 2 公分。

產於福建、廣東及海南；台灣分布於屏東笠頂山附近之山區。

果徑長於 2 公分

花瓣 5 枚，外被毛。

烏皮茶 特有種

屬名	烏皮茶屬
學名	*Pyrenaria shinkoensis* (Hayata) H. Keng

小喬木；樹幹直，幹皮紅褐色或深褐色，略光滑，細密縱向裂；小枝被毛。葉具杏仁味，薄革質，長橢圓形、倒卵形或倒披針形，長 8 ～ 12 公分，先端銳尖或漸尖，上半部鋸齒緣，葉背有許多小皺。花瓣 5 枚，白色，倒卵形，長約 1.5 公分，下表面中央有毛。蒴果三裂。

特有種，分布於台灣中、北部之低、中海拔山區。

花瓣 5 枚，白色，倒卵形，長約 1.5 公分；雄蕊多數。

果實

葉長橢圓形或倒披針形，上半部有鋸齒。

分布於台灣中、北部之低、中海拔山區。

木荷屬 SHIMA

喬木。葉革質，螺旋狀著生。花單生或近總狀花序，具2枚小苞片；萼片5枚；花瓣5枚；雄蕊多數，花藥背著生；花柱單一。蒴果球形，五裂，中軸不脫落。種子具狹翅。

木荷

屬名	木荷屬
學名	*Schima superba* Gard. & Champ. var. *superba*

花徑約3公分

大喬木。葉芽圓錐形，被短柔毛，無芽鱗。葉叢生枝端，卵形至長橢圓形，長7～13公分，寬3～3.5公分，先端漸尖，基部楔形，常具細鈍鋸齒，上表面暗綠，下表面蒼白，葉柄扁平。花腋生於近枝端處，具花序梗及花梗，或單生；花芽為二脫落性之淡紅色小苞片所包被；花徑3公分；萼片5枚，同大；花瓣5枚，淡紅色，有芳香。蒴果木質，扁球形，徑1～1.4公分。種子扁平，腎形，長8公釐，有背翅。

產於中國及琉球；在台灣分布於全島低、中海拔山區。

果實木質，大約10～11月果熟裂開。

葉常具細鈍鋸齒

港口木荷 特有種

屬名	木荷屬
學名	*Schima superba* Gard. & Champ. var. *kankaoensis* (Hayata) H. Keng

承名變種（木荷，見本頁）相似，但葉先端呈尾狀漸尖具短突尖，全緣；果形較大，徑1～1.8公分。

特有種，分布於恆春半島及台東一帶之低海拔山區。

果形較大，徑1～1.8公分。

大喬木。花開於枝端。

葉先端呈尾狀漸尖具短突尖，全緣。

茶茱萸科 ICACINACEAE

喬木或灌木。單葉，多互生，全緣至齒緣。花兩性，稀雜性至雌雄異株，常成圓錐花序；花部（3～）4～5（～6）數，花萼殆為全退化，甚小，花瓣鑷合狀排列；雄蕊與花瓣同數而互生；子房大多1室，稀3～5室，柱頭常為3。果實為核果。

特徵

喬木或灌木，葉多互生。（青脆枝）

果實為核果（青脆枝）

花大都兩性，常成圓錐花序，花4～5數，雄蕊與花瓣同數而互生。（青脆枝）

鷹紫花樹屬 NOTHAPODYTES

葉互生或近對生，具葉柄。花兩性，成頂生繖房或聚繖花序；花萼杯狀，淺五裂；花瓣5枚，內面具絨毛；雄蕊5，與花瓣互生；花柱細長，子房上位，被粗毛，柱頭頭狀。

青脆枝（臭馬比木）

屬名	鷹紫花樹屬
學名	*Nothapodytes nimmoniana* (J. Graham) Mabb.

常綠喬木。葉橢圓狀卵形至長橢圓狀披針形，長10～20公分，寬5～12公分，先端銳尖至漸尖，兩面疏被柔毛，側脈7～8對。花序繖房或聚繖狀，花瓣長橢圓形，長4.2～5公釐，花瓣內面具絨毛；雄蕊5，與花瓣互生；花柱細長。核果長橢圓狀卵形或橢圓形，長約2公分，成熟時轉紅色再成紫黑色。

產於印度南部、斯里蘭卡、柬埔寨及琉球；在台灣分布於離島蘭嶼及綠島之路旁灌叢或次生林中。

花序繖房或聚繖狀

雄蕊5，與花瓣互生，花瓣內面具絨毛，花柱細長。

核果長橢圓狀卵形或橢圓形，長約2公分。

絞木科 GARRYACEAE

灌木。葉對生，革質，鈍鋸齒緣。圓錐花序，近腋生，花單性，雌雄異株；雄花萼小，具4齒，花瓣4枚，花盤方形，肉質；雌花萼及花瓣與雄花同，子房1室。果實為漿果，具宿存花萼與花柱。

特徵

灌木。葉對生，革質，鈍鋸齒緣。（東瀛珊瑚）

花單性，雌雄異株；雄花花瓣4，雄蕊4。（桃葉珊瑚）

雌花花盤肉質，柱頭頭狀。（東瀛珊瑚）

圓錐花序（東瀛珊瑚）

桃葉珊瑚屬 AUCUBA

灌木。葉對生，革質，鈍鋸齒緣。圓錐花序，近腋生，花單性，雌雄異株；雄花萼具 4 齒，花瓣 4，雄蕊 4，花盤方形，肉質；雌花萼及花瓣與雄花同，子房 1 室。果實為漿果。

桃葉珊瑚

屬名　桃葉珊瑚屬
學名　*Aucuba chinensis* Benth. var. *chinensis*

雄花，花瓣先端具長尾。

常綠灌木或小喬木，小枝粗壯，二歧分岔，綠色，光滑或被柔毛；冬芽球狀，具 4 對鱗片，交互對生。葉革質，長橢圓形或披針形，變異頗大，葉緣微反捲，常具 5 ～ 8 對粗鋸齒或腺狀齒，中肋在背面突出，葉柄長 2 ～ 4 公分。圓錐花序頂生，花序梗被柔毛，雄花序長 5 公分以上，雄花綠色或紫紅色；雌花序長約 4 ～ 5 公分，花盤肉質，柱頭頭狀，微四裂。幼果綠色，成熟時為鮮紅色，圓柱狀或卵狀，長 1.4 ～ 1.8 公分，寬 8 ～ 10 公釐；萼片、花柱及柱頭宿存於核果上端。

　　分布於中國湖北、四川、雲南、廣西及廣東；在台灣見於中南部低、中海拔森林中。

雌花序長 4 ～ 5 公分，花盤肉質，柱頭頭狀；雄花較小。

葉長橢圓形或披針形

鳳凰山珊瑚 特有種

屬名　桃葉珊瑚屬
學名　*Aucuba chinensis* Benth. var. *fongfangshanensis* J. C. Liao, Liu, Kuang & Yuan

承名變種（桃葉珊瑚，見本頁）之差異在於本變種的葉為倒卵形，先端具 3 ～ 6 大齒牙。

　　特有變種，分布於南投鳳凰山、花蓮砂卡礑林道及光復林道。

雄花

雌花

與桃葉珊瑚差異在於本種的葉倒卵形，先端具 3 ～ 6 大齒牙。

東瀛珊瑚

屬名　桃葉珊瑚屬
學名　*Aucuba japonica* Thunb.

常綠灌木，葉革質，長橢圓形至卵狀長橢圓形，長 8 ～ 20 公分，寬 5 ～ 12 公分，上表面亮綠色，下表面淡綠色，葉緣上段具 2 ～ 6 對鋸齒或全緣。圓錐花序頂生，花瓣先端具 0.5 公釐之短突尖，子房被疏柔毛，花柱粗壯，柱頭偏斜。果實卵圓形，紅色，長 2 公分，寬 5 ～ 7 公釐。

　　分布於韓國、日本及中國浙江；在台灣見於全島低、中海拔森林中。

雄花

雌花

果卵圓形，紅色。

三月開花；雄花植株的花序較長。

雌花植株；雌花序較雄花序短。

雄花花序

夾竹桃科 APOCYNACEAE

木本或草本，直立、匍匐纏繞或攀緣性，具乳汁。葉對生或輪生，稀互生，全緣，無托葉。花兩性，輻射對稱，副花冠有或無，常排成聚繖或總狀花序；萼片 5 枚，覆瓦狀或鑷合狀排列；雄蕊生於花冠筒內部，花粉狀或聯合成塊狀；子房上位，具 2 心皮。果實為菁葖果，有時漿果狀或核果狀，開裂或不開裂。

特徵

雄蕊生於花冠筒內部，花藥粉狀或聯合成塊狀。(舌瓣花)

花兩性，輻射對稱，副花冠有或無。(牛皮消)

葉對生或輪生，稀互生，全緣。(牛皮消)

菁葖果 (蘭嶼馬蹄花)

具乳汁 (乳藤)

念珠藤屬 ALYXIA

蔓性灌木。葉常輪生，稀對生。花序聚繖狀；花冠筒圓筒狀，裂片向左重疊；雄蕊著生於花冠筒上。果實為核果或漿果，於種子間收縮，呈念珠狀。

蘭嶼念珠藤（念珠藤）

屬名	念珠藤屬
學名	*Alyxia monticda* C.B. Rob.

平滑蔓性灌木。葉3或4枚輪生，厚革質，倒卵形，長 5.5 ～ 10 公分，先端圓鈍，側脈多數。花序聚繖狀。果實橢圓形，常 2 ～ 3 個鏈合成念珠狀。

分布於台灣離島蘭嶼及綠島，生長於灌叢中。菲律賓亦產。

花冠高杯狀，花冠裂片卵形，長約5公釐；雄蕊花藥內藏。

花序聚繖狀。葉片3或4枚輪生。

中國念珠藤

屬名	念珠藤屬
學名	*Alyxia sinensis* Champ. *ex* Benth.

蔓性灌木，小枝平滑。葉對生，革質，橢圓形或長橢圓形，長 1.7 ～ 2.7 公分，寬 0.8 ～ 2 公分，先端凹，全緣，常反捲，側脈多數。花序聚繖狀，腋生或頂生，花密集，花冠筒長 2 ～ 3 公釐，裂片卵形，長約 1.5 公釐。核果卵形，長約 1 公分，徑約 5 公釐，常 2 ～ 3 個鏈合成念珠狀。

產於中國，在台灣僅有採自台東的一筆紀錄。

蔓性灌木，小枝平滑。（凡強攝）

葉對生，革質，橢圓或長橢圓形。（Den Yau 攝）

花密集，花冠筒長 2 ～ 3 公釐，裂片卵形，長約 1.5 公釐。（Den Yau 攝）

台灣念珠藤 特有種

屬名	念珠藤屬
學名	*Alyxia taiwanensis* S. Y. Lu & Yuen P. Yang

平滑蔓性灌木。三葉輪生或二葉對生，革質，橢圓狀披針形，長 2 ～ 2.5 公分，寬 0.9 ～ 1.8 公分，先端漸尖，側脈不明顯。花序聚繖狀，花冠筒長 4 ～ 5 公釐，裂片斜卵形，長約 2 公釐。核果卵形，長約 6 公釐，常鏈合成念珠狀。

　　特有種，僅分布於台灣中部橫貫公路青山、東勢山區及惠蓀林場一帶之灌叢中。

核果卵形，長約 6 公釐，單生或 2 ～ 3 個鏈合成念珠狀。

平滑蔓性灌木。葉三葉輪生或二葉對生，革質，橢圓狀披針形。

花冠筒長 4 ～ 5 公釐；裂片斜卵形，長約 2 公釐。（楊智凱攝）

錦蘭屬 ANODENDRON

攀緣性灌木。葉對生，脈明顯。聚繖花序，花冠漏斗狀，長 2 公分以上，冠筒內面被短毛，裂片向右相疊，雄蕊箭形，花盤全緣或五深裂。果實為蓇葖果。

小錦蘭

屬名	錦蘭屬
學名	*Anodendron affine* (Hook. & Arn.) Druce

常綠攀緣灌木。葉長橢圓狀披針形，長 3 ～ 10 公分，寬 3 ～ 4 公分，先端銳尖至漸尖，基部漸尖至銳尖，兩面平滑，側脈 4 ～ 7，葉柄長 5 ～ 15 公釐。花淡黃色，花冠筒長約 5 公釐，喉部密生絨毛。蓇葖果橢圓狀卵形，木質，長約 13 分分，徑約 3 公分，近基部膨大。

　　產於中國、印度、日本及越南；在台灣分布於全島中、低海拔之森林中。

花冠喉部密生絨毛

葉長橢圓狀披針形，長 3 ～ 10 公分，寬 3 ～ 4 公分，先端銳尖至漸尖。

常綠攀緣灌木

大錦蘭 特有種

屬名	錦蘭屬
學名	*Anodendron benthamiana* Hemsl.

常綠攀緣灌木。葉長橢圓狀披針形或長橢圓形，長 5 ～ 14 公分，寬 1 ～ 5 公分，先端銳尖或短漸尖，基部鈍或寬楔形，葉柄長 5 ～ 15 公釐。花純白色，花冠筒長 1.1 ～ 2 公分，喉部具毛。蓇葖果線狀長橢圓形，長約 12 公分，徑約 1.5 公分。

　　特有種，分布於台灣全島低海拔之林緣或灌叢。

蓇葖果線狀長橢圓形，長約 12 公分，徑約 1.5 公分。

花純白色，花冠筒長 1.1 ～ 2 公分。

尖尾鳳屬 ASCLEPIAS

直立草本，基部木質化。葉對生或輪生。聚繖花序成繖形排列。花萼內面具 5 ～ 10 腺體；花冠裂片鑷合狀排列，副花冠裂片 5，直立；雄蕊花絲合生成筒，花粉塊每室 1 個；柱頭呈五角狀。果實為蓇葖果，先端漸尖。

尖尾鳳（馬利筋）

屬名	尖尾鳳屬
學名	*Asclepias curassavica* L.

直立草本，基部木質化，植株高達 1 公尺，全株光滑無毛，有白色乳汁。葉對生，膜質，披針形或長橢圓狀披針形，先端漸尖至急尖，基部楔形而下延，側脈約 8。聚繖花序成繖形排列；花冠輪狀，五深裂，裂片向上翻捲，朱紅色；副花冠 5 枚，金黃色。

　　原產於美洲熱帶地區，在台灣馴化於低海拔之空曠地。

花冠輪狀，五深裂，裂片向上翻捲，朱紅色；副花冠 5 枚，金黃色。

聚繖花序成繖形排列或繖形花序

植株高達 1 公尺，全株光滑，有白色乳汁。葉對生。

釘頭果（氣球唐棉）

屬名	尖尾鳳屬
學名	*Asclepias fruticosa* L.

直立灌木，株高 80 ～ 150 公分，嫩枝綠色，老枝灰白色。葉對生，披針形或線狀披針形，長 10 ～ 13 公分，寬 1 ～ 2 公分，先端漸尖或銳尖，基部鈍而延伸至葉柄，全緣。繖形花序頂生或腋生，約十數朵小花，花白色垂懸，花徑 0.9 ～ 1.1 公分；花冠五裂，裂片卵狀長橢圓形，反捲，長 0.7 ～ 0.8 公分，寬約 0.4 公分；雄蕊柱長約 0.4 公分；副花冠鱗片 5 枚，卵形白色，長 0.2 ～ 0.4 公分，先端鈍。果實如膨脹的汽球，中空沒有果肉，表面有粗毛，成熟後後開裂，種子具白色絨毛可飛散。

　　原產非洲，台灣於 1970 年間引進栽植。台灣逸出各地。

園藝花材，偶逸出野地。

果實如膨脹的氣球

長春花屬 CATHARANTHUS

多年生草本植物，莖基部常木質化。葉對生，草質至多少革質，葉柄短。花頂生或腋生，單花或稀 2 ～ 3 朵之聚繖花序。萼片小，爪狀。花冠高杯狀，紫色、紅色、粉紅色或白色，喉部常有絨毛，花冠裂片歪斜，邊緣常重疊。雄蕊插生於花冠筒上。子房 2 枚，胚珠多數，花柱絲狀，柱頭具一環狀膨大附屬物，下方生有透明反捲之膜狀物。蓇葖果圓柱狀。

日日春

屬名	長春花屬
學名	*Catharanthus roseus* (L.) G. Don

半灌木，略有分枝，全株無毛或僅有微毛。葉對生，倒卵狀至長圓形，長 3 ～ 4 公分，寬 1.5 ～ 2.5 公分，先端渾圓，有短尖頭，基部廣楔形至楔形，漸狹而成葉柄，側脈約 8 對。聚繖花序腋生或頂生，有花 2 ～ 3 朵；花萼 5 深裂，長約 0.3 公分；花冠紅色，高腳碟狀，花冠筒圓筒狀，長約 2.6 公分，內面具疏柔毛，喉部緊縮，具剛毛；花冠裂片寬倒卵形，長和寬約 1.5 公分；雄蕊著生於花冠筒的上半部，但花藥隱藏於花喉之內，與柱頭離生。蓇葖雙生，直立，平行或略岔開，長約 2.5 公分。

　　馬達加斯加、印度，現有許多園藝栽培種。台灣逸出各地。

花全年開放

果實生於葉腋，不容易看到。

台灣普遍栽植，而逸出野外。

海檬果屬 CERBERA

葉 互生或叢生枝頂。頂生聚繖花序，花冠筒長，裂片在芽時向左相疊。果實為核果，單生，橢圓形。
台灣有 1 種。

海檬果 | 屬名　海檬果屬
　　　　　 學名　*Cerbera manghas* L.

常綠小喬木，高可達 15 公尺。葉叢生枝端，革質，長橢圓形或橢圓形，長 10 ～ 35 公分，寬 2.3 ～ 7.5 公分，側脈 12 ～ 17 對，於葉緣連成緣脈，光滑無毛，葉柄長 1 ～ 6 公分。花白色，中央淡紅色。果實橢圓形，長 6 ～ 10 公分，成熟時紫黑色。

　　產於中國、印度、緬甸、馬來西亞、菲律賓、琉球及澳洲；在台灣分布於全島海岸附近。

果橢圓形，長 6 ～ 10 公分。

花白色，中央淡紅色。

葉叢生枝端，革質，長橢圓形或橢圓形。

隱鱗藤屬 CRYPTOLEPIS

木質藤本，光滑無毛，具乳汁。葉對生。聚繖花序；花萼五裂，內具 5 或 10 腺體；花冠鐘形，裂片披針形，向右相疊，副花冠裂片線形或棒狀；花粉器直立，花絲基部近合生。蓇葖果腹部開裂。

隱鱗藤

屬名　隱鱗藤屬
學名　*Cryptolepis sinensis* (Lour.) Merr.

細長藤本，小枝光滑無毛。葉長橢圓形至披針形，長 3.5 ～ 6.5 公分，寬 1 ～ 3 公分，先端突尖至漸尖，上表面深綠色，下表面蒼白色，側脈細，5 ～ 7 對。聚繖花序；花淡黃色，花冠筒長約 5 公釐，花瓣先端扭曲。蓇葖果細，長圓柱形。

　　產於東南亞及馬來西亞，在台灣分布於南部及東部低海拔之林緣或灌叢中。

花淡黃色

蓇葖果細長，圓柱形。

花冠筒長約 5 公釐，花瓣先端扭曲。

牛皮消屬 CYNANCHUM

直立或纏繞性草本或灌木。葉對生。花淡綠色或淡紫色，聚繖花序多呈繖形排列；花萼直立，基部具腺體；副花冠杯狀或筒狀，頂端淺裂或流蘇狀；花粉塊每室 1 個，下垂；柱頭五角形。蓇葖果成對或單一。

牛皮消

屬名　牛皮消屬
學名　*Cynanchum atratum* Bunge

直立藤本。葉橢圓形或闊卵形，長 5 ～ 10 公分，先端漸尖或急尖，兩面被短毛，側脈 6 ～ 7，葉柄長 3 ～ 10 公釐。繖形花序，幾無花序梗；花暗褐色或深紫色，副花冠筒狀，頂端淺裂。蓇葖果單一，直立。

　　產於東南亞，在台灣分布於苗栗及新竹之墳墓草生地或草坡上。稀有。

花暗褐或深紫色

直立藤本。葉橢圓或闊卵形，長 5 ～ 10 公分。

圖蓇葖果單一，直立。

結果之植株

薄葉牛皮消

屬名　牛皮消屬
學名　*Cynanchum boudieri* Lév & Van.

纏繞性半灌木，被疏短毛。葉膜質，闊卵形或卵心形，長4～18公分，寬4～17公分，先端漸尖，基部心形，側脈5～6，葉腋處有時具托葉狀小葉。繖形花序具花多朵；花冠白綠色，裂片長橢圓形，花後反折；副花冠五深裂，裂片橢圓形。蓇葖果線狀披針形。

　　產於中國；台灣分布於中部中海拔山區。

花正面（林哲緯攝）

蓇葖果線狀披針形

花冠白綠色，裂片長橢圓形，花後反折；副花冠五深裂，裂片橢圓形。

葉膜質，闊卵形或卵心形，長4～18公分。

台灣牛皮消

屬名　牛皮消屬
學名　*Cynanchum formosanum* (Maxim.) Hemsl. *ex* Forbes & Hemsl.

纏繞性灌木，除花序外全株無毛。葉紙質或革質，長橢圓形或橢圓形，長2.5～7公分，寬2～4公分，先端銳尖，側脈約4，葉腋處常見托葉狀小葉。聚繖花序著花數朵，具長1～1.6公分之花序梗；花冠淡黃色帶淡橘色。蓇葖果披針形，長7～9公分，徑1～1.5公分，光滑無毛。

　　產於中國南部，在台灣分布於全島低海拔之灌叢及草生地。

花冠淡黃色帶淡橘色

蓇葖果披針形，長7～9公分，徑1～1.5公分，光滑無毛。

葉長橢圓或橢圓形

蘭嶼牛皮消 特有種

屬名　牛皮消屬

學名　*Cynanchum lanhsuense* Yamazaki

纏繞性灌木，莖光滑無毛。葉革質，闊卵形，長 4 ～ 7.5 公分，寬 3 ～ 7 公分，先端短漸尖，側脈 5 ～ 6，兩面光滑無毛，葉腋處常見托葉狀小葉。總狀聚繖花序，花淡紅色，副花冠杯狀，約為蕊柱之 2 倍高。

　　特有種，分布於離島蘭嶼。

副花冠杯狀，約為蕊柱之 2 倍高，可與台灣牛皮消區別。

葉革質，兩面光滑，闊卵形。

毛白前

屬名　牛皮消屬

學名　*Cynanchum mooreanum* Hemsl.

多年生纏繞性藤本，全株可長達 2 公尺以上，被毛。單葉，對生，兩面被毛，卵形或卵狀心形，長 5 ～ 6 公分，寬 2.5 ～ 3.5 公分，先端銳尖，基部心形。聚繖花序腋生，花序梗長 1 ～ 2 公分，通常著花 4 ～ 8 朵，花兩性；萼片五裂，裂片三角形；花冠五裂，裂片狹三角形，紫紅色（或乳黃色，基部紫色）；副花冠五裂，裂片卵形，與花柱等長或略短。蓇葖果，長 8 ～ 9 公分。種子具冠毛。

　　分布於中國安徽、湖南、江蘇、河南、福建、廣東、浙江、江西及湖北等地；在台灣產於大肚山山區，馬祖、金門亦產。

花冠五裂，裂片狹三角形，紫紅；副花冠五裂，裂片卵形，與花柱等長或略短。

單葉對生，兩面被毛，卵形至卵狀心形，葉基心形，先端銳尖。

風不動屬 DISCHIDIA

匍 匍性草本，常於節上生根。葉對生（台灣產者），肉質。花白色，花萼基部具 5 腺體，花冠五裂，副花冠五裂，花粉塊每室 1 個。果實為蓇葖果。

台灣有 1 種。

風不動 特有種

屬名	風不動屬
學名	*Dischidia formosana* Maxim.

多年生匍匐性附生藤本，肉質，具乳汁，莖光滑，枝條綠色。葉圓形或倒卵形，長 1 ～ 2 公分，先端凹，側脈極不明顯，光滑無毛。花小，白色，花冠筒狀，先端深 五裂，裂片三角形，長 3 ～ 5 公釐，先端尾狀漸尖。果實細長。

特有種，分布於台灣中至低海拔之林緣或灌叢中。

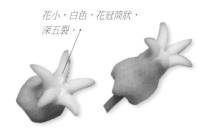

花小，白色，花冠筒狀，深五裂。

果細長

葉圓或倒卵形，側脈極不明顯，長 1 ～ 2 公分，先端凹，光滑。

華他卡藤屬 DREGEA

直 立或纏繞性草本或灌木。葉對生。花淡綠色或淡紫色，聚繖花序多呈繖形排列；花萼直立，基部具腺體；副花冠杯狀或筒狀，頂端淺裂或流蘇狀。花粉塊單生。果為蓇葖果成對或單一。

華他卡藤

屬名	華他卡藤屬
學名	*Dregea volubilis* (L. f.) Benth.

纏繞性灌木。葉略近革質，卵形，長 8 ～ 15 公分，寬 4 ～ 10 公分，先端銳或漸尖，基部截形或心形。花綠色，20 ～ 40 朵排成聚繖狀繖形花序；花冠輪狀，徑約 1.5 公分，副花冠星毛狀五裂。蓇葖果橢圓形，長達 10 公分。

產於中國之貴州、雲南、廣東、廣西，及印度、孟加拉、泰國、越南、印尼、菲律賓；在台灣分布於中、南部及小琉球之低海拔地區。

蓇葖果橢圓形，長達 10 公分。

花序頗大，美觀。

花綠色，20 ～ 40 朵排成聚繖狀繖形花序。

武靴藤屬 GYMNEMA

纏 繞性灌木，莖被柔細短毛。葉對生。聚繖花序呈繖形排列。花淡綠色，花冠裂片卵圓形，副花冠裂片小；花粉塊 2，直立。果實為蓇葖果。

武靴藤

屬名	武靴藤屬
學名	*Gymnema sylvestre* (Retz.) Schultes

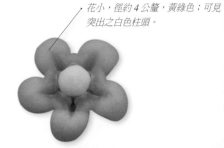

花小，徑約 4 公釐，黃綠色；可見突出之白色柱頭。

木質藤本。葉倒卵形或長橢圓形，長 2.5 ～ 6 公分，寬 1.5 ～ 3 公分，先端銳尖至漸尖，基部有一腺體，側脈 3 ～ 4，兩面光滑無毛。花小，徑約 4 公釐，黃綠色，表面有許多斑點。果實木質，長 5 ～ 7 公分，膨大。

產於中國南部及中南半島，在台灣分布於全島低海拔之灌叢中。

木質藤本。葉倒卵或長橢圓形。

果木質，長 5 ～ 7 公分，膨大。

布朗藤屬 HETEROSTEMMA

纏 繞性灌木。葉對生，基部三或五出脈。繖形花序；花冠裂片闊三角形，副花冠裂片大；花粉塊 2，直立。果實為蓇葖果。

布朗藤

屬名	布朗藤屬
學名	*Heterostemma brownii* Hayata

葉皮紙質，卵形或卵狀長橢圓形，長 8 ～ 10 公分，寬 5 ～ 6 公分，先端漸尖，基部具腺體，基出三至五脈，側脈 2 ～ 4 對。花黃色，花瓣上有褐斑；副花冠呈星狀，裂片長三角形，近基部有一厚的附屬體。

產於華南、海南島至華西；台灣西部及東北部低海拔之林緣或河床。

副花冠呈星狀，裂片長三角形，近基部有一厚的附屬體。

葉基脈 3 ～ 5 條，側脈 2 ～ 4 對，先端漸尖，基部具腺體。

纏繞灌木。葉對生。

毬蘭屬 HOYA

纏繞性藤本。葉對生，肉質。聚繖花序呈繖形排列；花冠肉質或臘質，副花冠裂片肉質，具縱溝；花粉塊 2。果實為蓇葖果。

毬蘭	屬名	毬蘭屬
	學名	*Hoya carnosa* (L. f.) R. Br.

莖節上生氣根。葉厚肉質，橢圓形，長 3.5 ～ 12 公分，寬 3 ～ 4.5 公分，先端鈍或圓，基部具 2 腺體，側脈不明顯。花冠輪狀，淡白色而心部粉紅色；副花冠星狀，裂片先端銳尖，中脊隆起。果實線形，長 7 ～ 10 公分。

　　產於中國南部、琉球及日本；在台灣分布於全島低海拔地區，多生於岩石或樹幹上。

副花冠星狀，先端銳形。

聚繖花序呈繖形排列

種子披針形

常附生在大樹上

果實長形

舌瓣花屬 JASMINANTHES

葉對生。繖形花序；花白色，花萼裂片近似葉狀，花冠筒內被柔毛，裂片向右相疊，副花冠直立，花藥直立，花粉塊每室 1 個，直立。果實為蓇葖果。

舌瓣花

屬名	舌瓣花屬
學名	*Jasminanthes mucronata* (Blanco) Stevens & Li

纏繞性灌木，莖被二列毛。葉卵狀橢圓形，長 5 ～ 12 公分，寬 4 ～ 8 公分，先端漸尖，基部心形至鈍，側脈約 8 對。繖形花序，著花 2 ～ 4 朵，腋生；花白色，有芳香；萼片深五裂至基部，裂片披針形；花冠筒圓筒形，長約 3 公分。種子密生毛茸。

　　產於亞洲南部；在台灣分布於低海拔之森林中，常攀於樹幹上。

萼片五裂，深裂至基部，裂片披針形。

花冠內部

種子密生毛茸

纏繞灌木。葉卵狀橢圓形。

繖形花序，腋生。

牛彌菜屬 MARSDENIA

纏 繞性灌木。葉對生。繖形花序，花萼內面基部具腺體，花冠裂片向右相疊，副花冠常肉質，花藥頂端具膜片，花粉塊每室 1 個，直立。果實為蓇葖果。

菁葖果碩大

台灣牛彌菜

屬名　牛彌菜屬
學名　*Marsdenia formosana* Masam.

幼莖被細絨毛，全株富含白色乳汁。葉薄革質，闊卵形，長 9 ～ 15 公分，寬 4 ～ 11 公分，先端突尖或短漸尖，基部心形或截形，基部具許多腺體。花淡黃綠色，花冠喉口具毛狀物，柱頭長喙狀突出，長 3 ～ 4 公釐。

　　產於琉球，在台灣分布於低至中海拔之灌叢或林緣。

種子

花冠喉口具毛狀物

葉薄革質，闊卵形。

絨毛芙蓉蘭

屬名　牛彌菜屬
學名　*Marsdenia tinctoria* R. Br.

幼莖被細絨毛。葉卵狀長橢圓形，長 6 ～ 12 公分，寬 0.5 ～ 3.5 公分，先端突尖或短漸尖，基部心至圓形，具 2 ～ 5 腺體，側脈 4 ～ 7，兩面被毛。繖形花序，花白色，花冠喉口具毛狀物。果實長 4 ～ 7.5 公分，被長毛。

　　產於日本南部，在台灣分布於全島低海拔之灌叢或林緣。

花白色，花冠喉口具毛狀物。

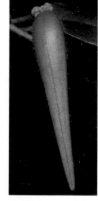

果實長 4 ～ 7.5 公分，被長毛。

葉卵狀長橢圓形，長 6 ～ 12 公分，寬 0.5 ～ 3.5 公分，先端突尖或短漸尖，基部心至圓形，兩面被毛，側脈 4 ～ 7 對。

繖形花序

山橙屬 MELODINUS

攀 緣性灌木。葉對生。聚繖花序，花冠筒喉部具厚鱗片，花冠裂片在芽時向左相疊，雄蕊著生於花冠基部。果實為漿果，球形。

山橙 特有種

屬名	山橙屬
學名	*Melodinus angustifolius* Hayata

攀緣性灌木，植株無毛，枝條細長。葉線狀披針形，長6～9公分，寬1～2公分，先端漸尖，上表面深綠色，下表面淺綠色，兩面均光滑無毛，葉柄長2～4公釐。花冠高杯狀，白色，花冠筒長約8公釐，先端五裂，裂片旋轉狀。果實長橢圓形，長約5公分，徑約2.5公分。

特有種，稀疏分布於台灣全島，以南部及台東較常見，生長於灌叢中。

果實長橢圓形

葉線狀披針形，長6～9公分，寬1～2公分，先端漸尖。（郭明裕攝）

花冠高杯狀，白色，花冠筒長約8公釐，先端五裂，裂片旋轉狀。（郭明裕攝）

爬森藤屬 PARSONSIA

攀 緣性灌木。葉對生。聚繖花序，花冠白色，冠筒喉部緊縮，裂片在芽時向右相疊，開花時直立，花藥基部具距。果實為蓇葖果。

台灣有1種。

爬森藤

屬名	爬森藤屬
學名	*Parsonsia laevigata* (Moon) Alston

常綠木質藤本，莖多向左纏繞，長可達4公尺，枝光滑無毛。葉革質，卵狀橢圓形或長橢圓狀橢圓形，長4～15公分，寬3～7公分，先端具短尖頭，基部銳尖或圓，側脈4～6，葉柄長1～3公分。花黃色，成繖房狀聚繖花序；雄蕊著生於花冠筒中部之下，花絲纏繞，花藥有基部翅，伸出花冠筒外。果實長橢圓形。

產於中國南部及熱帶亞洲，在台灣生長於海岸之灌叢中。

葉卵狀橢圓形或長橢圓狀橢圓形，先端具短尖頭。

果長橢圓形

雄蕊著生於花冠筒中部之下

雄蕊花絲纏繞，花藥伸出花冠筒外。

蘿芙木屬 RAUVOLFIA

直立灌木。葉輪生，葉腋間與葉腋內具腺體。聚繖花序，花冠白色，冠筒中部膨大且內面常被長柔毛，裂片向左相疊，花柱纖細。果實為核果，成對。

四葉蘿芙木

屬名	蘿芙木屬
學名	*Rauvolfia tetraphylla* L.

灌木，高可達 2 公尺。葉多 4 枚輪生，大小不等，膜質，卵圓形至橢圓形，幼葉被絨毛，老葉則近平滑，側脈 5 ～ 12 對。花冠白色，花冠筒長 2 ～ 3 公釐，內部被長柔毛。果實成熟時朱紅色。

原產於南美洲，目前亞洲各地皆有栽植；在台灣歸化於恆春墾丁。

花冠白色，花冠筒長2～3公釐，內部被長柔毛。

果熟呈朱紅色

葉多4枚輪生，大小不等。

蘿芙木

屬名	蘿芙木屬
學名	*Rauvolfia verticillata* (Lour.) Baill.

常綠小灌木，高可達 3 公尺。葉對生或 3 ～ 4 枚輪生，橢圓形或長橢圓形，長 7 ～ 12 公分，寬 2 ～ 4 公分，先端漸尖或急尖，基部楔形或漸尖。花冠筒長 1 ～ 1.8 公分；柱頭棒狀，基部具一環狀薄膜。

產於中國及中南半島；在台灣分布於全島低海拔地區，尤以恆春半島為多，台北及台中亦有零星分布。

花冠裂片向左相疊

葉對生或 3 ～ 4 枚輪生，橢圓或長橢圓形。本植株生於淡水竹圍。

果熟紅色

羊角拗屬 STROPHANTHUS

小 喬木或灌木。葉對生，羽狀脈。花大，排成頂生的聚繖花序；花萼五深裂，裂片覆瓦狀排列，內面基部有 5 枚或更多腺體；花冠漏斗狀，裂片 5 枚，裂片先端延長成一長尾，喉部較闊，有五裂或 10 個離生的附屬體；雄蕊內藏，花藥環繞著花柱，花柱頂端絲狀；心皮 2，分離，有胚珠多粒。蓇葖果大，木質。種子有喙及豐富的種毛。

羊角拗

屬名	羊角拗屬
學名	*Strophanthus divaricatus* (Lour.) Hook. & Arn.

常綠灌木，具有攀緣性，有時呈匍匐生長，枝條皮孔明顯，具有乳汁。葉對生，薄紙質，全緣或波狀緣。花黃色，常 1～3 朵成頂生聚繖花序；花萼五深裂；花冠五裂，先端延伸成尾狀捲曲；雄蕊 5，柱頭棍棒狀。蓇葖果常兩個對生於枝端，成熟時木質化的果莢會從內側一邊自行開裂。種子紡錘形，頂端附生一叢絹質纖毛。

分布於中國廣西、廣東、福建、貴州、越南及寮國等地，生於山坡或路旁灌木叢中；台灣產於離島金門。

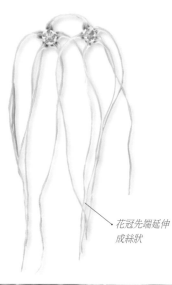

花冠先端延伸成絲狀

果實裂開，露出種子。

木質藤本，晚春盛花。

馬蹄花屬 **TABERNAEMONTANA**

直立喬木或灌木。葉對生，具托葉，呈針狀或三角形，基部擴大、合生。花白色或灰黃色，成繖形聚繖花序；花冠筒高杯狀，裂片向左相疊；花藥長橢圓形。果實為蓇葖果。

蟾蜍樹

屬名	馬蹄花屬
學名	*Tabernaemontana elegan* Stapf

莖幹直立，多分枝，枝條長，灰褐，樹皮有縱裂紋，單葉對生，葉長橢圓形，葉端漸尖，葉基鈍或微楔狀，全緣葉，葉面綠色，羽狀脈，中肋顯著，無托葉，具葉柄，兩性花，聚繖花序，呈繖形排列，花萼五裂，花萼內基部具腺體，花冠高腳碟形，星狀螺旋排列，花瓣緣皺摺，花白色，花冠裂片泛黃色，具香氣，雄蕊5枚，著生於花冠筒，花絲離生，雌蕊心皮二枚，離生，花柱1枚，子房上位，二室，側膜胎座，蓇葖果，卵狀，熟果褐色，有稜，形狀與果皮像蟾蜍，表面疣狀，粗糙，有毒勿食。

　　原產於熱帶東非、南非。早期引進台灣栽培，目前在南投竹山地區已有歸化，海拔約150～250公尺之間。

花淡黃白色，具香氣。（楊智凱攝）

蓇葖果密布疣狀突起（楊智凱攝）

本種外型為多分枝的喬木（楊智凱攝）

南洋馬蹄花

屬名	馬蹄花屬
學名	*Tabernaemontana pandacaqui* Lam.

多年生常綠灌木，高2～5公尺。葉近革質，橢圓形至長橢圓形，長9～15公分，寬3～6公分，先端漸尖或銳尖。花冠白色，高杯狀，輻射對稱，花冠筒圓柱狀，長1.3～1.8公分，先端五裂，裂片斜長圓形，呈鐮刀狀，裂片向左覆蓋，基部呈風車狀。果實由2枚卵形的蓇葖果組成，前端尾狀尖出，有三至五稜，成熟時橘紅色。

　　產於印尼、馬來西亞、菲律賓、泰國、澳洲及太平洋群島；引進台灣後逸出，分布於恆春半島。

花冠裂片向左覆蓋，基部呈風車狀。

葉近革質，橢圓形至長橢圓形，長9～15公分。

蘭嶼馬蹄花

屬名　馬蹄花屬
學名　*Tabernaemontana subglobosa* Merr.

灌木或小喬木，高 2 ～ 4 公尺。葉革質，長橢圓形，長 9 ～ 15 公分，寬 3 ～ 8 公分，先端圓或鈍，兩面皆光滑無毛，中肋於兩面皆隆起，側脈每邊 15 ～ 20 條，於葉背顯著隆起。繖房花序頂生，花白色，花冠筒長 5 ～ 12 公釐。果實由 2 枚卵形的蓇葖果組成，長 3 ～ 4 公分，寬約 2 公分，成熟時橘紅色。

　　產於印度及斯里蘭卡，在台灣分布於離島蘭嶼之灌叢中。

花呈風車狀

果實由 2 枚卵形的蓇葖果組成，長 3 ～ 4 公分，寬約 2 公分，成熟時橘紅色。

葉革質，長橢圓形。

夜香花屬 TELOSMA

纏繞性灌木。葉對生，紙質或膜質。繖形花序，花金黃色或黃綠色，花冠裂片向右相疊，副花冠直立，花粉塊每室 1 個，直立。果實為蓇葖果。

夜香花

屬名　夜香花屬
學名　*Telosma pallida* (Roxb.) Craib.

枝被微毛。葉闊卵形，長 8 ～ 9.5 公分，先端短漸尖，基部心形且五出脈，側脈 4 ～ 5 對。

　　產於印度、緬甸、尼泊爾、巴基斯坦、泰國及越南；在台灣分布於外雙溪、車城、保力及大漢山林道，近年來無採集或影像之紀錄。

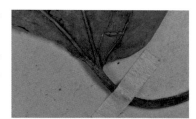
葉基部心形且 5 出脈（謝佳倫攝）

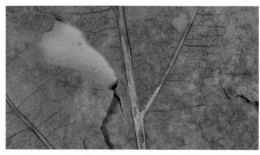
葉光滑無毛（謝佳倫攝）

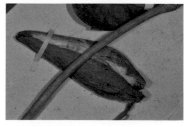
蓇葖長圓狀披針形。種子頂端具白色絹質種毛。（謝佳倫攝）

藤狀灌木。葉膜質，卵狀心形，先端短漸尖，基部心形且 5 出脈，側脈 4-5 對。（謝佳倫攝）

絡石屬 TRACHELOSPERMUM

攀 緣性灌木。葉對生。聚繖花序，頂生或腋生；花冠筒筒形，裂片向右相疊；花藥箭形，靠合粘著於柱頭，花絲短直立；花盤五深裂。果實為蓇葖果，成對生長。

亞洲絡石（蘭嶼絡石）

屬名	絡石屬
學名	*Trachelospermum asiaticum* Nakai

全株光滑無毛。葉倒卵形至稀橢圓形，長 2 ～ 10 公分，寬 1 ～ 5 公分，先端鈍，兩面光滑無毛。花冠筒內壁有短毛，花藥略突出於花冠口。蓇葖果線形，長 10 ～ 30 公分。

產於中國、印度、日本、韓國及泰國；在台灣分布於離島蘭嶼及綠島之山溝兩側或林下。

花冠筒內壁有短毛，花藥略突出於花冠口。

蓇葖果線形，長 10 ～ 30 公分。

全株光滑。葉倒卵形至稀橢圓形，先端鈍，兩面光滑。

台灣絡石

屬名	絡石屬
學名	*Trachelospermum bodinieri* (H.Lév.) Woods. *ex* Rehd.

幼莖被毛或光滑。葉近革質，橢圓形，長 2.7 ～ 4.2 公分，先端漸尖或略成尾狀，光滑無毛。萼片長約 2 公釐，光滑或微毛，花白色，花冠筒光滑無毛，花冠筒口部光滑無毛，花藥深含於花冠筒內。

產於中國華南、華中至華西；在台灣分布於中、南部，通常生於海拔 600 公尺以上山區。

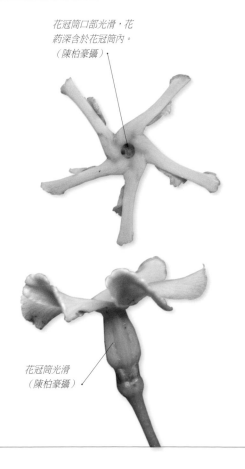

花冠筒口部光滑，花藥深含於花冠筒內。（陳柏豪攝）

花冠筒光滑（陳柏豪攝）

分布於台灣中、南部山區，通常生於海拔 1,000 公尺以下。（陳柏豪攝）

細梗絡石

屬名　絡石屬
學名　*Trachelospermum gracilipes* Hook. f.

枝光滑，或幼枝略被淡褐色細毛。葉橢圓形或長橢圓形，長 3 ～ 10 公分，寬 1.5 ～ 4 公分，先端銳尖或鈍，光滑無毛。聚繖花序，長 2 ～ 4 公分，光滑無毛；花冠白色，微帶香味，花徑 2.5 ～ 3 公分，花藥略突出於花冠口，花冠筒口光滑無毛。

　　產於中國、印度東北部及中南半島；在台灣分布於全島低海拔之灌叢、林緣或近海岸地帶。

花藥略突出於花冠口，
花冠筒口光滑無毛。

葉橢圓形或長橢圓形

絡石

屬名　絡石屬
學名　*Trachelospermum jasminoides* (Lindl.) Lemaire

全株殆平滑，惟幼嫩部分及葉背密被絨毛。葉近革質，橢圓形至長橢圓形，長 2 ～ 10 公分，寬 1 ～ 4.5 公分，先端銳尖，兩面被毛。萼片葉狀，長 2 ～ 5 公釐，先端反捲，被毛；花冠筒被長毛或光滑，冠口被毛，花藥深含筒內。

　　產於中國中部及南部，在台灣分布於全島低海拔之灌叢及林緣。

葉兩面被毛

分布於台灣全島低海拔之灌叢或林緣

花冠口被毛，花藥深含花冠筒內。萼片不直立，反捲。

鷗蔓屬 TYLOPHORA

纏繞

繞性灌木。葉羽狀脈，稀三出脈。繖形或短總狀花序再排成聚繖狀；花萼五裂，內面基部有或無腺體；花冠五裂，裂片向右相疊，副花冠由5肉質裂片組成；花絲合生成筒狀，花藥直立，花粉塊圓球狀，多平展。果實為蓇葖果，對生。

光葉鷗蔓

屬名	鷗蔓屬
學名	*Tylophora brownii* Hayata

花冠略大型，徑約達1公分，光滑。

葉卵形，或偶為長橢圓形，先端銳尖或漸尖，基部圓或心形，兩面近光滑，葉緣有毛。花冠輪狀，黃白色或淡紅色，徑約1公分，裂片卵狀三角形，光滑無毛，花梗殆光滑。蓇葖果長橢圓狀披針形，外面平滑。與鷗蔓（*T. ovata*，見185頁）主要不同之處在於：莖光滑或近光滑，葉表面光滑無毛，花冠略大，徑約達1公分。

產於中國廣東，在台灣分布於北部、墾丁及蘭嶼。

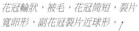

蓇葖果長橢圓狀披針形，外面平滑。　　葉表面光滑無毛；攝於關渡。　　開花植株；攝於小蘭嶼。

海島鷗蔓 特有種

屬名	鷗蔓屬
學名	*Tylophora insulana* Tsiang & P.T. Li

花冠輪狀，被毛，花冠筒短，裂片寬卵形，副花冠裂片近球形。

藤本，長可達2公尺，全株被短柔毛。葉紙質，披針形，長3.5～7公分，寬0.8～1.5公分，先端漸尖，基部截形至微心形，側脈3～5對，葉柄長約5公釐。聚繖花序，多花，花序短於葉，花軸單一，長於花序梗；萼片披針形，無腺體，花冠輪狀，被毛，花冠筒短，裂片寬卵形，副花冠裂片近球形，先端圓形，高達到藥隔基部，花藥長圓形，子房無毛，花梗細長。

特有種，分布於台灣南部。

藤本，長可達2公尺。（郭明裕攝）　　　　　　　　　　　果實及種子（郭明裕攝）

蘭嶼鷗蔓 特有種

屬名　鷗蔓屬
學名　*Tylophora lanyunsis* Y. C. Liu & F. Y. Lu

與光葉鷗蔓（*T. brownii*，見 183
頁）相似，但其葉緣無毛，而花
冠裂片有毛被物，不是光滑的。
　　特有種，分布於離島蘭嶼、
綠島之海濱及山坡。

花冠裂片有毛被物

本種與光葉鷗蔓相似，但其葉緣無毛。

開花植株，蘭嶼植株。

呂氏鷗蔓 特有種

屬名　鷗蔓屬
學名　*Tylophora lui* Y. H. Tseng & C. T. Chao

多年生纏繞性藤本植物，莖疏被毛。葉披針形，上表面疏被毛，下表面光滑，長 5.5 ～ 6.5 公分，寬 1.4 ～
2.1 公分。花序腋生，聚繖花序排列為繖形狀，光滑，每一節著生 3 ～ 5 朵花，花冠紅色，5 裂。蓇葖
果通常 2 枚，種子多數。
　　呂氏鷗蔓形態近似於鷗蔓 （*T. ovata*） 及海島鷗蔓 （*T. insulana*），但本種的葉面疏被毛、花序
光滑、花序每節具 3 ～ 5 朵花及較長的小花梗與上述種類區別。
　　特有種，本種目前僅發現於北大武山。

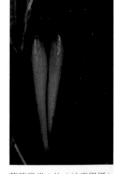

蓇葖果常 2 枚（曾彥學攝）

花紫紅色，單一節常著生 3 ～ 5 朵花。（曾彥學攝）

葉對生，長披針形。花序光滑。（曾彥學攝）

疏花鷗蔓 特有種

屬名　鷗蔓屬
學名　*Tylophora oshimae* Hayata

莖柔軟，被毛。葉狹披針形，橢圓形或長橢圓形，長 3 ～ 9 公分，寬 0.3 ～ 2 公分，先端銳尖、漸尖或漸變狹，常具小突尖，基部鈍或圓，三出脈，沿脈被毛。短穗狀花序呈聚繖狀排列，花未開放時呈卵形；花冠淡紫色，五裂，裂片卵狀橢圓形，鈍頭；花萼裂片卵形。蓇葖果披針形，長 7 ～ 9 公分。

特有種，產於台灣北部、中部及東部低海拔地區林緣。

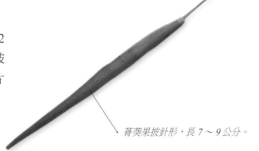

蓇葖果披針形，長 7 ～ 9 公分。

葉狹披針形，橢圓形或長橢圓形，長 3 ～ 9 公分，寬 0.3 ～ 2 公分。

短穗狀花序呈聚繖狀排列

鷗蔓

屬名　鷗蔓屬
學名　*Tylophora ovata* (Lindl.) Hook. *ex* Steud.

莖柔軟，被毛或略被毛。葉卵形或披針狀卵形，先端具突尖（成熟葉），基部心形或近心形，密被毛或僅脈上被毛。短總狀花序呈聚繖狀排列；花萼裂片披針形，被長疏毛；花冠輪狀，徑 5 ～ 8 公釐，外側黃綠色，花心略紫色。蓇葖果長橢圓狀披針形，外面平滑，先端漸尖，長 4 ～ 7 公分，徑 3 ～ 12 公釐。

產於中國南部及中南半島，在台灣分布於全島及離島之低海拔林緣。

蓇葖果長橢圓狀披針形，外面平滑，先端漸尖，長 4 ～ 7 公分，徑 3 ～ 12 公釐。

花冠輪狀，外側黃綠色，花心略紫色，徑 5 ～ 8 公釐。

葉卵形或披針狀卵形，先端具突尖，基部心形或近心形。

蘇氏鷗蔓 特有種

屬名　鷗蔓屬

學名　*Tylophora sui* Y. H. Tseng & C. T. Chao

莖蔓性，被絨毛。葉近圓形，先端常有短突尖，基部心形，側脈 3 ～ 4，表面光滑無毛。花冠黃色，基部紅褐色，兩面光滑無毛。菁葖果長橢圓狀披針形，外面平滑。

　　特有種，產於恆春半島海邊。

花冠黃色，基部紅褐色，兩面光滑。(林哲緯攝)

產於恆春半島海邊

葉圓形，表面光滑，側脈 3 ～ 4 對，先端常有短突尖。

開花之植株

台灣鷗蔓 特有種

屬名　鷗蔓屬

學名　*Tylophora taiwanensis* Hatusima

纏繞性灌木，莖柔軟，略被毛。葉線狀披針形，略被毛，先端漸變狹而具尖頭（成熟葉），基部近心形或圓。短總狀花序呈聚繖狀排列，花萼裂片長三角形或卵狀三角形，花冠全為鮮黃色。

　　特有種，分布於台灣低海拔之林緣。

花鵝黃色

纏繞藤本，夏至秋開花。

酸藤屬（水壺藤屬）URCEOLA

攀 緣性藤本。葉對生。花排成圓錐形之總狀花序，花冠裂片在芽時向右相疊；雄蕊 5 枚，著生在花冠基部，花藥披針狀箭頭形，基部具距；子房為 2 枚離生心皮組成，花柱短，柱頭卵圓形或長圓形，頂為二裂。果實為蓇葖果，圓條形。

乳藤

屬名	酸藤屬
學名	*Urceola micrantha* (Wall. *ex* G. Don) D.J. Middleton

大型藤本，小枝粗直，全株具白色乳汁。葉革質，卵形至橢圓形，長 4 ～ 9 公分，寬 2 ～ 9 公分，先端尾狀漸尖，葉背灰綠色，無紅斑，側脈 3 ～ 4 對。花序長 4 ～ 15 公分，花疏鬆排列，黃白色，小，花冠裂片長 2 公釐，內部具毛狀物。

　　產於中國南部及琉球，在台灣分布於全島低海拔之林緣。

葉背綠色，中肋不為紅色。

全株含白色乳汁

花黃白色，小，花冠裂片長 2 公釐，內部具毛狀物。

疏鬆花序，花序長 4 ～ 15 公分。

酸藤

屬名	酸藤屬
學名	*Urceola rosea* (Hook. & Arn.) D.J. Middleton

小枝纖細。葉長 3 ～ 5 公分，寬約 2 公分，先端短尾狀，側脈約 6 對，葉背常具紅斑，中肋紅色，葉具酸味。聚繖狀圓錐花序，頂生，花數甚多；花淡紅色，徑 3 ～ 4 公釐，喉部有毛，花萼細小。果實長 10 ～ 15 公分，寬 3 ～ 5 公釐，先端銳尖。

　　產於中國、爪哇及蘇門答臘；在台灣分布於全島低海拔之林緣。

花淡紅色，徑 3 ～ 4 公釐，喉部有毛。

葉背中肋紅色

葉長 3 ～ 5 公分，寬約 2 公分，先端短尾狀，側脈約 6 對。

果實長 10 ～ 15 公分，寬 0.3 ～ 0.5 公分。

龍膽科 GENTIANACEAE

草本或藤本，稀灌木狀或小喬木。單葉，對生，全緣或不明顯細齒緣。花單生或排成聚繖狀或密錐狀，花兩性，4～5數，花萼筒狀，花冠筒多種形狀，裂片捲旋，雄蕊與花瓣互生。果實為蒴果，稀漿果。

特徵

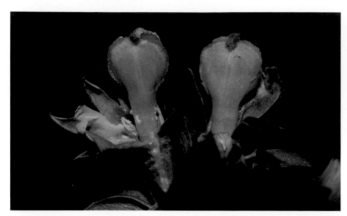

蒴果，稀漿果。（竹林龍膽）

花兩性，花4～5數；雄蕊與花瓣互生，插生於花冠上。（大漢山當藥）

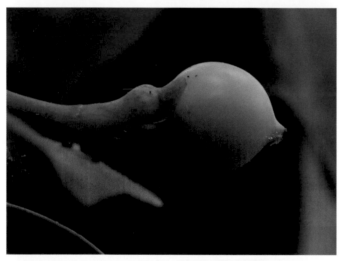

少數種類為漿果（灰莉）

花4～5數，雄蕊與花瓣互生。（灰莉）

單葉，對生，全緣或不明顯細齒緣。（彎大當藥）

花冠筒多種形狀，裂片捲旋。（阿里山龍膽）

百金屬 CENTAURIUM

＿＿年生草本；莖直立，具分枝，枝略成四稜形。葉無柄，全緣。花序聚繖狀，花部 5 數，萼片外側常有稜脊，花冠裂片平展，花常無梗。果實為蒴果，2 瓣裂。

百金

屬名	百金屬
學名	*Centaurium japonicum* (Maxim.) Druce

株高 5 ～ 30 公分，無毛。葉卵形至橢圓形，長 0.8 ～ 2.2 公分，先端鈍圓，主脈 1 ～ 3。花冠外側白色，內側粉紅色，柱頭 1。果實狹橢圓形，長 8 ～ 10 公釐。

　　產於日本及琉球；在台灣分布於北部、東部、蘭嶼及綠島之海濱沙地及岩縫。

花無梗，花萼裂片長 6 ～ 8 公釐。

喜生近海邊之砂地上

百金花

屬名	百金屬
學名	*Centaurium pulchellum* (Swartz) Druce var. *altaicum* (Griseb.) Hara

一年生草本，高 15 ～ 40 公分，莖直立，上部分支，枝略成四稜形。葉對生，橢圓狀卵形，長 2 ～ 3 公分，寬 3 ～ 6 公釐，近無柄。聚繖狀花序腋生或頂生，花粉紅色，具短梗，花萼裂片三角形，花冠粉紅色，五裂，雄蕊 5 枚，柱頭 2。

　　產於中國、印度、俄羅斯及中亞；在台灣分布於北海岸及基隆山區。

葉長 2 ～ 3 公分

花具梗，柱頭 2。（vs. 百金的花無梗）

株高 15 ～ 40 公分

灰莉屬 FAGRAEA

喬木或灌木，有時蔓性。葉對生，全緣，葉柄基部膨大或由托葉鞘合生。花排成總狀或繖房狀的圓錐花序，稀單生，花部 5 數，子房 1 或 2 室。果實為漿果。

灰莉

屬名	灰莉屬
學名	*Fagraea ceilanica* Thunb.

小灌木或小喬木，小枝具明顯葉痕。葉對生，革質，倒卵狀橢圓至長橢圓形，長 8 ～ 12 公分，先端，葉柄基部膨大或由托葉鞘合生。花冠白色，鐘形，長約 4.5 公分，冠筒長約 3 公分，花瓣 5 枚，雄蕊 5，柱頭綠色。果實卵形，長約 3.5 公分。

　　產於海南島，在台灣僅見於恆春半島的潮濕森林中。

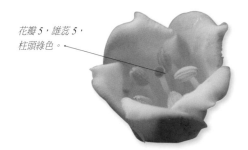

花瓣 5，雄蕊 5，柱頭綠色。

果卵形，長約 3.5 公分。

6 月時果實已漸漸成熟

龍膽屬 GENTIANA

草本，莖斜立至直立。葉偶成基生蓮座狀，無柄或具短柄。花序腋生或頂生，花部（4～）5數；花萼裂片絲狀至卵形；花冠管狀鐘形至壺形，裂片間有裂片狀附屬物；雄蕊著生於花冠筒。果實為蒴果，圓柱狀至橢圓形，有翼。

阿里山龍膽 特有種

屬名	龍膽屬
學名	*Gentiana arisanensis* Hayata

多年生草本，斜立，高3～5公分，花時高至13公分，莖常在較上部分支，常密集叢生。葉內摺，密生莖上，卵形，先端芒刺狀漸尖。花單生於枝頂，花冠裂片狹三角形，藍色或紫藍色。果實倒卵形，長5～7公釐，寬3～4公釐。

特有種，分布於台灣中、高海拔之向陽處。

葉內摺，卵形，密生莖上，芒刺狀漸尖頭。

花單生枝頂，藍色或紫藍色，花冠裂片狹三角形。

竹林龍膽 特有種

屬名	龍膽屬
學名	*Gentiana bamvuseti* T. Y. Hsieh, T. C. Hsu, S. M. Ku & C. I Peng

二年生草本，上部莖直立，長2.5～5公分，光滑無毛，單一至多分枝自中部生出，節間短，頂端具多枚葉片。葉片邊緣具纖毛，軟骨狀，先端芒狀漸尖，粗糙；下部葉片較大，近圓形至橢圓形，長1.5～2.3公分，寬1～1.3公分；上部葉片逐漸變小，狹橢圓形、披針形或線狀倒披針形，長至2公分。花序頂生及腋生，似頭狀或有時似聚繖花序，著花2～10朵，近無柄；花較小，長9～12公釐，花瓣合生，四或五裂，裂片三角形，長約1.5公釐，裂片前端白中帶淡藍色，先端漸尖；萼筒管狀鐘形，長4.5～6公釐，具4或5肋，粗糙；花萼裂片4或5枚，披針形，長2.5～4公釐，寬1公釐，邊緣略為粗糙；裂片間的摺全緣，先端二裂或不規則裂；雄蕊4或5，長約1公釐，淺黃色。蒴果倒卵形至橢球形，長約1公分，2瓣，沿著縫線具不明顯細鋸齒翼狀構造，著生於宿存花冠筒上方。

特有種，以往僅知零星分布於中阿里山山區及中部海拔1,400～1,700公尺的竹林邊緣，浸水營古道的闊葉樹林內亦有新發現的生育地。

花柱長約2公釐，柱頭二岔且於開放時反捲。

種子多數，卵形，具微小縱向網紋，長約0.4公釐，寬0.2公釐，黑褐色。

嘉義的族群大都分布在竹林內或邊緣

台灣龍膽 特有種

屬名	龍膽屬
學名	*Gentiana davidii* Franch. var. *formosana* (Hayata) T. N. Ho

多年生草本，高可達 12 公分。基生葉狹披針形或線形，長 3 ～ 6 公分，寬 6 ～ 8 公釐，先端鈍；莖生葉與基生葉同形，較小。花無梗，腋生，通常擠在枝端葉腋處；花冠藍色或淡藍色，甕形，長 1.5 ～ 2.3 公分。果實卵形至橢圓形，長 8 ～ 10 公釐。

特有變種，分布於台灣中至高海拔草地之半遮陰處或路旁，也發現於陽明山海拔 500 公尺山區。

基生葉狹披針形或線形。花冠藍或淡藍色，甕形，長 1.5 ～ 2.3 公分。

黃斑龍膽 特有種

屬名	龍膽屬
學名	*Gentiana flavomaculata* Hayata var. *flavomaculata*

一年生草本，莖粗糙，高 6 ～ 10 公分。基生葉披針形或卵形，長 2 ～ 2.5 公分；莖生葉與基生葉同形，較小，芒刺狀漸尖頭。花萼線狀三角形，邊緣全緣；花冠鐘形，長 1.2 ～ 1.8 公分，淡黃白色至白色，中部有黃斑或綠黃斑，花藥黃色至淡粉紅色。果實倒卵形。

特有種，分布於台灣中至高海拔草地之半遮陰處或潮濕山坡。

中部有黃斑或綠黃斑，花長 1.2 ～ 1.8 公分。

基生葉披針形或卵形，長 2 ～ 2.5 公分；莖生葉與基生葉同形，較小，芒刺狀漸尖頭。花藥黃至淡粉紅色。

花萼線狀三角形，邊緣全緣。

鴛鴦湖龍膽 特有種

屬名	龍膽屬
學名	*Gentiana flavomaculata* Hayata var. *yuanyanghuensis* C. H. Chen & J. C. Wang

一年生草本，高 5 ～ 8 公分，莖通常多分枝。葉對生，闊披針形或長卵形，先端銳尖；基生葉較大，長約 2 公分，寬 7 ～ 8 公釐；莖生葉長 0.5 ～ 1 公分，寬 3 ～ 4 公釐。花單生，著生在分支的頂端；花萼鐘形，長 4 ～ 5 公釐，先端五裂，裂片銳尖；花冠長筒狀，鐘形，淡黃色或白色，先端十裂，裂片 5 大 5 小；雄蕊 5，著生在靠近花冠基部；子房細長，長約 6 公釐；花梗長 2 ～ 4 公釐，至果熟時可伸長至 1 公分。蒴果倒卵形，長約 6 公釐，寬約 3 公釐，成熟時從先端二岔開裂，內含種子多數。與承名變種（黃斑龍膽，見前頁）之主要差別在於：基生葉長約 2 公分，花藥粉紅色或淡紅色，花長 1.2 ～ 1.6 公分 。

　　特有變種，分布於台灣北部中海拔山區。

花藥粉紅或淡紅色

蒴果倒卵形，長約 6 公釐，寬約 3 公釐。

基生葉披針形或卵形，長約 2 公分。

高山龍膽 特有種

屬名	龍膽屬
學名	*Gentiana horaimontana* Masam.

一年生草本，高 3 ～ 5 公分，莖為黃綠色至褐黃色，通常有分支且密集叢生。基生葉披針形或卵形，長 3 ～ 10 公釐，先端芒刺狀漸尖；莖生葉較狹小，僅 3 ～ 5 公釐，先端均具有芒刺狀或漸尖。花冠淡黃色至黃色。果實倒卵形，長僅 2 ～ 3 公釐。

　　特有種，十分少見，僅產於台灣海拔 3,600 ～ 3,900 公尺之刺柏灌叢下或石灰岩地。

植物體很小，高 3 ～ 5 公分。果倒卵形，長僅 2 ～ 3 公釐。

莖為黃綠色至褐黃色，通常有分支且密集叢生。

伊澤山龍膽 特有種

屬名	龍膽屬
學名	*Gentiana itzershanensis* T. S. Liu & Chiu C. Kuo

一年生草本，高 10 ～ 25 公分，莖通常分支，粗糙。基生葉披針形至線狀披針形，長 1 ～ 2 公分；莖生葉狹披針形，較小，先端芒刺狀漸尖。花萼裂片線形，花瓣黃色。果實倒卵形或橢圓形，長 5 ～ 6 公釐。

特有種，分布於雪山附近之高海拔開闊地。

花瓣黃色

花萼裂片線形

高雄龍膽 特有種

屬名	龍膽屬
學名	*Gentiana kaohsiungensis* C. H. Chen & J. C. Wang

一年生草本，高 8 ～ 15 公分，莖通常分支，粗糙。基生葉卵形至披針形，長 1.5 ～ 2.2 公分；莖生葉與基生葉同形，較小，先端芒刺狀漸尖。花萼裂片線狀三角形；花冠淡黃色至淡黃白色，偶有黃色或白色者，長 1.7 ～ 2 公分。果實倒卵形，長約 7 公釐。

特有種，分布於中央山脈南段中至高海拔之半遮陰及開闊地。

花淡黃色，偶有白色者。
（楊智凱攝）

萼片線狀三角形

花冠長 1.7 ～ 2 公分。（vs. 黃斑龍膽 1.2 ～ 1.8 公分）（楊智凱攝）

黑斑龍膽 特有種

屬名	龍膽屬
學名	*Gentiana scabrida* Hayata var. *punctulata* S. S. Ying

一年生草本，高 10 ～ 20 公分。基生葉革質，卵形或披針形，長 1.2 ～ 1.7 公分，寬 3 ～ 5 公釐，先端漸尖，基部抱莖，光滑或略有粗毛，中肋於表面凹下，背面突起。花 1 ～ 2 朵，偶有 3 朵者；花萼鐘形，裂片卵形，長 5 ～ 7 公釐；花冠鐘形，長 1.7 ～ 2.3 公分，淡黃色，基部有黑色的斑點。果實倒卵形，長約 9 公釐。

與承名變種（玉山龍膽，見本頁）間之主要區別為：花冠中部具暗褐色至黑色斑點。

特有種，分布於台灣北、中部中高海拔以上之開闊草生地及岩礫地。

花冠中部具暗褐至黑色斑點

花萼裂片卵形

基生葉卵形或披針形，長 1.2 ～ 1.7 公分。花冠淡黃色，長 1.7 ～ 2.3 公分。

玉山龍膽 特有種

屬名	龍膽屬
學名	*Gentiana scabrida* Hayata var. *scabrida*

一年生草本，高 10 ～ 15 公分，莖粗糙。葉緣略粗糙；基生葉狹披針形至披針形，長 1 ～ 2.2 公分；莖生葉披針形或狹披針形。花萼裂片卵形至狹卵形；花冠長 2 ～ 2.8 公分，淡黃色至黃色，內部具暗黃色或褐色斑點。果實倒卵形，長 6 ～ 8 公釐。

特有種，分布於台灣中至高海拔山區。

花冠淡黃至黃色，長 2 ～ 2.8 公分，內部具暗黃或褐色斑點。（楊智凱攝）

分布於中央山脈中至高海拔地區（楊智凱攝）

太魯閣龍膽 特有種

屬名	龍膽屬
學名	*Gentiana tarokoensis* C. H. Chen & J. C. Wang

一年生草本，高 7 ～ 9 公分，莖直立，上部常具 2 ～ 3 分支。基生葉卵形，長約 1.2 公分；莖生葉披針形至狹披針形，先端芒刺狀漸尖。花冠白色，內有黃褐斑，花藥粉紅色。果實倒卵形或橢圓形，長 5 ～ 6 公釐。

特有種，分布於花蓮清水山中海拔地區，稀有。

花藥粉紅色
花冠內有黃褐斑

花冠白色

基生葉卵形，長約 1.2 公分；莖生葉披針至狹披針形，芒刺狀漸尖頭。

塔塔加龍膽 特有種

屬名	龍膽屬
學名	*Gentiana tatakensis* Masam.

一年生草本，高 2 ～ 7 公分，莖常分支。葉先端芒刺狀漸尖，基生葉卵形，長 7 ～ 10 公釐；莖生葉卵形，長 3 ～ 4 公釐。花萼裂片狹三角形；花冠白色或淡紫白色，長 7 ～ 8 公釐，花冠裂片間之附屬物裂片鈍至銳尖。果實倒卵形，長約 4 公釐。

特有種，分布於台灣中、南部中至高海拔遮陰至半遮陰之草生地。

花冠白或淡紫白色，長 7 ～ 8 公釐，花冠裂片間之附屬物裂片鈍至銳尖。（楊智凱拍攝）

上部的葉卵形，長 3 ～ 4 公釐。

厚葉龍膽 特有種

屬名	龍膽屬
學名	*Gentiana tentyoensis* Masam.

一年生草本，高達 13 公分，莖直立，上部常具 2～3 分支。基生葉卵形；莖生葉與基生葉同形，先端芒刺狀漸尖，長約 1 公分。花萼裂片狹三角形；花冠淡藍色至藍色，內面具褐色至黑色斑點。果實倒卵形，長 5～6 公釐。

特有種，分布於花蓮中海拔山區，稀有。

花冠淡藍至藍色

基生葉卵形

一年生草本，高達 13 公分。花冠淡藍至藍色。

台東龍膽 特有種

屬名	龍膽屬
學名	*Gentiana tenuissima* Hayata

一年生草本，高 6～8 公分，莖常具分支。基生葉卵形或橢圓形，長 7～8 公釐；莖生葉披針形，先端芒刺狀漸尖。花萼裂片卵形，花冠淡藍色。果實倒卵形，長約 4 公釐。

特有種，分布於宜蘭至花蓮低至中海拔地區。

花冠淡藍色

果倒卵形，長約 4 公釐。

植株小，高 6～8 公分。

肋柱花屬 LOMATOGONIUM

一年或多年生草本，根堅韌或木質。單葉，對生。花單生或成聚繖花序；花 5 數，稀 4 數，偶有花冠裂片多至 10 數者，花冠輪狀，深裂至近基部，冠筒極短，花冠裂片在蕾中右向旋轉排列，重疊覆蓋，開放時呈明顯的二色，一側色深，一側色淺；花冠基部有 2 個腺窩，腺窩管形或片狀；雄蕊著生於花冠筒，花藥藍色或黃色，短於花絲或幼時等長；子房劍形，無花柱，柱頭沿著子房的縫合線下延。蒴果二裂，果瓣近革質。

奇萊肋柱花 特有種

屬名	肋柱花屬
學名	*Lomatogonium chilaiensis* C. H. Chen & J. C. Wang

直立草本，高約 10 公分。葉對生，卵形至披針形，長度少於 1 公分，無柄。花小型，直徑約 1 公分，花瓣白色，4 ～ 5 枚，花藥藍色。蒴果，2 瓣開裂。種子細小，黑褐色。

特有種，僅分布於奇萊山山區之草坡及山徑上。

花小型，直徑約 1 公分，有 4 ～ 5 枚白色的花瓣。（吳嬋娟攝）　　10 月底果實漸熟　　葉無柄，對生，卵形至披針形，長度少於 1 公分。

翼萼蔓屬 PTERYGOCALYX

一或二年生纏繞性草本，無毛。花單生葉腋或莖頂，4 數；花萼筒狀，具翼；花冠藍紫色或白色，裂片間無折褶；子房 1 室。蒴果狹橢圓形，長約 1 公分，2 瓣裂。

單種屬。

翼萼蔓

屬名	翼萼蔓屬
學名	*Pterygocalyx volubilis* Maxim.

一或二年生纏繞性草本，無毛。葉寬披針形至線狀披針形，長 2 ～ 5 公分，通常三出脈。花白色或淡藍紫色，3 ～ 3.5 公分長，花萼筒狀，稍微四裂，具翼；雄蕊插生於花冠筒中間；花絲大約 5 公釐長。果實狹橢圓形，大約 1 公分長。

產於中國、韓國及日本；在台灣分布於北、中部中高海拔山區。

花萼筒狀，具翼。

一或二年生纏繞性草本，光滑無毛。

當藥屬 SWERTIA

至二年生直立草本，莖圓柱狀，具條紋或稜。葉偶互生，全緣。花序聚繖狀，形成密錐花序；花 4 ～ 5 數，花萼及花冠輪狀，裂至近基部處，每片花瓣具 1 ～ 2 個蜜腺，雄蕊著生於花冠筒基部，子房 1 室。果實為蒴果，2 瓣裂。

阿里山當藥 特有種

屬名　當藥屬
學名　*Swertia arisanensis* Hayata

一年生草本，高 30 ～ 90 公分，莖近四方形，具狹翼。基生葉在開花時凋萎，莖生葉寬 1.2 ～ 3 公分，菱狀長橢圓形至披針形，長 4 ～ 11 公分，先端銳尖，無柄或近無柄。花冠紫色，具紫斑，每片花瓣具 1 蜜腺，蜜腺具飾毛。果實卵狀橢圓形，長約 1 公分。

特有種，分布於台灣中部及東部中海拔山區。

花瓣具 1 蜜腺

莖生葉無柄或近無柄，菱狀長橢圓至披針形，長 4 ～ 11 公分，銳尖頭。

大漢山當藥 特有種

屬名　當藥屬
學名　*Swertia changii* S. Z. Yang, Chien F. Chen & Chih H. Chen

二年生草本。葉叢生基部，近肉質，倒卵形，長 10 ～ 20 公分，寬 3 ～ 5 公分，基部楔形，先端漸尖。花莖頂生，長可達 50 公分以上，聚繖花序排成圓錐狀；花 4 數，紫色，花瓣及花萼各 4 枚，裂至近基部；花瓣卵形，每片花瓣具 2 個綠色蜜腺，柱頭單一。

特有種，產於大漢山山區。

花 4 數，蜜腺綠色。（陳慧珠攝）

花約於 10 月開放（陳慧珠攝）

葉叢生基部，花莖可達 50 公分以上。（陳慧珠攝）

巒大當藥

屬名　當藥屬
學名　*Swertia macrosperma* (C. B. Clarke) C. B. Clarke

一年生草本，高達 100 公分，莖常淡紫色，近四方形，具狹翼。基生
葉及較下部的葉在開花時凋萎；中上部之莖生葉無柄，披針形、長橢
圓形或卵形，長 1～5 公分，先端銳尖。花冠白色或淡藍色，蜜腺具
少數飾毛。果實卵形，長 7～8 公釐。

　　產於印度、中南半島至華西；台灣分布於中部至高海拔山區。

花冠白或淡藍色

蜜腺具飾毛

中上部莖生葉無柄，披針形、長橢圓或卵形，長 1～5 公分，銳尖頭。

新店當藥

屬名	當藥屬
學名	*Swertia shintenensis* Hayata

二年生草本，高 45～100 公分，莖圓柱形。基生葉在開花時宿存，橢圓形至倒卵形，大小變異大，長可達 23 公分，羽狀脈，先端銳尖，葉肉向下延伸至葉柄；莖生葉無柄，卵形，長達 10 公分。花冠淡黃色或黃綠色，每片花瓣具 1 蜜腺，無飾毛。果實卵形至橢圓形，長 1.7～2 公分。

產於日本；分布於新竹、桃園及台北低至中海拔之闊葉林中。

花冠紫色，具紫斑。
(林哲緯攝)

蜜腺 1

開花之植株

高山當藥 特有種

屬名	當藥屬
學名	*Swertia tozanensis* Hayata

一年生草本，高達 80 公分，莖近四方形。基生葉有柄，菱狀卵形，含葉柄長 1.5～3 公分，寬 5～7 公釐，葉脈 3；莖生葉無柄，線狀披針形至披針形，長 2～7 公分，寬 3～7 公釐，先端銳尖或鈍。花冠淡黃色或白色，每片花瓣具 2 蜜腺，無飾毛。果實狹卵形，長 1～2 公分。

特有種，分布於台灣中、南部中至高海拔山區。

蜜腺 2，無飾毛。

植株可高達 80 公分。莖生葉無柄，線狀披針至披針形。

肺形草屬 TRIPTEROSPERMUM

多年生蔓性或攀緣性草本。葉通常三出脈。花序頂生及腋生，單花或少數花的聚繖花序；花部 5 數，花萼通常五稜，花冠筒狀至筒狀鐘形，裂片間有小裂片狀之附屬物，子房 1 室。果實為漿果或蒴果，常呈紡錘狀、近球形至橢圓形。

台北肺形草 特有種

屬名	肺形草屬
學名	*Tripterospermum alutaceifolium* (T. S. Liu & Chiu C. Kuo) J. Murata

莖至少在前端為纏繞性，在地面以上的節處通常不生根。葉卵形至披針形，長 6 ～ 11 公分，先端漸尖，基部圓至淺心形。花萼披針形，裂片與萼筒約等長，長常未達花冠筒的二分之一；花冠白色，長 3.5 ～ 4 公分。漿果長球形，長 1 ～ 1.8 公分。

　　特有種，分布於台灣北部，偶而在南部可見。

漿果長球形，長 1 ～ 1.8 公分。

種子細小，黑色。

花萼披裂片長常未達花冠筒的二分之一

莖至少在前端為纏繞性。葉卵形至披針形。

高山肺形草 特有種

屬名	肺形草屬
學名	*Tripterospermum cordifolium* (Yamamoto) Satake

莖蔓性，但非纏繞性，在節處生不定根。葉三角狀卵形至心形，長 0.7 ～ 1.7 公分，寬 0.6 ～ 1.6 公分，先端銳尖，基部圓至心形。花單生，花冠粉紅紫色，長約 3.5 公分。漿果紡錘形，長 1.5 ～ 2 公分。

　　特有種，分布於台灣東北部中海拔地區，稀有。

花冠粉紅紫色，長約 3.5 公分。（許天銓攝）

莖蔓性，但非纏繞性。葉心形至近圓形，葉柄約與葉片等長。（許天銓攝）

花萼裂片線形至倒披針形（許天銓攝）

東台肺形草 特有種

屬名　肺形草屬
學名　*Tripterospermum hualienense* T. C.Hsu & S. W. Chung

形態上小葉雙蝴蝶（*T. microphyllum*，見205頁）近似，可由下列特徵區分：莖延展且常具纏繞性，莖上部葉片線形至線狀披針形，略大的花萼裂片，窄長之花冠筒（長 2.4～3.7 公分），花絲著生於花冠筒較高處，較短的子房柄，較大的果實（10～16 × 8～12公釐）及明顯較小的種子。

　　特有種，目前僅發現於台灣東部山區。

花白紫色

花萼裂片線形

漿果卵形或近球形，宿存花柱甚長。（許天銓攝）

莖上部葉片線形至線狀披針形

玉山肺形草（披針葉肺形草） 特有種

屬名　肺形草屬
學名　*Tripterospermum lanceolatum* (Hayata) Hara *ex* Satake

葉披針形至狹披針形，偶狹卵形，先端漸尖，基部圓至近心形。花萼筒長 7～12 公釐，裂片披針形；花冠粉紅至藍色或近乎白色，長 3～5 公分。漿果紡錘形至橢圓形，長 1.5～2 公分，具宿存花冠，果梗長 1.5～2 公分。

　　特有種，分布於台灣中至高海拔山區。

漿果紡錘形至橢圓形，長1.5～2公分，花冠於果期宿存。（許天銓攝）

花冠紫色

葉披針至狹披針形，偶狹卵形，漸尖頭。

花萼筒長 7～12 公釐，裂片披針形。

里龍山肺形草 特有種

屬名　肺形草屬
學名　*Tripterospermum lilungshanensis* C.H. Chen & J.C. Wang

多年生草本，具纏繞莖。葉卵狀披針形、卵形至心形，先端銳尖至漸尖，基部圓至心形，全緣。花萼筒狀，具翼，裂片較寬短，披針形至卵狀披針形且略微開展；花冠裂片三角形；子房柄長 2～3 公釐。漿果紅紫色，近球形至長卵形，長 8～12 公釐，徑 4～6 公釐。

　　特有種，分布於中央山脈南部之森林下層。

與台北肺形草相比，其花萼裂片較寬短，呈披針形至卵狀披針形且略微開展。

葉卵狀披針形、卵形至心形，基部圓至心形。

高山雙蝴蝶（呂宋肺形草）

屬名　肺形草屬
學名　*Tripterospermum luzonense* (Vidal) J. Murata

莖纏繞性。葉卵形至披針形，先端漸尖，基部圓至淺心形。花萼筒外無翅，裂片線形；花冠淡粉紅紫色或白色，外側有紫紅色條紋，長 2～3.2 公分。漿果近球形至橢圓形，長 1.5～2.3 公分。

　　產於印尼及菲律賓，在台灣分布於中至高海拔山區。

花冠正面

漿果近球形至橢圓形，長 1.5～2.3 公分。

莖纏繞性。葉卵形至披針形。花冠淡粉紅紫色或白色，長 2～3.2 公分，花冠外有紫紅色條紋。

小葉雙蝴蝶(小葉肺形草) 特有種

屬名　肺形草屬

學名　*Tripterospermum microphyllum* H. Smith

莖蔓性，但非纏繞性，在節處生不定根。葉卵形至披針形，先端漸尖，基部截形至漸尖，葉柄短於 5 公釐。花萼裂片線形；花冠淡粉紅色，外側具紫色條紋，長 2.5 ～ 3.5 公分。漿果近圓形至橢圓形，長 0.8 ～ 1 公分。

特有種，分布於台灣中至高海拔山區。

漿果近圓形至橢圓形，長 0.8 ～ 1 公分。（許天銓攝）

花冠正面

花冠淡粉紅色，外具紫色條紋。

花冠內常有紫斑

莖蔓性，但非纏繞性，在節處長不定根。

台灣肺形草 特有種

屬名　肺形草屬
學名　*Tripterospermum taiwanense* (Masam.) Satake

莖纏繞性。葉卵形至披針形，先端漸尖，基部圓至截形，長4～7公分，寬2～3.5公分。花萼裂片線形，長1～1.5公釐，先端漸尖；花冠粉白色，偶具紫紅色暈與綠色條紋；鐘形，大約4公分長；裂片三角形，4～5公釐長，先端漸尖。花絲線形，1～2公分長。子房1～1.5公分長。漿果紡錘形或橢圓形，長2～3.5公分，寬4～7公釐。果梗比萼筒短。

　　特有種，分布於台灣中海拔山區。

莖纏繞形，花冠白色，帶綠色條紋。

花萼裂片長達花冠筒的一半以上

莖纏繞形，花冠白色，帶綠色條紋。

莖纏繞形

馬錢科 LOGANIACEAE

喬木、灌木或草本。單葉，對生，具或不具托葉。花腋生或頂生，排成聚繖狀，有時單生；花輻射對稱，花被四至五裂；雄蕊 4 ～ 5，通常著生於花冠筒內壁上，與花冠裂片同數並其互生，花藥 2 室；子房上位，稀半下位，2 室，柱頭頭狀或二岔。果實為蒴果或漿果。

特徵

花排成聚繖狀（偽木荔枝）

果有時為漿果（偽木荔枝）

雄蕊通常著生於花冠筒內壁上，與花冠裂片同數，且與其互生。花柱通常單生，柱頭頭狀或二岔。（偽木荔枝）

喬木、灌木或草本，葉單葉。對生。（偽木荔枝）

蓬萊葛屬 GARDNERIA

攀緣緣大灌木或木質藤本。葉對生，革質，全緣，托葉合成鞘狀。聚繖花序腋生，著花一至多朵；花萼漏斗狀或鐘形；花冠近輪狀，四至五裂。漿果 2 室，球形。

多花蓬萊葛
| 屬名　蓬萊葛屬
| 學名　*Gardneria multiflora* Makino

蔓性灌木，無毛，莖圓柱狀，綠色。葉狹長橢圓形至披針形，長 6 ～ 12 公分，先端漸尖，基部銳尖至圓，幼時葉脈及兩側見綠白斑。花序著花 3 ～ 10 朵，花 5 數，花冠黃色，雄蕊輳合，包住雌蕊。果實成熟時轉為紅或黃色。

　　產於日本及中國，在台灣分布於北部中海拔森林中。

果熟時，轉紅或黃色。　　　花 5 數，花冠黃色，雄蕊輳合，包住雌蕊。　　　葉狹長橢圓形至披針形

垂花蓬萊葛
| 屬名　蓬萊葛屬
| 學名　*Gardneria nutans* Sieb. & Zucc.

木質藤本，無毛，莖圓柱狀，綠色。葉兩端均漸尖。花通常單朵腋生，稀為 2 ～ 3 花的聚繖花序；花 5 數，白色。果徑約 1 公分，成熟時暗紅色。

　　產於中國、日本及韓國；在台灣分布於中、南部中海拔山區，稀有。

莖葉光滑無毛（陳柏豪攝）　　　　　　　　　通常單朵腋生（楊勝任攝）

偽木荔枝屬 GENIOSTOMA

灌木。葉紙質，全緣，基部為一托葉鞘所接合。聚繖花序腋生，花部 5 數，子房 2 室，卵形。漿果 1 或 2 室。

偽木荔枝

屬名	偽木荔枝屬
學名	*Geniostoma rupestre* Forster & Forster f.

葉對生，紙質，長橢圓形至卵形，長 7 ～ 16 公分，寬 1.5 ～ 7 公分，先端鈍至漸尖，全緣，基部為一托葉鞘所接合，側脈 3 ～ 5。花序大多生於葉腋或枝條上，長 2 ～ 3 公分；花冠長約 3.5 公釐，內具長柔毛。果實灰綠色。

產於琉球，在台灣僅見於離島蘭嶼及綠島。

果實表面微白

花冠長約 3.5 公釐，內具長柔毛。

葉紙質，對生，長橢圓至卵形，長 7 ～ 16 公分。

葉基部為一托葉鞘所接合。

尖巾草屬 MITRASACME

纖弱草本。葉對生，全緣，具微小的托葉鞘。花一至多朵簇生或排成聚繖狀或繖形花序，腋生或頂生；花部 4 數，花冠鐘形或杯形，白色或淡黃色，子房 2 室。蒴果近球形，先端二裂。

尖巾草

屬名	尖巾草屬
學名	*Mitrasacme indica* Wight

一年生草本，高 5 ～ 10 公分，常在基部分支，莖無毛。葉均勻分散全株，披針形至線形，長 3 ～ 8 公釐，寬 1 ～ 2 公釐，先端銳尖至漸尖，無毛，無柄。花白色，花徑約 2.5 公釐，花冠裂片先端突尖，花梗長 7 ～ 20 公釐。蒴果球形，直徑約 2.5 公釐。

產於中國、印度、印尼、日本、韓國、馬來西亞、菲律賓、斯里蘭卡、泰國、越南及澳洲；在台灣曾被紀錄於竹北蓮花寺溼地、竹北新港村及桃園台地，稀有。金門亦產之。

花瓣先端突尖

莖無毛。葉披針形至線形，無毛。

矮形尖巾草

屬名　尖巾草屬
學名　*Mitrasacme pygmaea* R. Br.

植株高 5 ～ 10 公分，莖具微粗毛，僅在近基部有對生葉，開花莖通常無葉，或偶有小葉在花莖上。葉卵形至長橢圓形，長 5 ～ 12 公釐，寬 2 ～ 5 公釐，先端銳尖或鈍，被毛，無柄。聚繖狀花序，花白色，花冠裂片先端不為突尖，花梗長 1 ～ 4 公分。果徑 2 ～ 3 公釐。

　　產於東亞、南亞及澳洲；在台灣分布於低海拔之向陽處，稀有。

花白色，花瓣先端不為突尖。

僅在莖基部有對生葉

馬錢屬 STRYCHNOS

喬木或蔓性灌木或藤本。葉對生，全緣，基出三至五脈。花腋生或頂生，花序聚繖狀，花被四至五裂，雄蕊 5，子房 2 室。漿果球形或長橢圓形，具 1 或 2 或通常多個種子。

台灣馬錢（華馬錢）

屬名　馬錢屬
學名　*Strychnos cathayensis* Merr.

果枝

木質攀緣性藤本。葉長橢圓形至橢圓形，長 6 ～ 8 公分，寬 3 ～ 4 公分，先端銳尖至漸尖，三出脈，稀五出脈。花序聚繖狀，腋生或頂生，花冠黃白色，五裂，內部具毛。果徑約 3 公分，成熟時黑色。

　　產於中國南部；在台灣僅見於恆春半島海拔 300 ～ 700 公尺處。

花冠黃白色，五裂，內部具毛。

果球形

花腋生或頂生，排成聚繖狀。葉三出脈，全緣。

茜草科 RUBIACEAE

喬木、灌木或草本，有時為藤本，少數為具肥大塊莖的適蟻植物。單葉，對生或輪生，全緣；托葉通常在葉柄間，偶在葉柄內側。花序各式，均由聚繖花序複合而成，很少單花或少花的聚繖花序；花兩性、單性或雜性，輻射對稱，稀兩側對稱；萼片4～6枚；花瓣通常4～6枚合生，具明顯花冠筒，花冠管狀、漏斗狀、高杯狀或輪狀；雄蕊與花瓣同數且互生；子房下位，中軸胎座，稀側膜胎座。漿果、蒴果或核果，或乾燥而不開裂，或為離果，有時離果具2分果片（豬殃殃屬）。

特徵

花瓣合生，具明顯花冠筒。（玉蘭草）

單葉，對生，大多全緣。（欖仁舅）

雄蕊與花瓣同數且互生（茜木）

托葉通常在葉柄間，偶在葉柄內側。（毛雞屎樹）

萼片4～6；花瓣通常4～6，具明顯花冠筒。（狗骨仔）

有時為核果（小仙丹花）

水冠草屬 ARGOSTEMMA

草 本，莖圓，無稜，直立。葉對生，草質，羽狀脈，托葉生於葉柄間。繖房聚繖狀花序或花單生；萼筒短，五裂；花冠白色，輪狀，五裂，於花苞時鑷合狀；雄蕊輳合圍繞雌蕊，花藥突出；柱頭頭狀，不伸出，子房2室，胚珠多數。果實為蒴果。

水冠草 |

| 屬名 | 水冠草屬 |
| 學名 | *Argostemma solaniflorum* Elmer |

高5～40公分，植株大小差異大。葉長橢圓形至橢圓形，長6～10公分，上表面被毛狀物，下表面脈上密被毛，纖毛緣。花單一或成2～4朵之聚繖花序，萼片外被毛，宿存；花瓣纖毛緣；雄蕊輳合圍繞雌蕊，花藥突出。

產於菲律賓及琉球；在台灣分布於東部、高士及蘭嶼之低海拔森林及河邊陰濕地。在壽卡及高士另有一近似種，其植株及花與本種不同，其分類地位尚未確定。

花瓣纖毛緣；雄蕊輳合圍繞雌蕊，花藥突出。

長在岩壁之植株較小，花序之花數也較少。　　有些植株可長至30～40公分，其花序之花數也較多。

朴萊木屬 CANTHIUM

喬 木。葉對生，羽狀脈，托葉著生於葉柄間。繖房狀聚繖花序，腋生；花萼筒狀，五齒；花冠漏斗狀，裂片4～5，於花苞時鑷合狀，喉部具長毛；雄蕊著生於喉部，內藏；柱頭頭狀，二至四岔，微突出，子房2室，每室1胚珠。核果含1～2分核。

朴萊木 |

| 屬名 | 朴萊木屬 |
| 學名 | *Canthium gynochodes* Baill. |

小喬木。葉卵形或倒卵狀橢圓形，長5～7公分，寬3～5公分，全緣，側脈4～6，無毛，葉背淡綠色，葉柄長5～8公釐，托葉寬卵形。繖房狀聚繖花序，著花3～5朵；花冠漏斗狀，綠白色，裂片4，喉部具長毛；雄蕊著生於喉部，稍微突出花冠外；柱頭頭狀，二至四或多裂，微突出。核果橘黃色，扁圓形。

產於菲律賓，在台灣分布於離島蘭嶼及綠島之山區森林中。

花冠裂片4，喉部具長毛；雄蕊稍微突出花冠外；柱頭頭狀，多裂，微突出。

核果橘黃色，扁圓。

葉無毛，全緣，側脈4～6對，葉背淡綠色。　繖房狀聚繖花序，3～5朵花。

風箱樹屬 CEPHALANTHUS

灌木至小灌木。葉對生，薄革質，羽狀脈；托葉生於葉柄間，三角形，先端有腺點。頂生球形之頭狀花序，有時頭狀花序再總狀排列；花具小苞片；花萼筒狀，四至五裂；花冠長漏斗狀，四裂，於花苞時覆瓦狀；雄蕊著生於喉部，突出；柱頭頭狀，花柱突出花冠甚多，子房 2 室，每室 1 胚珠。果實為離果，小分果不開裂。種子具假種皮。

風箱樹

屬名	風箱樹屬
學名	*Cephalanthus tetrandrus* (Roxburgh) Ridsdale & Bakhuizen f.

落葉小喬木，高 1～4 公尺，枝條常為紅色。葉長橢圓形至卵狀長橢圓形，長 8～12 公分，寬 2.5～5 公分，葉緣微波狀，上表面無毛，下表面被微毛；葉柄長 8～18 公釐，有溝。花萼長 3～4 公釐；花瓣白色，四裂，偶為五裂，長 9～12 公釐；雄蕊長，突出。

　　產於中國、印度、不丹、寮國、泰國及北美；在台灣原分布於北部低海拔平野，惟因生育地受開發破壞，致使植株於野外難得一見。

頭狀花序；花瓣白色；雄蕊長伸出。

枝條及葉柄常紅色。葉子似芭樂葉。

野外已難見天然族群，此為宜蘭壯圍之野生植株。

金雞納樹屬 CINCHONA

灌木或喬木。芽被托葉包被而為扁平狀，樹皮常有苦味。葉十字對生，常有蟲室。托葉早落，於葉柄間或稍短環繞於莖上。花序頂生，聚繖狀至圓錐狀，花數多，具苞片。花兩性，芳香，經常為異形花柱。花萼五裂。花冠黃色、粉紅色、紫色至紅色，偶有白色，高杯狀或漏斗狀，五裂，雄蕊 5 枚，生於花冠筒上。子房 2 室，胚珠多數，柱頭二裂。蒴果二裂。

小葉金雞納樹

屬名	金雞納樹屬
學名	*Cinchona ledgeriana* (Howard) Moens. *ex* Trim.

喬木。葉橢圓狀長橢圓形，長 6～16 公分，先端銳形，表面光滑，背面有毛，側脈 7～17 對；葉柄長 3～20 公釐。圓錐花序長達 23 公分；花有極烈之臭味，帶黃白色，花冠筒圓筒狀，具五稜，長 8～12 公釐。蒴果卵狀披針形，長 9～12 公釐。

　　原產南美祕魯，為奎寧含量最高之一種。台灣偶逸出野外。

果卵狀披針形（龔冠寧攝）

花裂片邊緣具許多緣毛（陳柏豪攝）

葉橢圓形至長橢圓形（龔冠寧攝）

雜種金雞納樹

屬名　金雞納樹屬

學名　*Cinchona* × *hybrida* hort. *ex* Sasaki

為小葉雞納樹與大葉雞納樹之雜交種喬木。葉披針形或長橢圓形，長7～13公分，先端銳形至漸尖，表面光滑，背面平滑或有微毛，側脈 8～11 對。蒴果橢圓形。

果實長橢圓形（龔冠寧攝）

花序呈圓錐花序（龔冠寧攝）

葉披針形或橢圓形（龔冠寧攝）

大葉金雞納樹

屬名　金雞納樹屬

學名　*Cinchona succirubra* Pav. *ex* Klotzsch

大喬木。葉闊卵形或闊卵狀橢圓形，長 15～25 公分，寬 7～15 公分，先端銳形或鈍頭，基部闊楔形。表面近光滑或被毛，背面被柔毛。圓錐花序長可達 23 公分。花白色或粉紅色，花冠長 1.5～2 公分。蒴果近圓筒，長 3～4 公分。
　　原產南美。台灣偶逸出野外。

花玫瑰紅色（龔冠寧攝）

果實近圓筒形，長3～4公分。（龔冠寧攝）

葉闊卵形，長 15～25 公分，寬 7～15 公分　（龔冠寧攝）

咖啡屬 COFFEE

灌木至小喬木。葉對生稀輪生，至少在側枝為二列排列，葉背具蟲室。托葉宿存，環繞於莖上，多三角形。花序腋生，單生或聚繖花序簇生或排列為頭狀。花無柄或具短柄，兩性，單型。花冠白色或粉紅色，高杯狀至漏斗狀，裂片 4 ～ 9。雄蕊插生於喉部，花絲短。子房 2 室，每室胚珠 1 枚。果核果狀，紅色、黃色、藍色或黑色，肉質。

咖啡樹

屬名	咖啡屬
學名	*Coffea arabica* L.

灌木或小喬木。高可達 7 公尺，側枝略平展。葉橢圓狀或披針狀長橢圓形，長 7 ～ 15 公分，寬 2.5 ～ 6 公分，先端常具短尾尖，全緣略波狀，葉面平坦，側脈 9 ～ 12 對。花 2 ～ 9 朵簇生葉腋，白色，徑約 3 公分；裂片 5 或 4，披針形，長約 1.8 公分；花藥長 6 ～ 8 公釐，柱頭二分歧。果深紅色或黃色，長約 1.2 ～ 1.5 公分。

原產北非。此種品質最佳，栽植最廣泛；有 30 個以上的栽培品種及數個雜交品種。台灣偶逸出野外。

果紅色

花 2 ～ 9 朵簇生葉腋；裂片 5 或 4，披針形。

葉全緣略波狀，葉面平。

瓢簞藤屬 COPTOSAPELTA

木質藤本。托葉生於葉柄間,三角形。花單一,腋生;花萼筒狀,五裂;花冠漏斗狀,裂片5,於花苞時捲旋狀;雄蕊著生於喉部,花藥突出;子房2室,胚珠多數。果實為蒴果,胞背開裂。

瓢簞藤

屬名	瓢簞藤屬
學名	*Coptosapelta diffusa* (Champ. *ex* Benth.) Steenis

葉對生,薄革質,披針形、卵形至橢圓形,長3～7公分,全緣,羽狀脈,葉背及花序被毛,葉柄長3～10公釐。花單生於葉腋,花萼長2～4公釐,花冠綠白色,長1.2～1.7公分,花藥突出,柱頭棒狀,伸長突出花冠外。 蒴果,具宿存萼片。

產於中國及琉球;在台灣分布於全島中、低海拔之闊葉林中。

果實有宿存萼片

花冠裂片5,雄蕊著生於花部。

花單一,腋生,花冠漏斗狀。

葉對生,全緣,葉背及花序被毛,葉主要為長橢圓形。

花單生於葉腋,花瓣綠白色;雄蕊5,花藥突出;柱頭棒狀,伸長突出花冠外。

伏牛花屬 DAMNACANTHUS

灌木。葉對生，羽狀脈，近無柄；托葉生於葉柄間，三角形。花腋生；花萼鐘形，四裂，宿存；花冠白色，漏斗狀，裂片4，於花苞時鑷合狀；雄蕊著生於花冠基部，內藏；柱頭四岔，子房4室，每室1胚珠。果實為核果，具4縱溝，成熟時紅色。

無刺伏牛花 (細葉伏牛花) 特有種

屬名	伏牛花屬
學名	*Damnacanthus angustifolius* Hayata

莖四稜，枝無刺。葉薄革質，長橢圓形、披針形至線狀披針形，長5～14公分，全緣或疏鈍鋸齒緣，無毛。花1～6朵生，花萼長1～2公釐，花瓣長5～10公釐。核果前端可見甚小之宿存花萼。

特有種，分布於台灣全島中、低海拔地區。

核果前端可見甚小之宿存花萼

葉披針形，枝條無刺。

短刺虎刺 (長卵葉伏牛花)

屬名	伏牛花屬
學名	*Damnacanthus giganteus* (Mak.) Nakai

直立灌木，高約70公分，枝無刺，平滑無毛。葉長卵形，長6～8公分，寬2～3.3公分，暗綠色，葉脈隆起。花2～4朵簇生。果實成熟時紅色，具宿存萼片。

產於中國及日本，在台灣分布於中北部中海拔地區。

果熟紅色，具宿存萼片。

葉暗綠色，葉脈隆起。

葉長卵形，枝條無刺。

伏牛花

屬名　伏牛花屬
學名　*Damnacanthus indicus* Gaertn.

果熟紅色 (林哲緯攝)

莖圓，無稜。葉二形，大型葉節處常具二刺；葉革質，卵形，長 1 ～ 3 公分，無毛。花單一或成對；花萼長 2 ～ 3 公釐；花冠長 1 ～ 1.8 公釐，綠白色，漏斗狀，裂片 4，喉部具毛；雄蕊著生於花冠基部，內藏。果實成熟時紅色。

　　產於中國、韓國、日本、泰國及印度；在台灣分布於全島中、低海拔山區林內。

大型葉節處具長刺

花冠綠白色，裂片 4，喉部具毛。(林哲緯攝)

小牙草屬 DENTELLA

　　年生匍匐性草本，常成蓆團狀。葉對生，羽狀脈，側脈不明顯，近無柄；托葉生於葉柄間，三角形。花單一，通常生於小枝的分岔上；花萼筒近球形，裂片 5；花冠鐘形，白色，裂片 5，裂片近先端 2 ～ 3 齒，於花苞時內曲鑷合狀；雄蕊著生喉部，內藏；柱頭線形，二岔，子房 2 室，胚珠多數。果實為核果，乾質果肉。

　　台灣有 1 種。

小牙草

屬名　小牙草屬
學名　*Dentella repens* (L.)J. R. Forst. & G. Forst.

葉多少肉質，倒披針形至長橢圓狀倒卵形，長 4 ～ 10 公釐，葉表偶見毛狀物，葉緣及葉背主脈上被直柔毛，側脈不明顯。花萼長 2 ～ 3 公釐；花冠鐘形，白色，長 6 ～ 12 公釐，裂片 5，裂片近先端 2 ～ 3 齒，喉部有毛。果實綠色，被毛，先端具宿存萼片。

　　產於亞洲及澳洲，在台灣分布於全島低海拔地區。

果綠色，被毛，先端具宿存萼片。

花冠鐘形，白色，裂片 5，裂片近先端 2 ～ 3 齒。

葉多少肉質，長 4 ～ 10 公釐，葉表偶見毛狀物，葉緣及背面主脈上被直柔毛，側脈不明顯。

藤耳草屬 DIMETIA

蔓 藤狀之草本或亞灌木；花序頂生；花冠筒喉部密被鬚毛；蒴果自頂部室背開裂後再部分室間開裂；種子扁平，邊緣常為翼狀。

南投涼喉茶

屬名 耳草屬
學名 *Dimetia hedyotidea* (DC.) T. C. Hsu

多年生直立或斜升草本，莖平滑或糙澀。葉卵形至長橢圓狀披針形，長 4 ～ 10 公分，僅背面脈上被毛，側脈明顯，葉柄長 3 ～ 10 公釐，托葉先端刺毛狀。花多數圓錐狀聚繖花序，花冠白色，冠筒內面被毛，異型花柱，花藥突出或內藏。

產於中國南部，在台灣分布於中部低海拔山區。

異形花柱，花藥突出或內藏。　花多數圓錐狀聚繖花序

葉卵形至長橢圓狀披針形，長 4 ～ 10 公分，側脈明顯，葉柄長 3 ～ 10 公釐。

鈕扣草屬 DIODIA

草 本。葉對生，羽狀脈，近無柄；托葉生於葉柄間，合生成短鞘狀。花腋生；花萼筒狀，宿存；花冠白色，漏斗狀，裂片 4，於花苞時鑷合狀；雄蕊著生於喉部，花藥突出；柱頭線形，二岔，子房 2 室，每室 1 胚珠。果實為蒴果，成熟時成二不開裂之分果。

台灣有一歸化種：維州鈕扣草（*D. virginiana* L.），仍不普遍。

圓莖鈕扣草

屬名 鈕扣草屬
學名 *Diodia teres* Walt.

草本，莖直立，分枝或不分枝，莖上被密毛。葉對生，披針形或線狀披針形，先端銳尖，兩面被粗糙毛，葉緣亦具毛，近無柄。花冠粉紅色，裂片 4，偶 3；冠外雄蕊 4，花藥稍突出冠外，柱頭粉紫紅色，伸出冠外。蒴果，成熟時成二不開裂之分果。

維州鈕扣草（*D. virginiana* L.）形態相似，但本種具有 4 ～ 8 條撕裂狀托葉，蒴果具 4 枚宿存萼片等特徵，易與之區分。

原產於美洲熱帶及亞熱帶地區，歸化於金門。

花

具有 4 ～ 8 條撕裂狀托葉。　歸化於金門

硬果耳草屬 EXALLAGE

鋪散之草本或亞灌木；花序腋生；果實不開裂，表皮堅硬；種子三稜形。

金毛耳草

屬名　硬果耳草屬
學名　*Exallage chrysotricha* (Palib.) Neupane & N. Wikstr.

匍匐性草本，被金黃色毛，節處生根。葉卵形至長橢圓狀披針形，長 1.3 ～ 2.5 公分，側脈明顯，近無柄，托葉具纖長凸尖。花 2 ～ 4 朵腋間生，花冠白色或淡紫色，雄蕊著生於冠筒上方，伸出。

　　產於中國中部及日本南部，在台灣分布於東北部之乾河床及濕草原。

果密生白毛

異型花柱，此為花柱伸長者。

花冠白色或淡紫色；此為花柱不伸長者。

偶見於中低海拔草生地

豬殃殃屬 GALIUM

草本，莖四稜。葉與葉狀托葉4～8枚輪生，無柄或近無柄。聚繖花序；花萼筒近球形或卵形，萼片不明顯；花冠輪狀，裂片通常為4，於花苞時鑷合狀；雄蕊著生於喉部，花藥突出；花柱深二岔，柱頭頭狀，子房2室，每室1胚珠。果實為離果，成熟時成二不開裂之分果。

拉拉藤

屬名	豬殃殃屬
學名	*Galium aparine* L.

一年生，莖上具有倒生的小刺毛。葉4～11枚輪生，一主脈，弧形羽狀脈。花序常為腋生，會隨主莖延伸而由葉腋逐漸發育，單一花序的花朵不多，有時花序極端退化，會出現腋生的單生花，花冠白色。果實直徑大於3公釐（不含被毛長度），成熟果實直徑可達5公釐，果實外被鉤毛。

分布於中國、日本、韓國、俄羅斯、印度、錫金、尼泊爾、巴基斯坦、歐洲、非洲、北美等地；歸化於台灣各山區，如思源埡口、武陵農場一帶。

果具鉤毛

花冠白色

為一強勢的歸化植物

刺果豬殃殃 特有種

屬名	豬殃殃屬
學名	*Galium echinocarpum* Hayata

匍匐性草本，莖無毛。葉4～6枚輪生，倒披針形至長橢圓形，長1.4～2公分，疏鋸齒緣或全緣，一主脈，表面疏被毛，背面僅中肋稀被毛，葉緣有毛。花白色，花粉成熟時為白色。果實密被鉤毛。

特有種，分布於台灣中、北部高海拔山區。

葉緣有毛。花白色，花粉成熟時為白色。果密被鉤毛。

特有種，分布於台灣全島中、高海拔山區。

葉4～6枚輪生，一主脈。

圓葉豬殃殃 特有種

屬名　豬殃殃屬
學名　*Galium formosense* Ohwi

匍匐性草本，莖被毛。葉4枚輪生，卵狀橢圓形至橢圓形，長1～2公分，全緣，三出脈，密被毛或疏生毛。花黃白色。果實密被鉤毛。

　　特有種，分布於台灣全島中、高海拔山區。

果密被鉤毛

葉4枚輪生，兩面被毛。

花徑約3公釐

福山氏豬殃殃 特有種

屬名　豬殃殃屬
學名　*Galium fukuyamae* Masam.

小草本，莖無毛。葉4枚輪生，長橢圓形至披針形，長7～12公釐，寬1～2公釐，全緣，一主脈，兩面被直柔毛。花白綠色或黃白色，花徑1公釐。果實被鉤毛。

　　特有種，分布於台灣東部中海拔山區。

花甚小，花徑1公釐。

果被鉤毛

莖光滑。葉4枚輪生，葉甚窄。

分布於台灣東部中海拔山區，植株纖細。

琉球豬殃殃

屬名	豬殃殃屬
學名	*Galium gracilens* (A. Gray) Makino

纖細草本，莖無毛。葉4枚輪生，長橢圓形至線狀披針形，長4～9公釐，寬2～4公釐，全緣，一主脈，疏被毛。花黃色至綠色。果實密被突起。產於琉球；在台灣分布於北部、中部及東部中、低海拔地區。

果實具乳突

葉4枚輪生，疏被毛。

花黃綠色

在海邊亦可見之，為台灣產本屬植物海拔分布最低者。

森氏豬殃殃 　特有種

屬名	豬殃殃屬
學名	*Galium morii* Hayata

小草本。葉4枚輪生，倒卵形至橢圓形，長4～8公釐，全緣，三出脈，側脈明顯，被毛，後變為無毛。花綠色。本分類群大部分的族群為被毛的個體，只有採自玉山的部分植株為光滑無毛。與圓葉豬殃殃（*G. formosense*，見222頁）易生混淆，經研究葉部特徵無法明確區分兩分類群，差別在於本種的果毛為短而伏貼狀的曲毛，而圓葉豬殃殃為平展狀的長鉤毛。

特有種，分布於台灣中海拔以上之山區。

葉4枚輪生，三出脈，側脈明顯。果毛為短而伏貼狀的曲毛。（黃建益攝）

南湖大山豬殃殃 特有種

屬名　豬殃殃屬
學名　*Galium nankotaizanum* Ohwi

直立草本，莖被毛或光滑。葉4枚輪生，卵狀橢圓形，長6～9公釐，全緣，被毛，三出脈，偶有一主脈者，側脈不明顯。花白綠色，偶有紫紅暈。果實密被直毛。

　　特有種，分布於台灣之高海拔山區。

果具直毛

花白綠色

林豬殃殃

屬名　豬殃殃屬
學名　*Galium paradoxum* Maxim.

多年生矮小草本，高4～25公分。在莖上部為2枚大2枚小的4枚輪生葉，葉身較寬，葉柄明顯；在莖下部有時為2枚對生葉，卵形或近圓形至卵狀披針形，長0.7～3公分，寬0.5～2.3公分，先端短尖，葉緣具小刺毛。聚繖花序頂生及生於上部葉腋，常三歧分支，分支常岔開，少花，每一分支著花1～2朵，花小；花萼密被鉤毛；花冠白色，徑2.5～3公釐，裂片卵形，長約1.3公釐，寬約1公釐；花柱長約0.7公釐，頂端二岔；花梗長1～3公釐，無毛。分果片單生或雙生，近球形，直徑1.5～2公釐，密被鉤毛。

　　廣泛分布於亞洲，但在台灣僅發現於屏風山及關山嶺山海拔2,800公尺之鐵杉林林緣，數量十分稀少。

果片單生或雙生，近球形，直徑1.5～2公釐，密被鉤毛。（江柏毅攝）

小草本（江柏毅攝）

莖上部具2片較大2片較小的4枚輪生葉，葉緣具小刺毛。（江柏毅攝）

花萼密被鉤毛（江柏毅攝）

豬殃殃

屬名　豬殃殃屬
學名　*Galium spurium* L.

匍匐性草本，枝條具倒刺。葉 5 ～ 8 枚輪生，倒卵形至倒披針形，長 1.5 ～ 2.7 公分，先端具突芒尖，全緣，兩面具短刺，一主脈。花黃白色。果實被鉤毛。

　　產於溫帶地區，在台灣分布於北部中海拔山區。

果被鉤毛

葉 5 ～ 8 枚輪生

花黃白色，葉先端具突芒尖。

台灣豬殃殃 特有種

屬名　豬殃殃屬
學名　*Galium taiwanense* Masam.

匍匐性草本，莖具倒刺。葉 4 ～ 6 枚輪生，倒披針形，長 1 ～ 2 公分，一主脈，上表面無毛，下表面中肋及葉緣具倒刺。花白色或白裡透淡紅，花瓣 4 枚，花梗甚長。果實平滑無毛。

　　特有種，採集地點集中於宜蘭南山村到思源埡口一帶，早期採自奇烈亭，近期多見於 710 林道及能高越嶺道。

花近照

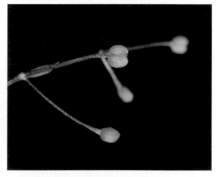

果實平滑無毛（許天銓攝）

近期多見於 710 林道（許天銓攝）

葉輪生（許天銓攝）

太魯閣豬殃殃 特有種

屬名　豬殃殃屬
學名　*Galium tarokoense* Hayata

小草本，莖無毛。葉 4 枚輪生，橢圓形，長 4 ～ 5 公釐，先端具短突尖，全緣，無毛。花黃白色。

　　特有種，分布於台灣東部中海拔之石灰岩地區。

花粉成熟時為黃色

葉 4 枚輪生，橢圓形，長 4 ～ 5 公釐，全緣，無毛，葉先端具短突尖。

果被鉤毛；本種為台灣東部中海拔石灰岩地區特有種。

小葉四葉葎

屬名　豬殃殃屬
學名　*Galium trifidum* L.

匍匐性草本，莖疏被倒刺。葉 4 枚輪生，狹倒披針形至披針形，長 4 ～ 8 公釐，表面無毛，疏被倒刺，葉緣疏生倒刺。花白色，花瓣 3 枚，偶有 4 枚者。果實無毛。

　　廣布於北半球溫帶地區，包含歐洲、北美洲、中國及日本；在台灣分布於北部低海拔近水處。

葉 4 枚輪生，狹倒披針形至披針形，葉長不及 1 公分。

花瓣 3 枚

偶見花瓣 4 枚者

黃梔屬 GARDENIA

灌木至喬木。葉對生，羽狀脈，近無柄；托葉生於葉柄內，合生成鞘狀。花大，單生；花萼筒狹倒圓錐形，具縱稜突起，五深裂，裂片遠長於萼筒，宿存；花冠鐘形，冠筒較長，通常五裂或八裂，於花苞時覆瓦狀；雄蕊著生於喉部，花藥突出；子房1室，側膜胎座，胚珠多數，柱頭突出。漿果木質，不裂。

　　台灣有1種。

山黃梔(梔子花)

屬名	黃梔屬
學名	*Gardenia jasminoides* Ellis

常綠灌木，高可達3公尺。葉卵形、橢圓形至長橢圓形，長5～12公分，寬1～4公分，無毛。花白色，芳香，常單朵頂生；花冠鐘形，基部窄，花筒長3～5公分，花柱伸出。

　　產於中國南部、中南半島及日本；在台灣分布於全島中、低海拔之闊葉林中。

葉卵形，光滑。

花柱伸出

苞花蔓屬 GEOPHILA

葉對生，羽狀脈，有柄，托葉生於葉柄間。花白色，單生，具2苞片；花萼鐘形，四至七裂；花冠長漏斗形，四至七裂，於花苞時鑷合狀；雄蕊著生於冠筒中段，內藏；子房2室，每室1胚珠。果實為核果。

苞花蔓

屬名	苞花蔓屬
學名	*Geophila herbacea* (Jacq.) Kuntze

多年生匍匐性草本。葉圓形，長1.5～4.5公分，寬1.5～5公分，基部心形，上表面無毛，下表面脈上有毛，葉柄長1～7公分。花單朵頂生，萼片及花瓣裂片通常各4枚；雄蕊4～5，著生於冠筒中部；花柱長約6公釐，藏於冠筒中，柱頭二岔。果實成熟時紅色。

　　產於熱帶地區，在台灣分布於全島低海拔山區之林下及路旁。

花瓣裂片通常為4，雄蕊及花柱內藏。

果熟鮮紅

葉圓形，基部心形。

葛塔德木屬 GUETTARDA

灌木或喬木。葉對生，羽狀脈，有柄；托葉生於葉柄內，早落。花序腋生；花萼鐘形，先端截形，早落；花冠長筒狀，裂片 4 ～ 9，於花苞時覆瓦狀；異型花柱，雄蕊無柄，內藏；子房 4 ～ 9 室，每室 1 胚珠。果實為核果。

葛塔德木(欖仁舅)

屬名　葛塔德木屬
學名　*Guettarda speciosa* L.

中喬木，高可達 12 公尺，小枝、葉背及花序均被短柔毛。葉闊倒卵形，長 10 ～ 25 公分，寬 5 ～ 16 公分，側脈 8 ～ 11 對。花白色，蠍尾狀聚繖花序，腋生，花萼短筒狀，裂片截形，花冠筒長 3 ～ 4 公分。核果綠白色。

　　產於亞洲熱帶、非洲及太平洋群島；在台灣分布於東部、恆春半島、蘭嶼及綠島之海岸。

核果，綠白色。

結果枝

葉闊倒卵形，長 10 ～ 25 公分，寬 5 ～ 16 公分，側脈 8 ～ 11 對。

耳草屬 HEDYOTIS

直立草本或亞灌木；花序頂生及腋生；花冠筒內側被毛；蒴果室間開裂後常再由頂端部分室背開裂，形成 2 枚部分分離之果瓣；種子扁平。

臭涼喉茶 特有種

屬名　耳草屬
學名　*Hedyotis butensis* Masam.

高 50 ～ 140 公分，全株被軟毛。最頂端的葉子近似 4 枚輪生，葉長橢圓形，長 1.5 ～ 7 公分，寬 5 ～ 15 公釐，側脈明顯，上表面糙澀，下表面被粗毛，無柄，托葉被粗毛。圓團狀聚繖花序，頂生，花冠鐘形，白色，喉部有長柔毛，花藥突出，花柱被長柔毛，花苞有刺毛。

　　特有種，分布於台灣南部低海拔山區。

高 50 ～ 140 公分，全株有軟毛。（蘇建育攝）

葉長橢圓形，最頂端的葉子近似 4 枚輪生，上表面糙澀。

花成圓團狀聚繖花序，頂生，花鐘形。（蘇建育攝）

龜子角耳草 特有種

屬名	耳草屬
學名	*Hedyotis kuraruensis* Hayata

多年生直立或斜升草本，莖無毛或疏被短毛，近四角形。葉長橢圓形、橢圓形至卵狀披針形，長2～7公分，寬1～2.5公分，表面光滑有臘質，托葉先端刺毛狀。花數朵成頭狀或腋生成叢生狀聚繖花序，花冠白色，喉部有毛。

特有種，主要分布於屏東及台東。

花冠白色，喉部有毛。

異形花柱，此為花柱伸出型。

多年生草本或斜升草本，莖無毛或疏被短毛，近四角形。

花數朵成頭狀

長節耳草(狗骨消)

屬名	耳草屬
學名	*Hedyotis uncinella* Hook. & Arn.

多年生直立或斜升草本，莖無毛。葉長橢圓形、橢圓形至卵狀披針形，長4～10公釐，托葉先端刺毛狀。花數朵成球形頭狀花序，花冠白色，喉部有毛，異型花柱，花藥內藏或突出。

產於熱帶亞洲；在台灣分布於全島低海拔地區，為雜草。

異形花柱，此為花藥伸出，花柱隱於花冠內部。

異形花柱，此為花柱伸出，花藥隱於花冠內部。

葉長橢圓形、橢圓形至卵狀披針形。花數朵成球形頭狀花序。

仙丹花屬 IXORA

灌木或小喬木。葉對生，革質，羽狀脈；托葉宿存，基部合生成短鞘狀。頂生繖房聚繖花序；花萼鐘形，先端4齒；花瓣4枚，於花苞時捲旋狀，花冠筒纖長；雄蕊著生於花冠筒口；子房2室，每室1胚珠，柱頭二岔。果實為核果。

小仙丹花

屬名	仙丹花屬
學名	*Ixora philippinensis* Merr.

常綠灌木，無毛。葉長橢圓形，長4.5～10公分，葉柄長約5公釐。頂生繖房聚繖花序，花冠白色，花冠筒長約2.5公分，四裂，裂片長橢圓形；雄蕊著生於花冠筒口。果實球形，成熟時紫紅色。

　　產於菲律賓群島；在台灣見於離島小琉球及台東綠島，為稀有植物。

花冠筒纖長，雄蕊於筒口著生。

果球形，熟時紫紅。結實纍纍的果枝。　　繖房聚繖花序

綠灌木，無毛。葉長橢圓形。

諾氏草屬 KNOXIA

草本或灌木，莖被毛。葉對生，羽狀脈；托葉生於葉柄間，基部合生成鞘狀，先端刺毛狀。頂生聚繖花序，花近無梗；花萼杯狀，四裂，宿存；花冠鐘形，先端四裂，於花苞時鑷合狀，喉部被長絨毛；雄蕊著生於花冠筒中部；子房2室，每室1胚珠，柱頭二岔。果實為漿果。

諾氏草

屬名	諾氏草屬
學名	*Knoxia corymbosa* Willd.

直立草本，高20～60公分。葉粗紙質，長橢圓形至長橢圓狀披針形，長5～8公分，寬0.2～1.8公分，被毛，近無柄。頂生聚繖花序，花小，淺粉紫紅色，長3公釐，異型花柱，花藥內藏或突出。

　　產於熱帶亞洲至澳洲，在台灣分布於中南部及蘭嶼低海拔之開闊草地。

頂生聚繖花序，花小。　　異形花柱，此為花藥內藏者。　　異形花柱，此為花藥突出者。　　葉長橢圓形至長橢圓狀披針形

雞屎樹屬 LASIANTHUS

常 綠灌木或喬木。葉對生，厚膜質至革質，先端漸尖，羽狀脈，托葉生於葉柄間。聚繖花序或頭狀花序，腋生，無梗或近有梗；萼片4～6枚，被毛，宿存；花瓣4～6枚，合生，於花苞時鑷合狀，內面被毛；雄蕊著生於花冠筒；子房4～6室，每室1胚珠，柱頭四至六岔或不明顯。果實為核果。

密毛雞屎樹

屬名	雞屎樹屬
學名	*Lasianthus appressihirtus* Simizu var. *appressihirtus*

灌木，高1～2公尺，小枝密被壓伏毛或柔毛。葉倒卵狀長橢圓形，長4～8公分，寬1～2.5公分，基部楔形，側脈6～7對，平行，上表面無毛，下表面脈被毛，葉柄長4～8公釐。花無苞片，萼片長約2公釐，花冠淺粉紅紫色，外面被毛，內面被毛至近基部，無梗。果實成熟時藍紫色。

產於琉球；台灣分布於北部及東北部海拔900～1,300公尺之闊葉林中。

果熟時藍紫色

小枝密被貼伏毛或柔毛

灌木，高1～2公尺。葉長4～8公分。

葉倒卵狀長橢圓形，葉基楔形。

大葉密毛雞屎樹(大葉雞屎樹) 特有種

屬名　雞屎樹屬
學名　*Lasianthus appressihirtus* Simizu var. *maximus* Simizu ex T. S. Liu & J. M. Chao

與承名變種（密毛雞屎樹，見231頁）之區別在於：葉長橢圓形，長7～13公分，葉基通常圓或鈍，側脈6～8，葉柄長5～8公釐，但二者有時難以區別。

　　特有變種，分布於台灣北部及東北部山區之闊葉林中。

花無苞片，無梗，花外面被毛。

葉長橢圓形，長7～13公分，葉基通常圓或鈍。

幼果

壺冠木

屬名　雞屎樹屬
學名　*Lasianthus biflorus* (Blume) M.G.Gangop. & Chakrab.

葉菱形至橢圓狀倒卵形，長1.5～3公分，寬7～15公釐，上表面平滑無毛，下表面被粗毛。花冠壺形，白色，小，長2～4公釐，裂片4，喉部被直柔毛。果實成熟時黑色。

　　產於亞洲熱帶地區；在台灣分布於中、南部之低海拔闊葉林中。

果熟時黑色

葉菱形至橢圓狀倒卵形

花冠壺形，白色，裂片4，喉部被直柔毛。

文山雞屎樹

屬名　雞屎樹屬
學名　*Lasianthus bunzanensis* Simizu

灌木，高約 1 公尺，枝條密被毛。葉橢圓形或倒卵形，長 6～11 公分，寬 3～5 公分，葉基通常鈍，側脈 4～6 對，平行或不明顯，上表面無毛，下表面密被毛，葉柄長 5～6 公釐。花無苞片；萼片長約 2 公釐，正三角形；花冠白色或淺紫色，內外均被毛。果實藍色，宿存之萼齒明顯。

　　產於菲律賓，在台灣分布於全島低海拔之闊葉林中。

果藍色，宿存萼齒不明顯。

花冠常白色，外面被毛，內面被毛。

葉橢圓形或倒卵形，長 6～11 公分，寬 3～5 公分，表面無毛。

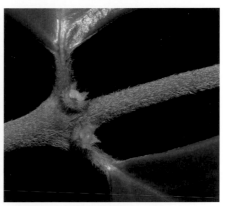

枝條密被毛。萼片長約 2 公釐，正三角形。

分布於台灣全島低海拔闊葉林中

白果雞屎樹

屬名　雞屎樹屬
學名　*Lasianthus chinensis* (Champ. *ex* Benth.) Benth.

植株高可達 4 公尺。葉長橢圓形，長 14 ～
18 公分，寬 4.5 ～ 6 公分，葉基楔形，側脈
7 ～ 11 對，小脈近網狀，上表面無毛，下
表面被毛；葉柄長 9 ～ 15 公釐，有溝。花
無苞片；花萼球形，萼片長約 6 公釐；花冠
淺粉紅紫色或白色，外面被毛，內面上半部
被毛。果實黑紫色，球形。

　　產於中國南部及中南半島，在台灣分布
於北部低海拔闊葉林中。

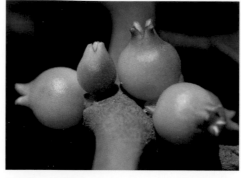

果熟黑紫色，球形。

花萼球形

葉背面被毛

花內面上半部被毛

葉長橢圓形，長 14 ～ 18 公分，寬 4.5 ～ 6 公分，表面無毛。

柯氏雞屎樹

屬名　雞屎樹屬

學名　*Lasianthus curtisii* King & Gamble

葉披針狀長橢圓形至倒披針形，長 12 ～
23 公分，葉基銳尖，側脈 7 ～ 9 對，小
脈平行、分岔或網狀，葉背密被粗毛，
葉柄長 8 ～ 15 公釐。萼片長三角形或披
針形，長於 3 公釐，淺黃色；花冠白色，
外面被毛，內面上半部三分之二被毛。
果實藍紫色，宿存之萼齒明顯。

　　產於中國南部、中南半島、琉球及
馬來半島；在台灣分布於北部及南部低
海拔闊葉林中。

果實之宿存萼齒明顯

花內部密被毛

葉背密被粗毛

萼片長三角形，長於 3 公釐，淺黃色，萼齒細長，裂片裂至
近基部。

葉披針狀長橢圓形至倒披針形

毛雞屎樹

屬名 雞屎樹屬
學名 *Lasianthus cyanocarpus* Jack

葉長橢圓形至倒披針形，長 12 ～ 23 公分，寬 4 ～ 6 公分，葉基銳尖，側脈 7 ～ 9 對，小脈平行或網狀，密被粗毛，葉柄長 8 ～ 15 公釐。花序具一葉狀苞片；萼片長約 2 公釐；花冠白色，外面被毛，內面上部三分之二被毛。果實藍紫色，宿存之萼齒明顯。

　　產於印度至中國及琉球，在台灣分布於北部及南部之低海拔闊葉林中。蘭嶼亦產。

花序具一葉狀苞片

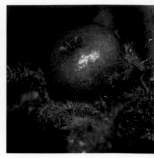
果藍紫色

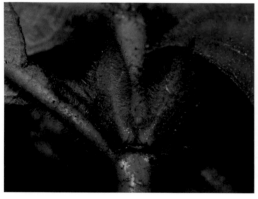
具一大托葉

全株密被粗毛。葉大型。

琉球雞屎樹

屬名 雞屎樹屬
學名 *Lasianthus fordii* Hance

枝條疏被毛，可見到枝條表皮。葉長橢圓形至狹橢圓形，或卵形至披針形，長 6 ～ 16 公分，葉基通常楔形，側脈 4 ～ 9 對，小脈平行、分岔或網狀，上表面無毛，下表面脈上被毛，葉柄長 5 ～ 12 公釐。花無苞片；萼片長約 2 公釐；花冠白色或淺粉紅色，外面近光滑，內面上半部被毛。果實藍紫色，近光滑。

　　產於日本、琉球及中國南部及菲律賓；在台灣分布於全島中、低海拔山區。

枝條疏被毛，可見到枝條表皮（枝條顯見為綠色）。

花外面近光滑

葉表面無毛

果藍紫色，近光滑。

台灣雞屎樹

屬名　雞屎樹屬
學名　*Lasianthus formosensis* Matsum.

枝條密被毛。葉長橢圓形至狹橢圓形或卵形，長 7 ~ 14 公分，葉基楔形至鈍，側脈 4 ~ 7 對，小脈平行、分岔或網狀，上表面無毛，下表面密被粗毛；葉柄長 4 ~ 10 公釐，有溝。花無苞片；萼片長 3 ~ 4 公釐，長三角形；花冠白色，外面被毛，內面上半部被毛。果實藍色，具明顯毛狀物。與柯氏雞屎樹（*L. curtisii*，見 235 頁）不易區別，惟柯氏雞屎樹萼齒細長，萼筒裂片裂至近基部，而本種之裂片裂至二分之一處，且柯氏雞屎樹果實之宿存萼齒較明顯。與琉球雞屎樹（*L. fordii*，見前頁）亦相似，很容易誤認，但本種枝條密生毛，琉球雞屎樹枝條疏被毛。

　　產於琉球、中國南部及南亞；在台灣分布於南部及北部之低海拔山區。

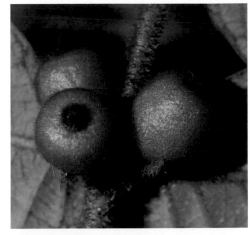

枝條密被毛。果藍色，具明顯毛狀物。

萼片長 3 ~ 4 公釐，長三角形，裂片裂至萼筒之一半。

葉下表面密被粗毛

葉上表面無毛

花冠白色，外面被毛，內面上部三分之二被毛。

希蘭山雞屎樹（棲蘭山雞屎樹）

屬名　雞屎樹屬
學名　*Lasianthus hiiranensis* Hayata

枝條疏被毛或近光滑。葉長橢圓形至狹長橢圓形，長 9 ～ 15 公分，葉基楔形，側脈 6 ～ 9，小脈通常平行，上表面無毛，下表面被褐色毛，葉柄長 5 ～ 10 公釐，托葉長 7 ～ 8 公釐。花無苞片，萼片長約 3.5 公釐，花冠白色，外面被毛，內面上半部被毛。果實紫黑色。

產於菲律賓、馬來半島及爪哇；在台灣分布於恆春半島及東部之低海拔闊葉林中。蘭嶼亦產。

枝條近光滑（許天銓攝）

果紫黑色（許天銓攝）

葉下表面被毛

葉上表面無毛

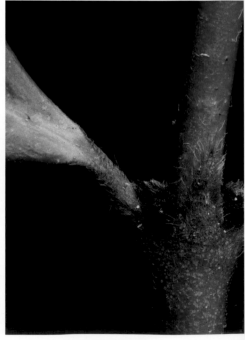

葉長橢圓形至狹長橢圓形，長 9 ～ 15 公分。

托葉三角形，長 7 ～ 8 公釐；葉柄被毛。（許天銓攝）

日本雞屎樹

屬名　雞屎樹屬
學名　*Lasianthus japonicus* Miq. var. *japonicus*

葉狹長橢圓形或披針形，長 6 ～ 10 公分，葉基楔形，側脈 5 ～ 6 對，小脈網狀，上表面中肋被粗毛或無毛，下表面疏被毛至變無毛，葉柄長 5 ～ 12 公釐。花序有花序梗，花無苞片；萼片長約 5 公釐，萼筒疏被毛；花冠白色，長度為台灣產雞屎樹屬植物中較長者，內面上部三分之二被毛。果實藍色。

　　產於日本及中國南部，在台灣分布於北部及東部低至高海拔山區。

花冠長度為台灣產本屬植物中較長者。萼筒疏被毛。　花冠內面被毛

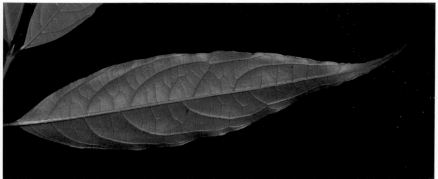 
葉下表面疏被毛至變無毛　　　　　　　　　　　　果序有總果梗

植株形態。葉上表面光滑亮澤。

粗毛日本雞屎樹

屬名 雞屎樹屬
學名 *Lasianthus japonicus* Miq. var. *satsumensis* (Matsum.) Makino

與承名變種（日本雞屎樹，見 239 頁）之區別在於：葉柄及葉脈上被粗毛，
花冠內面被毛至近基部。

　　產於日本，在台灣分布於北部中海拔山區。

具總果梗

與承名變種之區別在於
葉柄及葉脈上被粗毛

花內面具絨毛

葉柄被粗毛

葉狹長橢圓形或披針形，長 6 ～ 10 公分。

植株形態。分布於台灣北部中海拔山區。

小葉雞屎樹

屬名 雞屎樹屬
學名 *Lasianthus microphyllus* Elmer

枝條疏被毛。葉卵形、橢圓形至狹橢圓形，長 4 ～
8 公分，先端尾狀漸尖，上表面無毛，下表面脈
被毛，葉基通常鈍，側脈 4 ～ 5 對，小脈平行、
分岔或網狀，葉柄長 4 ～ 12 公釐。花序無花序
梗，花無苞片；萼片長約 2 公釐；花冠白色，外
面被毛，內面上部三分之二被毛。果實藍色。有
時與琉球雞屎樹（*L. fordii*，見 236 頁）相近，
但本種的花冠外面被毛，而琉球雞屎樹的花冠外
面近光滑。

　　產於菲律賓及爪哇，在台灣分布於全島中、
低海拔之闊葉林中。

枝條疏被毛。萼裂片短，長約 2 公釐。

果具密毛

葉通常卵形，長 4 ～ 8 公分，先端尾狀漸尖，上表面無毛。

花冠內面上部三分之二被毛

花冠外面被毛

薄葉雞屎樹 特有種

屬名	雞屎樹屬
學名	*Lasianthus microstachys* Hayata

葉長橢圓形至狹橢圓形，或卵形至披針形，長6～11公分，先端長漸尖，基部，側脈4～6對，小脈平行，上表面無毛，下表面脈被毛，葉柄長4～6公釐。花序有花序梗，花無苞片；萼片長約2公釐；花冠白色，外面被毛或近光滑，內面上半部被毛。果實藍紫色。

特有種，分布於台灣全島低海拔之闊葉林中。

果藍紫色

葉下表面脈被毛

葉先端長漸尖

花序有花序梗

花冠白色，外面被毛，內面上半部被毛。

雞屎樹

屬名	雞屎樹屬
學名	*Lasianthus obliquinervis* Merr. var. *obliquinervis*

葉橢圓形、長橢圓形至狹長橢圓形，長10～18公分，葉基楔形，側脈5～9對，平行，上表面無毛，下表面被毛，葉柄長7～12公釐。花無苞片；萼片長約3公釐；花冠白色，外面被毛，內面上半部被毛。果實紫黑色。

產於琉球、中國南部及菲律賓；在台灣分布於全島低海拔之闊葉林中。

果紫黑色

花冠白色，外面被毛，內面上半部被毛。

葉橢圓形、長橢圓形至狹長橢圓形，長10～18公分，上表面無毛。

清水氏雞屎樹 特有種

屬名　雞屎樹屬
學名　*Lasianthus obliquinervis* Merr. var. *simizui* T. S. Liu & J. M. Chao

枝被毛。葉長 5 ～ 12 公分，葉基通常鈍，小脈近平行，表面中肋被毛，葉柄長 3 ～ 6 公釐。萼片長約 2 公釐，花冠內面上半部四分之一被毛。果實紫黑色。

特有變種，分布於恆春半島及台東山區。蘭嶼亦產。

葉表面中肋被毛，葉基通常鈍。

長在蘭嶼山區之植株

小脈近平行

台東雞屎樹 特有種

屬名　雞屎樹屬
學名　*Lasianthus obliquinervis* Merr. var. *taitoensis* (Simizu) T. S. Liu & J. M. Chao

與承名變種（雞屎樹，見 241 頁）之區別在於葉狹長橢圓形或倒披針形，長 7 ～ 15 公分，葉基楔形，表面中肋被毛，葉柄長 4 ～ 7 公釐，托葉三角形。萼齒甚小，萼筒被毛；花冠內面上部三分之一被毛。果實紫黑色。

特有變種，分布於恆春半島及台東之低海拔山區。蘭嶼亦產。

果紫黑色

初果表面具毛

葉下表面被毛

萼齒甚小，萼筒被毛。

與雞屎樹之區別在於葉狹長橢圓形或倒披針形，長 7 ～ 15 公分。

枝被毛。托葉三角形。

長苞雞屎樹

屬名　雞屎樹屬
學名　*Lasianthus tsangii* Merr. *ex* H.L. Li

小枝被毛。葉長橢圓狀披針形，長 10 ～ 16 公分，寬 4 ～ 6 公分，先端長銳尖，基部至楔形，側脈 5 ～ 7 對，小脈平行，上表面無毛，下表面密被粗毛，葉柄長 6 ～ 12 公釐。花序具苞片；萼片狹長三角形，長約 3.5 公釐；花冠白色，內面密生毛。果實藍紫色，宿存萼齒長而明顯。

　　分布於中國南部；在台灣僅見於南仁山及達仁林場，稀有。

萼齒長而明顯

花序具苞片，萼片長約 3.5 公釐。

葉長橢圓狀披針形，先端長銳尖。

葉下表面密被粗毛

圓葉雞屎樹

屬名　雞屎樹屬
學名　*Lasianthus wallichii* Wight

葉橢圓形、長橢圓形或圓形，長 5 ～ 10 公分，葉基歪斜或心形，葉緣有毛，上表面無毛，下表面密被毛，側脈 6 ～ 9 對，小脈平行或不明顯；近無柄，或葉柄長達 3 公釐。花序具苞片；萼片長約 4 公釐；花冠白色或淺紫羅蘭色，花冠筒內面上部三分之一被毛。果實藍紫色。

　　產於琉球、中國南部及菲律賓；在台灣分布於全島低海拔地區。

花冠白色或淺紫羅蘭色

花序具苞片

葉基歪斜或心形，葉緣有毛。

網籽耳草屬 LEPTOPETALUM

一年生草本，全株光滑；花序頂生及腋生；蒴果多為四稜形，自頂部部分室背開裂；種子卵球形或具鈍稜，表皮具波狀之突出網格。

二歧耳草

屬名	網籽耳草屬
學名	*Leptopetalum dichotoma* (Cav.) S. W. Chung

直立或斜升草本，莖光滑無毛，節處分枝。葉紙質或微肉質，幼時長橢圓狀披針形或卵狀橢圓形，成株之頂端葉片常為卵形或卵狀披針形，長 5 ～ 20 公釐，寬 5 ～ 10 公釐，全緣，兩面光滑無毛。圓錐花序，2 ～ 3 分枝，每分枝 1 ～ 3 朵花，花冠白色，喉部有毛。

分布於熱帶非洲、南非及亞洲；在台灣生於南部及小琉球之濱海地區的砂質地或海岸林下層。

花冠白色，葉紙質或微肉質。

圓錐花序，2 ～ 3 歧，每歧 1 ～ 3 朵。

多花耳草

屬名	網籽耳草屬
學名	*Leptopetalum multiflora* Cav.

莖粗糙或略光滑，高 10 ～ 15 公分。葉微肉質，幼株時長橢圓形或倒卵狀橢圓形，成熟株之頂端葉常為卵狀披針形或卵狀橢圓形，長 8 ～ 60 公釐，寬 4 ～ 25 公釐。多歧聚繖花序，分枝 2 或 5，花 12 ～ 18 朵，大部分頂生。

產於菲律賓；在台灣主要分布於南部、屏東滿州及台東蘭嶼、綠島等地。

花 12 ～ 18 朵，大部分頂生，花序為多歧聚繖花序，2 或 5 分支。

寬莖珠仔草

屬名　網籽耳草屬
學名　*Leptopetalum racemosum* (Lam.) S. W. Chung

莖光滑無毛。葉對生，肉質，富含水分。花 12 ～ 16 朵成總狀聚繖花序，2 或 3 分枝。

　　分布於東南亞及太平洋群島；在台灣生於本島與離島海濱之岩岸、珊瑚礁旁的砂地或礫石地。

花 12 ～ 16 朵，花序為總狀聚繖花序，2 或 3 分支。

脈耳草

屬名　網籽耳草屬
學名　*Leptopetalum strigulosum* (Bartl. *ex* DC.) Fosberg var. *parvifolium* (Hook & Arn.) T. C. Hsu

多年生直立或斜升草本，莖叢聚，肉質，無毛。葉肉質，橢圓形至長橢圓狀倒披針形，長 1 ～ 2 公分，側脈不明顯，無毛，無柄，托葉鞘三角形。花 2 ～ 10 朵成圓錐狀聚繖花序，花冠白色或粉紅色，喉部有毛，雄蕊著生於花冠筒上部，內藏。

　　產於亞洲熱帶地區，在台灣分布於全島及離島之海邊礁石及砂地。

葉肉質，長 1 ～ 2 公分，無毛，側脈不明顯，無柄。　分布於台灣全島及離島海邊礁石及砂地

台灣耳草（單花耳草）特有種

屬名　網籽耳草屬

學名　*Leptopetalum taiwanense* (S. F. Huang & J. Murata) S. W. Chung

高 5 ～ 8 公分，莖倒伏或斜。葉微肉質，卵形或卵狀橢圓形，長 6 ～ 12 公釐，寬 2 ～ 6 公釐，先端銳尖或漸尖有芒刺，葉背有芒刺，近無柄或短柄。花常單生，偶 2 或 3 朵。

　　特有種，產於恆春半島、小琉球及綠島。

葉卵形或卵狀橢圓形，先端銳尖。花常單一，偶 2 或 3 朵。

蔓虎刺屬 MITCHELLA

多年生匍匐性草本，無毛。葉對生，薄革質，羽狀脈，托葉生於葉柄間。花成對，頂生；花萼寬鐘形，3 ～ 6 齒；花冠白色，漏斗形，喉部被毛，裂片 3 ～ 6，於花苞時鑷合狀；異型花柱，花有二型：花藥（雄蕊）突出型及花柱（雌蕊）突出型；子房 4 室，每室 1 胚珠，柱頭四岔。果核果狀 2 顆合生，4 分核。

蔓虎刺

屬名　蔓虎刺屬

學名　*Mitchella undulata* Sieb. & Zucc.

多年生匍匐性草本，無毛。葉三角狀卵形至卵形，長 5 ～ 20 公釐。萼片與花瓣各 4，花內被長毛，雄蕊有時內藏，有時突出，柱頭四岔。漿果 2 枚合生，紅色。

　　產於日本及韓國，在台灣分布於北部及東部中海拔山區。

雄蕊有時突出

漿果 2 顆合生

葉三角狀卵形至卵形，長 5 ～ 20 公釐。雄蕊有時內藏，花柱突出。

蓋裂果屬 MITRACARPUS

一年生至多年生草本。葉對生，無柄或近無柄，不具蟲室，托葉葉柄間，宿存，常與葉柄或葉片基部合生。花序頭狀至團繖狀，頂生。花兩性，單型。花萼四裂。花冠白色，高杯狀或漏斗狀，四裂。雄蕊 4 枚，插生於花冠筒上，花絲長。子房 2 室，每室胚珠 1 枚，柱頭 2 枚。蒴果近球形，環形橫裂。

蓋裂果

屬名	蓋裂果屬
學名	*Mitracarpus hirtus* (L.) DC.

一年生草本，具分枝，高 40 ～ 80 公分。葉無柄；葉片在乾燥時薄紙質，長橢圓形或披針形，長 3 ～ 4.5 公分，寬 0.7 ～ 1.5 公分，兩面通常披稀疏曲柔毛或直柔毛，葉基銳尖至鈍或圓形，先端尖。花序直徑 5 ～ 20 公釐，披曲柔毛或直柔毛；花冠漏斗狀，外面被微柔毛；管長 1 ～ 1.5 公釐，內側無毛；裂片三角形到卵形，長 0.5 ～ 1 公釐，鈍至尖。蒴果近球形，直徑約 1 公釐，粗糙或疏生短柔毛；種子深褐色，扁圓狀長圓形，約 0.8 公釐。

原屬於安地列斯群島和美洲；歸化於熱帶非洲、亞洲、澳大利亞和太平洋島嶼。

台灣歸化於公路邊的荒地；海拔分布從近海平面到 800 公尺。

蒴果近球形，直徑約 1 公釐，粗糙或疏生短柔毛。（林家榮攝）

花序直徑 5 ～ 20 公釐，披曲柔毛或直柔毛。（林家榮攝）

一年生草本，具分枝，高 40 ～ 80 公分（林家榮攝）

羊角藤屬 MORINDA

小喬木或蔓性灌木。葉對生，羽狀脈；托葉合生，有鞘。球形頭狀花序，單生或繖形狀排列；花萼筒完全合生，先端平截；花瓣 4 ～ 7 枚，於花苞時鑷合狀；常為異型花柱，即花有二型：花藥（雄蕊）突出型與花柱（雌蕊）突出型；子房 2 ～ 4 室，每室 1 胚珠，柱頭二岔。核果合生成多花果。

檄樹

屬名	羊角藤屬
學名	*Morinda citrifolia* L.

小喬木，枝四稜，植株無毛。葉橢圓形至長橢圓形，長 20 ～ 30 公分，寬 5 ～ 14 公分，中肋於上表面略凹下而於下表面顯著隆起，側脈 8 ～ 11 對。花序頭狀，兩性花，花冠漏斗狀，白色。果實為多花果，由肉質、擴大而合生的頭狀花序組成，球形，直徑 4 ～ 7 公分，漿質，成熟時白色。

產於亞洲熱帶地區、澳洲及太平洋群島；在台灣分布於恆春半島、蘭嶼及綠島。

花冠漏斗狀，白色。

果實為多花果，由肉質、擴大而合生的花萼組成，漿質。

葉中肋於表面略凹下而於背面顯著隆起，側脈 8 ～ 11 對。

紅珠藤

屬名 羊角藤屬
學名 *Morinda parvifolia* Bartl.

果熟時橘紅色

蔓性灌木，莖枝被毛。葉長橢圓形、狹倒卵形或長橢圓狀披針形，長 4 ～ 6 公分，寬 1.5 ～ 2 公分，無毛；近無柄，或葉柄長達 5 公釐。頭花 2 ～ 5 個排成繖形；雜性或雌雄異株，兩性花異型花柱，雄花無花柱；花冠近輪狀，喉部被毛，花瓣 4 數，綠白色，裂片先端凸尖。果實成熟時橘紅色。

　　產於中國南部、中南半島至菲律賓；在台灣分布於中、南部低海拔之闊葉林中。

蔓性灌木，莖株被毛。（郭明裕攝）

頭花 2 ～ 5 個排成繖形。

羊角藤

屬名 羊角藤屬
學名 *Morinda umbellata* L.

蔓性灌木，莖株無毛。葉長橢圓形、狹倒卵形或橢圓形，長 7 ～ 8 公分，寬 3 ～ 4 公分，無毛，葉柄長 4 ～ 15 公釐。頭花 5 ～ 10 個排成繖形；雜性或雌雄異株，兩性花異型花柱，雄花無花柱；花冠近輪狀，白色，裂片先端凸尖，花內部具密毛。果實成熟時橘紅色。

　　產於馬來西亞、中國南部至琉球及菲律賓；在台灣分布於西部之低海拔闊葉林中。

果熟時橘紅色

花內部具密毛

蔓性灌木，莖枝無毛。葉長橢圓形、狹倒卵形或長橢圓狀披針形。

頭花 5 ～ 10 個排成繖形。

玉葉金花屬 MUSSAENDA

直立或蔓性灌木。葉對生，羽狀脈；托葉生於葉柄間，全緣或二裂，脫落後留下環狀毛茸。頂生聚繖花序；花萼鐘形，裂片 5，其中之一增大成葉狀，並有特殊顏色；花冠管狀或漏斗狀，裂片 5，於花苞時鑷合狀；花兩性常異型花柱，稀單性；雄蕊內藏；子房 2 室，胚珠多數。果實為漿果。

水社玉葉金花 特有種

屬名	玉葉金花屬
學名	*Mussaenda albiflora* Hayata

蔓性灌木。葉小型，長 4 ～ 6 公分，寬 2 ～ 3 公分。花序密集生於枝條頂端，成頭狀花序狀，花冠純白色。果實表面密被毛。

　　特有種，產於日月潭及附近山區。

花冠純白色

花序密集生於枝條頂端，成頭狀花序狀。

葉小型，長 4 ～ 6 公分，寬 2 ～ 3 公分。

寶島玉葉金花 特有種

屬名	玉葉金花屬
學名	*Mussaenda parvifolora* var. *formosanum* Matsum.

蔓性灌木。葉長 7 ～ 15 公分，寬 6 ～ 8 公分，葉背毛被物不為紅色。花金黃色，花冠筒長度超過 1.5 公分。果實長橢圓形。

　　特有種，分布於台灣全島。

花金黃色

花冠筒長度超過 1.5 公分

果實長橢圓形，表面具附屬物。

蔓性灌木

紅頭玉葉金花 特有種

屬名　玉葉金花屬
學名　*Mussaenda kotoensis* Hayata

直立灌木。葉長橢圓形、橢圓形至狹卵形，長 15 ～ 24 公分，寬 9 ～ 16 公分，側脈 8 ～ 9，兩面疏被毛，托葉三角形。雌雄異株；葉狀萼片白色，長 5 ～ 12 公分；花萼筒鐘狀，長約 3 公釐，密被褐色柔毛；花冠筒長約 1.7 公分，密被褐色柔毛；雄蕊內藏；花柱二岔，稍露出花冠口。漿果橢圓形，長 1 ～ 1.5 公分，有短柔毛。

　　特有種，產於離島蘭嶼之林緣。

雄花，雄蕊內藏。

雌花，花柱二岔，稍露出花冠口。

漿果橢圓形，長 1 ～ 1.5 公分，有短柔毛。

花冠筒長約 1.7 公分，密被褐色柔毛。

直立灌木

葉狀萼片白色，長 5 ～ 12 公分。

玉葉金花

屬名　玉葉金花屬
學名　*Mussaenda parviflora* Miq.

蔓性灌木。葉長橢圓形、長橢圓狀披針形或橢圓形，長 10 ～ 17 公分，寬 5 ～ 8 公分，先端漸尖，側脈 4 ～ 6，表面光滑無毛；托葉二裂，裂片線形。雌雄異株，葉狀萼片淡綠白色，花金黃色，花冠筒短於 1.5 公分。果實長橢圓形，表面具附屬物。

　　產於日本；在台灣分布於屏東、台東及蘭嶼之低海拔林中或林緣。

花金黃色，花冠筒短於 1.5 公分。

葉長橢圓形，先端漸尖，表面光滑，側脈 4 ～ 6 對。

台北玉葉金花 特有種

屬名　玉葉金花屬
學名　*Mussaenda taihokuensis* Masam.

蔓性灌木。葉長 8 ～ 12 公分，寬 3 ～ 6 公分，葉背毛被物為紅色。雌雄異株；花冠筒米黃色，長度不超過 1.5 公分，冠口及內面密生毛狀物；雄花雄蕊內藏；雌花花柱二岔，稍露出花冠口。果實圓形，表面光滑無毛。

　　特有種，分布於台灣全島。

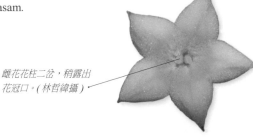

雌花花柱二岔，稍露出花冠口。(林哲緯攝)

蔓性灌木。葉表面光滑。花冠筒米黃色。

雄花，雄蕊內藏。

台灣玉葉金花 特有種

屬名　玉葉金花屬
學名　*Mussaenda taiwaniana* Kanehira

小灌木；小枝、葉柄、葉面及花序均被毛。葉寬卵形，長 10 ～ 20 公分，寬 8 ～ 13 公分，先端急銳尖，基部圓鈍，側脈 7 ～ 9 對，葉柄長 2 ～ 2.5 公分。花冠筒米黃色。果實具附屬物，圓形，被柔毛。

　　特有種，產於新竹南庄山區及埔里桃米坑。

小枝、葉柄、葉面及花序均有毛。

小灌木。葉寬卵形。

雌花，花冠筒米黃色。

新耳草屬 NEANOTIS

草本，搓揉後有臭味。葉對生，羽狀脈，托葉生於葉柄間。花萼鐘形，萼筒略壓扁狀，裂片4；花冠漏斗狀，裂片4或5；於花苞時鑷合狀；雄蕊著生於花冠筒上方，花粉多孔溝；子房2室，胚珠多數，柱頭二岔。果實為蒴果。種子貝殼狀，具縱稜。

台灣新耳草

屬名　新耳草屬
學名　*Neanotis formosana* (Hayata) W.H. Lewisa

匍匐性草本。葉卵形，對生，羽狀脈。聚繖花序頂生，花2～10朵叢生於長5～10公釐的花序梗上；花徑大於5公釐，花冠筒狀，白色，裂片4～5（常為4）。

　　產於日本及馬來西亞；在台灣分布於台北、宜蘭及花蓮等地之中海拔山區。

異型花柱，花有兩型，此為雌蕊內藏者。

花序頂生，2～10朵花叢生於5～10公釐的花序梗上。

雌花花柱伸出者

涼喉茶

屬名　新耳草屬
學名　*Neanotis hirsuta* (L. f.) W. H. Lewis

一年生匍匐性草本，節處通常生根。葉卵形至長橢圓卵形，長1.5～3.5公分，上表面疏被粗毛，下表面脈被粗毛，側脈3～5對，明顯，托葉先端具3～5刺毛。花序腋生，稀頂生，花1～4朵叢生，花序無總梗或具甚短的花序總梗，花徑小於3公釐，花冠裂片4或5。

　　產於中國中南部、韓國、日本、中南半島及馬來西亞；在台灣分布於全島低海拔遮蔭之草地。

花徑小於3公釐，花冠裂片大部分為4，偶見5。

葉卵形至長橢圓狀卵形。花單生或簇生於葉腋。

果生於葉腋

欖仁舅屬 NEONAUCLEA

喬木。葉對生，薄革質，羽狀脈，近無柄；托葉生於葉柄間，大型，早落。球形頭狀花序，具 2 枚早落苞片；花萼筒狀，裂片 5；花冠漏斗狀，裂片 5，於花苞時覆瓦狀；雄蕊著生於冠筒上方，內藏；花柱突出甚多，柱頭頭狀，子房 2 室，胚珠多數。果實為蒴果。

欖仁舅

屬名	欖仁舅屬
學名	*Neonauclea reticulata* (Havil.) Merr.

常綠喬木。葉倒卵形至寬橢圓形，長 14 ～ 26 公分，寬 8 ～ 16 公分，全緣，側脈 7 ～ 8，無毛，表面亮澤，殆無柄。頭狀花序，徑 3 ～ 4 公分，單生或 2 ～ 3 個叢生；花白色，花冠筒形，長 1.5 ～ 1.8 公分，徑約 2 公釐，先端略膨大，先端五裂；花柱突出甚多，柱頭頭狀。聚合果球形，徑 2.5 ～ 3 公分。

產於菲律賓；在台灣分布於南部及蘭嶼、綠島之低海拔森林中。

花柱突出甚多，柱頭頭狀。

葉殆無柄，倒卵形至寬橢圓形，上表面光澤。

深柱夢草屬 NERTERA

多年生匍匐性草本，無毛，節處通常生根。葉對生，羽狀脈，托葉生於葉柄間。花單生，無柄，頂生於枝條而有時看似腋生；花萼鐘形，4 ～五齒，宿存；花冠漏斗狀，裂片於花苞時鑷合狀；雄蕊著生於花冠筒下方，突出；子房 2 室，每室 1 胚珠，花柱深裂至近底部。果實為核果。

紅果深柱夢草

屬名	深柱夢草屬
學名	*Nertera granadense* (Mutis *ex* L. f.) Druce

葉質地較黑果深柱夢草（*N. nigricarpa*，見本頁）薄些，通常三角狀卵形，長 2 ～ 18 公釐，多少波狀緣，葉柄長 1 ～ 6 公釐；托葉長橢圓形，先端常二裂。花兩性，淺綠白色，偶先端有紫斑，花柱深裂至近底部。核果紅色。

產於馬來西亞、澳洲、紐西蘭及太平洋群島；在台灣分布於全島中海拔較濕潤之生育地。

果熟紅色

花冠合瓣，4 深裂，雄蕊 4。

生於較濕潤之山區（郭明裕攝）

黑果深柱夢草

屬名　深柱夢草屬
學名　*Nertera nigricarpa* Hayata

一年生匍匐性草本，莖細長，偃臥狀，具有分枝。單葉，對生，圓狀三角形或腎形，長 4.5 ～ 12 公釐，寬 2.5 ～ 6 公釐，先端鈍，基部鈍或漸狹而延伸至葉柄，全緣，葉緣不呈波狀，上表面呈有光澤之綠色，下表面淡綠色。花兩性，花冠碗狀，花瓣粉紅色或紫紅色，四裂，花柱二深裂，雄蕊 4。核果黑色，球形，直徑 5 ～ 6 公釐。

　　產於中國；台灣分布於中海拔地區。

花碗狀，花瓣粉紅或紫紅色，四裂，花柱二深裂，雄蕊 4。

核果黑色，球形，直徑 5~6 公釐。

單葉，對生，圓狀三角形或腎形，葉緣不呈波狀。

繖花龍吐珠屬 OLDENLANDIA

　　　年生草本；花冠筒喉部有一圈鬚毛，雌、雄蕊內藏；蒴果室背開裂；種子三稜形。

繖花龍吐珠

屬名　繖花龍吐珠屬
學名　*Oldenlandia corymbosa* L.

一年生直立或斜升草本，莖無毛或稜上被毛。葉線狀披針形，長 1 ～ 3.5 公分，一主脈，葉面無毛，細剛毛緣，近無柄，托葉先端具 3 ～ 5 不等長之刺毛。花 1 ～ 8 朵成聚繖花序，具明顯花序梗；花冠白色或淡紫色，喉部具一圈毛，雄蕊著生於花冠筒近基部。

　　產於熱帶亞洲、非洲及美洲；在台灣分布於全島低海拔地區。

果實

花冠白色或淡紫色，花冠喉部具一圈毛。

葉線狀披針形，長 1 ～ 3.5 公分，表面無毛，細剛毛緣，單脈，近無柄。

花 1 ～ 8 朵成聚繖花序，具明顯花序梗。

微耳草屬 OLDENLANDIOPSIS

微耳草屬和 *Hedyotis*、*Houstonia* 和 *Oldenlandia* 近緣，大部份植物特徵與這三屬相近。但微耳草屬的花粉為 8 孔溝。染色體基數為 X=11(Oldenlandia 為 X = 9)。蒴果為狹倒圓錐形或狹扁圓形（Oldenlandi 果為近球形）。

匐匐微耳草

屬名	微耳草屬
學名	*Oldenlandiopsis callitrichoides* (Griseb.) Terrell & W. H. Lewis

一年生匐匐性草本，莖細柔，光滑無毛。葉寬卵形，對生，長 1～4 公釐，寬 1～4 公釐，上表面稍有毛，下表面光滑。花單生，白色，花徑 1～2 公釐，甚小，花冠四裂，雄蕊 4，插生於花冠喉部；雌蕊 1，花柱二岔，花梗最長可達 2 公分。果實扁長卵形。

原生於中美洲，在台灣歸化於台北及高雄。

花柱二岔

花冠四裂：雄蕊 4，插生於花冠喉部。

葉對生，寬卵形，長 1～4 公釐，寬 1～4 公釐。

果實

蛇根草屬 OPHIORRHIZA

多年生草本或亞灌木。葉對生，羽狀脈，托葉生於葉柄間。頂生或近頂生之繖房狀聚繖花序；花萼壺形，裂片 5，宿存；花冠筒狀或筒形漏斗狀，白色，裂片 5，於花苞時鑷合狀；異型花柱，雄蕊內藏；子房 2 室，胚珠多數，柱頭二岔。蒴果倒心形。

早田氏蛇根草　特有種

屬名	蛇根草屬
學名	*Ophiorrhiza hayatana* Ohwi.

葉長橢圓狀披針形至長橢圓狀倒披針形，長 8～16 公分，最寬處在中央附近，先端尾狀漸尖，基部漸狹，歪斜，無毛，葉柄長 1～2 公分。花具有明顯的苞片及小苞片，萼片有瘤狀突起；花冠管狀，長 1.4～1.7 公分，喉部被毛，裂片有緣毛。

特有種，分布於台灣全島中、低海拔之闊葉林中。

花具有明顯的苞片和小苞片，花萼上有瘤狀突起。

花管狀，長 1.4～1.7 公分。(林哲緯攝)

葉長橢圓狀披針形至長橢圓狀倒披針形，先端尾狀漸尖，葉最寬處在中央附近。

花冠喉部被毛，裂片有緣毛。

蛇根草

屬名　蛇根草屬
學名　*Ophiorrhiza japonica* Bl.

葉橢圓形至長橢圓狀披針形，光滑或被毛，長3～12公分，先端銳尖至漸尖，基部漸狹，葉柄長1～3公分。萼片無瘤狀突起，花冠喉部被毛，花瓣緣具毛狀物。

　　產於中國、日本及琉球；在台灣分布於全島低海拔之陰涼地區。

萼片無瘤狀突起

花冠喉部被毛，花瓣緣具毛狀物。

葉光滑或被毛

小花蛇根草

屬名　蛇根草屬
學名　*Ophiorrhiza kuroiwae* Makino

葉卵形至長橢圓狀卵形，長5～16公分，先端銳尖至漸尖，基部楔形至漸狹，歪斜，被毛，葉柄長1～4公分。聚繖花序，著花多於10朵，花不具苞片及小苞片，花冠被長柔毛，裂片常反捲。果實倒心形，被毛。
　　產於琉球，在台灣分布於離島蘭嶼及綠島之林緣。

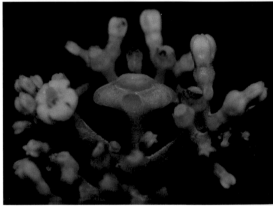

果實倒心形，具毛。

聚繖花序，花序多於10朵花。

花冠被長柔毛，裂片常反捲。

玉蘭草

屬名	蛇根草屬
學名	*Ophiorrhiza michelloides* (Masam.) H.S. Lo

匍匐草本，被毛。葉小，卵形至橢圓形或寬卵形，長 1～2 公分，寬 6～13 公釐，先端鈍，基部圓至稍呈楔形。花常成對，頂生，具花梗，花冠管狀，長約 1 公分，具短毛或光滑，花冠喉部被細毛，花瓣緣具毛狀物或無緣毛。蒴果的宿存萼片明顯，被毛。

　　台灣生長於天長、大同至大禮一帶及天祥等地，喜生於石灰岩壁上。中國東南亦產。

花瓣緣具毛狀物者

花瓣緣無毛者

蒴果的宿存萼片明顯，具毛。

花冠管狀，長約 1 公分。

植株

白花蛇根草

屬名　蛇根草屬
學名　*Ophiorrhiza pumila* Champ. *ex* Benth.

植株小於 20 公分。葉卵形至長橢圓狀卵形，長 2～7 公分，先端銳尖，基部楔形，歪斜，表面疏被毛至變無毛，葉柄長 3～15 公釐。花小，花冠筒長 4～6 公釐，外表被毛，花冠喉部被毛。

　　產於日本及琉球，在台灣分布於北部之低海拔闊葉林中。

花小

植株小於 20 公分。葉卵形至長橢圓狀卵形。

花冠筒長 4～6 公釐。

雞屎藤屬 PAEDERIA

多年生木質草本，搓揉後有臭味。葉對生或 3 枚輪生，羽狀脈；托葉生於葉柄間，早落。頂生或近頂生之圓錐狀聚繖花序，最先端的花枝常捲曲；花萼鐘形，五裂，宿存；花冠高杯形，外面白色，裂片 5，於花苞時鑷合狀；雄蕊著生於花冠筒，內藏；子房 2 室，每室 1 胚珠，柱頭捲曲。果實為核果。

毛雞屎藤

屬名　雞屎藤屬
學名　*Paederia cavaleriei* Lév.

攀緣性藤本，莖密生細毛。葉卵狀至披針形，上下表面密生細毛；托葉生於葉柄間，早落。頂生或近頂生之圓錐狀聚繖花序，最先端的花枝常捲曲；花萼鐘形，五裂，宿存；花冠高杯形，喉部紅紫色，外面白色，裂片 5，於花苞時鑷合狀。核果球形，油亮。

　　分布於中國長江以南、印度至印尼、韓國、琉球及日本；在台灣全島可見。

花邊緣不規則裂（陳柏豪攝）

花較雞屎藤長些（陳柏豪攝）

果序

全株有毛（陳柏豪攝）

雞屎藤

屬名　雞屎藤屬
學名　*Paederia foetida* L.

攀緣性藤本。葉卵形、卵狀長橢圓形、披針形至線狀披針形，兩面平滑或疏被毛。花冠長鐘形，長 1 ～ 1.2 公分，喉部紅紫色，筒外密被綿毛，內側上半部被毛。果實球形，平滑無毛。

　　產於喜馬拉雅山區、印度、緬甸、中南半島、中國中南部、日本及馬來西亞；在台灣分布於全島低海拔地區。

有些雄蕊可見於喉口

花冠喉部紅紫色，外面白色，喉部具腺毛。此為雄蕊內藏者。

葉兩面平滑或疏被毛

花冠筒為直筒狀

果球形，平滑無毛。

茜木屬（大沙葉屬）PAVETTA

灌木至小喬木。葉對生，膜質，羽狀脈；托葉生於葉柄間，合生成短鞘狀。三岔聚繖花序頂生，具 2 小苞片；花萼壺狀，4 齒，宿存；花冠高杯形，裂片 4，於花苞時捲旋狀；雄蕊著生於花冠筒口；花柱長為冠筒之 2 倍，柱頭纖細，子房 2 室，每室 1 胚珠。果實為漿果。

茜木

屬名	茜木屬
學名	*Pavetta indica* L.

小喬木或灌木，植株無毛。葉略近革質，倒卵形或橢圓形，長 6 ～ 12 公分，側脈 6 ～ 8 對。花序徑達 12 公分，花白色，芳香；花冠四裂，裂片長橢圓形，長度約為花冠筒之半；花柱細長，絲狀，花柱長度為冠筒之 2 倍，雄蕊 4。漿果球形，直徑 5 ～ 6 公釐，先端有小型之宿存萼片。

　　產於熱帶亞洲；在台灣僅見於離島蘭嶼之海岸林內，稀有。

花序徑達 12 公分，花白色。

漿果球形，徑 5 ～ 6 公釐，先端有小的宿存萼片。

花柱為冠筒 2 倍長

葉略革質，倒卵形或橢圓形，側脈 6 ～ 8 對。

九節木屬 PSYCHOTRIA

灌木或藤本，無毛。葉對生，羽狀脈，托葉生於葉柄間。花白綠色，花萼鐘形，通常五裂；花冠杯狀，喉部被長柔毛，裂片通常為5，於花苞時鑷合狀；兩性花常異型花柱，稀單性，雌雄花各具不育之雄蕊或雌蕊；子房2室，每室1胚珠，柱頭二岔。果實為核果。

蘭嶼九節木

屬名	九節木屬
學名	*Psychotria cephalophora* Merr.

葉長橢圓形、橢圓形或長橢圓狀披針形，長 10～16 公分，先端漸尖，中肋隆起，葉乾時紅色。圓錐花序縮頭呈頭狀，頂生，花序梗極短；兩性花，具異型花柱；花白色或黃白色，花冠筒外光滑，內有長絨毛。果實卵形至圓形。

　　產於菲律賓，在台灣分布於離島蘭嶼之森林中。

圓錐花序縮頭呈頭狀，花序梗極短，頂生。

花冠筒外光滑，內有長絨毛。

葉中肋隆起

結果之植株

琉球九節木

屬名	九節木屬
學名	*Psychotria manillensis* Bartl. *ex* DC.

葉長橢圓形、橢圓形或長橢圓狀披針形，長9～19公分，先端漸尖至銳尖，側脈7～10對。聚繖花序，花序梗長5～15公分，無毛；花白色，兩性，異型花柱。果實橢圓形，成熟時紅轉黑色，果梗有毛。

　　產於琉球及菲律賓，在台灣分布於離島蘭嶼及綠島之森林中。

花序梗長5～15公分，無毛。

花白綠色，兩性。

與蘭嶼九節木相似，但其果序及花序較長者。果橢圓形。

葉長橢圓形、橢圓形或長橢圓狀披針形，側脈 7～10 對。

九節木

屬名　九節木屬
學名　*Psychotria asiatica* L.

葉長橢圓形、橢圓形至長橢圓狀披針形，長 9 ～ 20 公分，先端漸尖至銳尖。花序梗長 4 ～ 7 公分，被毛；花白色；花柱二岔，柱頭密毛。果實球形，紅色或橘紅色。

　　產於中國南部、中南半島、琉球及日本；在台灣分布於全島低海拔之闊葉林中。

雄花

花柱二岔，柱頭密毛。

花喉部被長柔毛，裂片通常為 5，少數為 6。

花冠杯狀

果球形，紅色或橘紅色。（vs. 琉球九節木的果橢圓形）

拎壁龍（風不動）

屬名 九節木屬
學名 *Psychotria serpens* L.

附生性攀緣植物，具不定根。葉橢圓形至長橢圓形，長 2～5 公分，寬 1～2.2 公分，先端銳尖。花冠綠白色，杯狀，裂片 5，兩性，異型花柱。果實成熟時白色。

產於中國、中南半島、琉球及日本；在台灣分布於全島低海拔闊葉林中。

果熟白色

長花柱型花

開花之植株

附生性攀援植物，具不定根。

滿樹之白果

茜草樹屬 RANDIA

灌木或小喬木。葉對生，有時其中之一退化不發育，薄革質，羽狀脈，托葉生於葉柄間。花單生或成聚繖花序，腋生狀；花萼鐘形，裂片 4 或 5；花冠漏斗狀或高杯狀，裂片 4 或 5，於花苞時捲曲狀；雄蕊著生於花冠喉部或其附近，突出或內藏；子房 2 室，胚珠多數，柱頭紡錘狀。果實為漿果。

台北茜草樹

屬名	茜草樹屬
學名	*Randia canthioides* Champ. *ex* Benth.

常綠喬木，小枝無毛。葉長橢圓狀披針形至長橢圓形，長 6 ～ 13 公分，寬 2 ～ 6 公分，先端漸尖，無毛；托葉扁三角形，小於 3 公釐。繖形狀聚繖花序，著花 3 ～ 7 朵；花萼綠色，萼齒 5，無毛；花瓣白色，5 枚，花初開時平展，旋即反捲，內面基部被毛；雄蕊輳合。漿果球形，疏被毛。

　　產於中國及琉球，在台灣分布於北部低海拔之常綠闊葉林中。

花瓣 5，花初開時平展，旋即反捲，內面基部被毛；萼齒 5，無毛，綠色；雄蕊輳合。

漿果球形，疏被毛。

葉長橢圓狀披針形至長橢圓形，長 6 ～ 13 公分，寬 2 ～ 6 公分，先端漸尖，無毛。

茜草樹（龍蝦）

屬名	茜草樹屬
學名	*Randia cochinchinensis* (Lour.) Merr.

常綠小喬木，莖枝無毛。葉長橢圓狀披針形至長橢圓形，長 8 ～ 14 公分，寬 3 ～ 4 公分，先端漸尖至銳尖，側脈基部有毛叢；托葉三角形，長度超過 5 公釐。聚繖花序，花多，淡黃色，長約 1 公分，喉有白軟毛；萼片 4 或 5，淺黃色。漿果近球形，徑 5 ～ 8 公釐，光滑無毛。

　　產於中國、日本、琉球、馬來西亞、印度、中南半島、菲律賓及澳洲；在台灣分布於全島低海拔之常綠闊葉林中。

花後花瓣反捲

聚繖花序，花多，淡黃色，長約 1 公分。

分布於台灣全島低海拔常綠闊葉林中

華茜草樹

屬名	茜草樹屬
學名	*Randia sinensis* (Lour.) Roem. & Schult.

花通常 5 數

小喬木或灌木，莖枝變無毛，腋間具刺，每節 2 刺。葉長橢圓形至長橢圓狀倒卵形，長 3～10 公分，寬 1～4 公分，先端銳尖，葉背脈被毛，托葉刺狀。繖房狀聚繖花序；萼片 4～5，密被毛；花瓣 4～5 枚，白色，冠筒基部內面被直柔毛。漿果近球形，徑 7～10 公釐，初被毛後漸轉為光滑。

產於中國；在台灣分布於中、南部中海拔之常綠闊葉林中。

果球形

葉長橢圓形至長橢圓狀倒卵形，長 3～10 公分，寬 1～4 公分。

托葉刺狀

花頂生的繖形花序，花期晚春。

對面花

屬名　茜草樹屬

學名　*Randia spinosa* (Thunb.) Poir.

落葉小喬木，莖枝被毛，腋間具刺，每節 1 刺。葉生於枝條頂端，長橢圓形、長橢圓狀卵形至長橢圓狀倒卵形，長 2 ～ 6 公分，先端漸尖至銳尖，脈被毛，托葉三角形。花單一，偶 2 ～ 3 朵頂生，近無柄；萼片 5，被毛；花瓣 5，白色至淡黃色，花冠喉部被毛。果實球形，具稜，頂端有宿存花萼。

　　產於中國南部、印度、斯里蘭卡、馬來西亞及緬甸；在台灣分布於全島中、低海拔之闊葉林中。

花單一，偶 2 ～ 3 朵頂生。

果球形，具稜，頂端有宿存花萼。

結實纍纍的植株

葉常聚生枝條頂端

大果玉心花

屬名　茜草樹屬

學名　*Randia wallichii* Hook. f.

常綠喬木，莖枝無毛。葉倒卵狀長橢圓形至倒披針形，長 10 ～ 18 公分，寬 4 ～ 7 公分，先端漸尖，無毛，托葉三角形。繖房狀聚繖花序；萼片 5 ～ 6，被毛；花瓣 4 ～ 7，黃色，冠喉下方被毛。漿果球形，徑約 1.5 公分。

　　分布於印度、斯里蘭卡、孟加拉、不丹、尼泊爾、中國南部、緬甸、泰國、寮國、柬埔寨、越南、馬來半島、爪哇、婆羅洲及菲律賓；在台灣產於離島蘭嶼之闊葉林中。

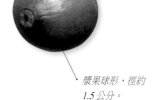

漿果球形，徑約 1.5 公分。

葉倒卵狀長橢圓形至倒披針形，長 10 ～ 18 公分，寬 4 ～ 7 公分。

花

擬鴨舌癀屬 RICHARDIA

草本，莖枝被毛。葉對生，羽狀脈；托葉生於葉柄間，與葉柄連生，形成鞘筒，先端具 4 ～ 5 刺毛。頂生頭狀花序，總苞片 2 ～ 6 枚；花萼倒圓錐球形，裂片 6，糙澀，早落；花冠漏斗狀，白色，裂片 4 ～ 6，於花苞時鑷合狀；雄蕊著生於冠筒，突出；子房 2 ～ 6 室，每室 1 胚珠，柱頭三岔。果實為蒴果。

巴西擬鴨舌癀

屬名	擬鴨舌癀屬
學名	*Richardia brasiliensis* Gomes

一至多年生草本，高 20 ～ 40 公分；莖匍匐或斜上，具稜，多分枝，帶紅色，被毛。單葉，對生，長橢圓形、卵形或橢圓狀披針形，長 1.5 ～ 4（7）公分，寬 0.8 ～ 2 公分，先端銳尖，基部楔形，兩面被糙毛，近無柄。頭狀花序，頂生，花超過 20 朵；葉狀總苞 1 ～ 2 對，闊卵形；花萼六裂，裂片披針形，邊緣具纖毛；花冠白色，漏斗狀筒形，長 3 ～ 8 公釐，徑約 7 公釐，（四至）六裂，裂片卵狀橢圓形；雄蕊（4 ～）6；子房3 室。蒴果褐色，倒卵形，熟時 3 瓣裂，被毛。種子褐色，疏被鱗片狀物。

原生於南美洲，歸化於全台之荒地。

花萼裂片 6，糙澀，被毛。

柱頭三岔

葉對生，粗糙，葉緣有毛。

蒴果，有明顯的短刺毛。

擬鴨舌癀

屬名	擬鴨舌癀屬
學名	*Richardia scabra* L.

一年生至多年生草本。葉長橢圓形至長橢圓狀披針形，長 2 ～ 7 公分，寬 0.8 ～ 3 公分，先端銳尖，葉面糙澀。頭狀花序著花 10 朵以上；花萼長 2 ～ 3.5 公釐，裂片 6；花冠外面上部被毛，裂片通常為 6，喉部具環狀毛。

原產於安德列斯群島及北美與南美洲，歸化於廣西、海南島及台灣；在台灣分布於西部海邊及近海之向陽沙質地。

蒴果長約 5 公釐，沒有明顯的短刺毛。

頭狀花序頂生

花瓣先端尖

茜草屬 RUBIA

多 年生草本，莖枝常具皮刺。葉狀托葉 4 ～ 12 枚輪生，掌狀脈。聚繖花序；花萼壺形，無明顯裂片；花冠鐘形，白色，裂片 4 或 5，於花苞時鑷合狀；雄蕊著生於冠筒，稍突出；子房 2 室，每室 1 胚珠，花柱 2 或先端二岔。漿果黑色。

紅藤仔草

屬名 茜草屬
學名 *Rubia akane* Nakai var. *akane*

多年生藤本狀草本，攀緣性，莖可長至 1 公尺餘，四稜，糙澀，被倒刺，基部及根常帶紅色。葉近革質，心形，長 2 ～ 6 公分，葉基心形，5 主脈，脈上及葉緣具倒刺。花冠白色，鐘形，裂片 5；雄蕊 5，著生於花冠筒內部，稍突出冠口，花藥長橢圓形；花柱二岔。果實成對或單一，長 4 ～ 5 公釐，寬 3 ～ 8 公釐，成熟時黑色。

產於中國；在台灣分布於全島中、低海拔之開闊地及林緣。

葉脈上及葉緣具倒刺

花冠裂片 4 或 5，雄蕊冠筒著生，稍突出，花柱二岔。

葉心形，長 2 ～ 6 公分，近革質，5 主脈，葉基心形。

莖四稜，糙澀，具倒刺。

聚繖花序，花小。

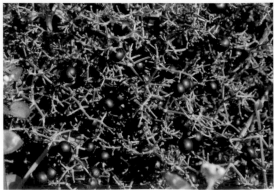

果黑熟

直立紅藤草 特有種

屬名　茜草屬
學名　*Rubia akane* Nakai var. *erecta* Masam.

承名變種（紅藤仔草，見前頁）之差別在於本變種植株為直立或斜升；葉多為 4 枚輪生，心形或狹卵形，5 ～ 7 主脈，葉緣有倒刺；花大多為 5 數，花冠內面具毛，花柱二岔。

　　特有變種，僅發現於台灣中部及北部海拔約 2,200 公尺之森林中。

花大多為 5 數，花柱二岔，花內面具毛。

本種植株為直立或斜升

葉心形或狹卵形，葉多為 4 枚輪生。

金劍草 特有種

屬名　茜草屬
學名　*Rubia lanceolata* Hayata

蔓性草本，莖四稜，糙澀，被倒刺。葉 4 枚輪生，革質，披針形至長橢圓狀披針形，長 3 ～ 12 公分，葉基心形或截平，3 主脈，脈上及葉緣具倒刺。花冠白色，鐘形，五裂，裂片卵形至披針形，先端漸尖；雄蕊 5，花柱二岔。果實成對，球狀，長 5 ～ 7 公釐，成熟時黑色。

　　特有種，產於台灣全島中、高海拔之開闊地及林緣。

葉革質，4 枚輪生，披針形至長橢圓狀披針形。

林氏茜草 特有種

屬名　茜草屬
學名　*Rubia linii* C. Y. Chao

蔓性草本，莖近圓形，疏被倒刺或平滑無刺。葉 4 枚
輪生，紙質，倒卵形、長橢圓形或長橢圓狀披針形，
長 2 ～ 8 公分，葉基心形或截平，3 主脈，表面平滑
無刺，葉柄具倒刺。花冠黃白色，四或五裂；雄蕊 4，
與花冠裂片互生，花絲短，長 0.1 公釐，花藥長橢圓
形；花柱 2，長 0.1 公釐。果實成對，徑 4 ～ 7 公釐，
成熟時黑色。種子 2。

　　特有種，產於台灣全島中、低海拔山區之林緣。

花大多為 5 數，
花柱二岔。

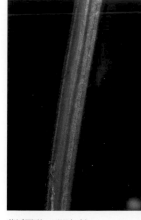

莖近圓形，平滑無刺。

蔓性草本。葉紙質。

蛇舌草屬 SCLEROMITRION

年生或多年生草本；花序頂生或腋生；花柱同型，雌、雄蕊均伸出花冠筒外；蒴果室背開裂；種子三稜形。

細葉龍吐珠 (纖花耳草)

屬名	蛇舌草屬
學名	*Scleromitrion angustifolium* (Cham. & Schltdl.) Benth.

多年生草本，下部節處常生根，莖無毛。葉稍肉質，線形至線狀披針形，長 1.5 ～ 4.5 公分，一主脈，無毛，無柄；托葉被粗毛，先端刺毛狀。花 1 ～ 5 朵於腋間叢生，花冠白色，無毛，雄蕊著生於冠筒上方，突出，具明顯花絲。

　　產於亞洲熱帶地區，在台灣分布於全島低海拔之荒地及森林中。

花冠白色，無毛；雄蕊著生於花冠筒上方，突出。

果無梗

花冠白色，無毛，雄蕊於冠筒上方著生，突出。

葉稍肉質，線形至線狀披針形，葉尖朝向根部。

白花蛇舌草 (擬定經草)

屬名	蛇舌草屬
學名	*Scleromitrion brachypodum* (DC.) T. C. Hsu

一年生直立或斜升草本，莖無毛。葉線形至線狀披針形，長 1.5 ～ 6 公分，側脈不明顯，無毛，無柄，托葉剛毛緣。花 1 ～ 2（3）朵腋生，花冠白色，無毛，雄蕊著生於花冠裂片凹處，無花梗或粗短梗。蒴果光滑無毛。

　　產於中國、孟加拉、不丹、印度、印尼、日本、馬六甲、尼泊爾、菲律賓及越南；在台灣分布於全島低海拔地區。

花冠白色，無毛。

葉線形至線狀披針形，長 1.5 ～ 6 公分，無毛。

莖無毛；花 1 ～ 2（3）朵，腋生。

定經草（圓莖耳草）

屬名 蛇舌草屬

學名 *Scleromitrion diffusum* (Willd.) R. J. Wang

直立或斜升草本，粗糙，不光滑，常呈紅色。葉線狀披針形，長 12 ～ 25 公分，單一主脈，無毛，無柄，托葉先端具刺毛。聚繖花序 1 ～ 2 分枝，單一分枝 1 ～ 3 朵花，花 3 ～ 8 朵，少數為 1 ～ 2 朵，具明顯花序梗；花冠白色，無毛，雄蕊著生於花冠裂片凹處。蒴果表面粗糙。與白花蛇舌草（*H. brachypoda*，見 271 頁）非常相似，兩者以莖及蒴果光滑否來區別。

產於中國南部、韓國、日本及琉球；在台灣分布於南部低海拔地區。

花冠白色，無毛。（蘇建育攝）

蒴果粗糙（蘇建育攝）

直立或斜升草本，粗糙，不光滑。

植株與白花蛇舌草（擬定經草）非常相似

松葉耳草

屬名　蛇舌草屬
學名　*Scleromitrion pinifolium* (Wall.) R. J. Wang

莖基部常分枝。葉對生，堅硬，線形，長 1 ～ 3.5 公分，寬 1 ～ 1.2 公分，先端短尖，葉緣反捲，葉面被硬毛，無柄。頂生或叢狀聚繖花序，花冠先端常有紫紅暈，外部光滑無毛。果實及宿存萼片密生毛狀物。

　　產於東南亞，自印度南部、泰國、爪哇至馬來西亞、新加坡及中國南部；在台灣分布於花蓮壽豐、台中大肚山及金門。

果及宿存萼片密生毛狀物（蘇建育攝）

花柱兩裂，雄蕊 4。

葉對生，無柄，堅硬，線形；頂生或叢狀聚繖花序。

粗葉耳草

屬名　蛇舌草屬
學名　*Scleromitrion verticillata*（L.）R. J. Wang

多年生斜升草本，莖被刺毛。葉線狀披針形至披針形，長 2 ～ 9 公分，側脈不明顯，背面主脈及葉緣被粗毛；葉近無柄，或柄長達 1.5 公分；托葉先端具纖長刺毛。花通常數朵於腋間叢生，花冠白色，冠筒內面疏被毛，雄蕊著生於冠筒上方，突出。

　　產於南亞及密克羅尼西亞，在台灣局限分布於嘉義之低海拔平野。

花數朵於腋間叢生；花冠白色，冠筒密被毛。

葉線狀披針形至披針形，長 2 ～ 9 公分，側脈不明顯。

蘊璋耳草

屬名　蛇舌草屬
學名　*Scleromitrion koana* R. J. Wang

在台灣與本種最為相似的植物為繖花龍吐珠（*O. corymbosa*，見 232 頁）和定經草（*S. diffusa*，見 272 頁），本種與繖花龍吐珠的區別在於本種之花冠內部光滑（vs. 具毛狀物），花總是單生或雙花成聚繖花序（vs. 3 朵或更多成聚繖花序）；與定經草之區別在於本種的葉甚窄，寬 0.7 ～ 1.5 公釐（vs. 1.5 ～ 7 公釐），花梗較長，長 1.5 ～ 2.8 公分（vs. 0.1 ～ 0.6 公分）；此外，本種的花序頂生及於莖上部腋生，與另二者的腋生亦有差別。

　　分布於中國南部；在台灣生於海拔 50 ～ 100 公尺之開闊草生地。

果實側面（許天銓攝）

花冠側面（許天銓攝）

莖及葉（許天銓攝）

植株直立（許天銓攝）

西拉雅蛇舌草 特有種

屬名　蛇舌草屬
學名　*Scleromitrion sirayanum* T.C. Hsu & Z.H. Chen

多年生草本，高可達 20 公分，莖匍匐。葉無柄或近無柄，葉薄革質，披針形長圓形到橢圓形，長 1.5 ～ 4.2 公分，寬 3 ～ 6（～ 8）公分，葉面光滑或在近葉緣及先端有糙毛，葉背光滑。花冠 4 數，白色，常帶有粉紅色，光滑，花冠筒狀長 4 ～ 6 公釐，花徑大約 0.5 公釐，裂片狹橢圓形至長橢圓形，常反捲，基部密生絨毛。雄蕊 4，花藥外露，白色，大約 1 公釐長；花柱二裂，球形；花柱光滑，外露，長 4.5 ～ 5.5 公釐。果實囊狀，扁平，頂端扁平，長 2.5 ～ 3.5 公釐。

　　特有種，產於台南淺山山區。

果實（許天銓攝）

花冠 4 數，白色，常帶有粉紅色，光滑。（許天銓攝）

特有種，產台南淺山山區。（許天銓攝）

滿天星屬 SERISSA

灌木。葉對生或叢聚枝端，羽狀脈，無柄或近無柄；托葉生於葉柄間，與葉柄連成剛毛狀短鞘。花白色，單一頂生或稀簇生於葉腋，無花梗；花萼鐘形，裂片 4 ～ 6；花冠漏斗狀，裂片 4 ～ 6，於花苞時鑷合狀；異型花柱；雄蕊著生於花冠喉或花冠口，突出；子房 2 室，每室 1 胚珠，柱頭二岔。果實為核果。

六月雪（滿天星）

屬名　滿天星屬
學名　*Serissa japonica* (Thunb.) Thunb.

常綠灌木，高 45 ～ 100 公分。葉簇生於枝端，長橢圓形至橢圓形，長 5 ～ 21 公釐，近無毛。花冠白色，花萼及花冠各五裂，花瓣裂片先端再三裂，花柱有長短二型。

　　產於中國及日本；在台灣分布於全島中、低海拔林緣，常見於花園及公園，野外較少見。

長花柱而短雄蕊者

短花柱而長雄蕊者

葉對生或叢聚枝端，無柄或近無柄。

雪亞迪草屬 SHERARDIA

頭狀花序，6～8枚苞片合生為總苞；萼片6，披針形，宿存；花冠淡紫色，漏斗狀，裂片4～6；雄蕊著生於花冠筒，花藥突出；子房2室，每室1胚珠，花柱成不等之二岔。核果，成熟時形成2不裂之分核。

單種屬。

雪亞迪草

屬名	雪亞迪草屬
學名	*Sherardia arvensis* L.

一年生匍匐性草本，莖四稜，具倒刺。葉小，4～6枚輪生，倒卵形至倒披針形。花冠四裂，淡紫色。

原產歐洲，歸化於北美及日本等地；在台灣見於中部中、高海拔之向陽草地，如塔塔加附近山區之路邊。

葉4～6枚輪生，葉小。花四裂，淡紫色。

水冬瓜屬 SINOADINA

落葉喬木。葉對生，羽狀脈；托葉生於葉柄間，早落。球形頭狀花序；花具托苞；花萼鐘形，裂片5，宿存；花冠呈筒形漏斗狀，白色，裂片5，於花苞時鑷合狀，被毛；雄蕊著生於花冠上方，內藏；子房2室，胚珠多數，花柱甚突出，柱頭頭狀。果實為蒴果，胞間開裂。

單種屬。

水冬瓜(梨仔)

屬名	水冬瓜屬
學名	*Sinoadina racemosa* (Sieb. & Zucc.) Ridsdale

半落葉性喬木，小枝無毛。葉卵形至長橢圓形，長9～15公分，寬5～10公分，先端銳尖至漸尖，基部心形至圓鈍，側脈明顯，上表面無毛，下表面被毛；葉柄長3～6公分，常紅色。頭狀花序成圓錐狀排列。

產於中國南部、琉球及日本；在台灣分布於全島中、低海拔之闊葉林中。

頭狀花序成圓錐狀排列

葉對生，羽狀脈，側脈明顯，葉柄常紅色。

擬鴨舌癀舅屬 SPERMACOCE

葉對生，羽狀脈；托葉生於葉柄間，與葉柄連生，形成短鞘，先端刺毛狀。花序頭狀，腋生；花萼壺形，被毛，裂片2～4，宿存；花冠漏斗狀，裂片4，於花苞時鑷合狀；雄蕊著生於花冠喉部或花冠筒，突出或內藏；子房2室，每室1胚珠，柱頭二岔。果實為蒴果，成熟時2分核，分核全開裂或其中之一開裂。

鴨舌癀舅

屬名	擬鴨舌癀舅屬
學名	*Spermacoce articularis* L. f.

一年生草本，莖枝被短毛。葉被粗毛，倒卵形至長橢圓形，長1～1.5公分，寬4～20公釐，多少波狀緣，被粗毛，托葉具5～7刺毛。花無小苞片；萼片4，短於花瓣；花瓣裂片4或5，白色帶淺紫色。

　　產於印度、緬甸、中南半島、馬來西亞、中國南部及琉球；在台灣分布於全島低海拔之向陽開闊地或海邊砂地。

植株生於開闊地

花瓣白色帶淺紫色

葉被粗毛，倒卵形至長橢圓形。

果外表被毛

光葉鴨舌癀舅

屬名	擬鴨舌癀舅屬
學名	*Spermacoce assurgens* Ruiz & Pavon

多年生草本，莖枝被短毛至變無毛。葉長橢圓狀披針形，長1.5～6公分，寬4～15公釐，無毛至多少糙澀，托葉具6～9刺毛。花具線形小苞片；萼片4，短於花瓣；花瓣白色帶淺紫色。

　　原產於熱帶美洲，廣泛歸化於熱帶亞洲及熱帶非洲；在台灣見於南部低海拔田野、草地及乾溝。

花瓣裂片4，雄蕊4。

葉長橢圓狀披針形，長1.5～6公分，寬4～15公釐，無毛至多少糙澀。

生於台灣南部低海拔田野、草地及乾溝。

闊葉鴨舌癀舅

屬名	擬鴨舌癀舅屬
學名	*Spermacoce latifolia* Aubl.

多年生草本，莖枝被短毛，帶翼。葉長橢圓狀卵形、橢圓形至長橢圓狀倒卵形，長 1.5 ～ 5 公分，寬 8 ～ 25 公釐，糙澀；托葉具 5 ～ 7 刺毛，刺毛分枝。萼片 4，短於花瓣；花瓣白色帶紫色或純白。果實橢圓形，具毛。

　　原產於美洲熱帶地區，歸化熱帶亞洲；在台灣分布於全島之低山區。

花小，花瓣白色帶紫色。

葉長橢圓狀卵形、橢圓形至長橢圓狀倒卵形。

果橢圓形，具毛。

蔓鴨舌癀舅

屬名	擬鴨舌癀舅屬
學名	*Spermacoce mauritiana* Gideon

多年生草本，莖四稜，稜上被短毛。葉卵形至橢圓形，長 1 ～ 2 公分，寬 4 ～ 10 公釐，光滑無毛至稍糙澀，托葉具 6 ～ 8 刺毛。花頭狀叢生於枝頂，具線形小苞片；萼片 2，與花瓣約等長；花瓣白色帶紫色。

　　廣布全球熱帶地區，在台灣見於南部低地。

花頭狀叢生小枝頂端，花小。

葉卵形至橢圓形，長 1 ～ 2 公分，寬 4 ～ 10 公釐，光滑無毛或近光滑。

擬鴨舌癀舅

屬名	擬鴨舌癀舅屬
學名	*Spermacoce ocymifolia* Willd. *ex* Roem. & Schult.

多年生草本，50～80公分高，全株密生毛。葉對生，卵狀披針形到狹橢圓形，長5～7公分高，寬1～2公分，先端銳尖，基部楔形，側脈5～7對。花序叢生或簇生，生於葉腋。花萼4裂，具毛狀物；花冠白色，4裂，裂片線狀披針形，3公釐長；雄蕊4，插生在喉部；花柱4～5公釐長，柱頭圓形。蒴果長橢圓形，4公釐長，具毛狀物。

　　原生於熱帶美洲，但現在廣泛分布各地。台灣第一次被陳世輝老師記錄於花蓮縣。

托葉撕裂狀（陳柏豪攝）

開花植株（陳柏豪攝）

花腋生（陳柏豪攝）

小鴨舌癀舅

屬名	擬鴨舌癀舅屬
學名	*Spermacoce pusilla* Wall.

一年生草本，直立，高達60公分。葉線形或線狀長橢圓形，長2～7公分，寬2～5公釐。花序頂生或腋生；萼片狹三角形，長1.2公釐；花瓣白色，長1.7～2.4公釐。

　　分布於中國、不丹、印度、印尼、馬來西亞、緬甸、尼泊爾、巴基斯坦、菲律賓、斯里蘭卡、泰國、越南，引進至熱帶非洲等地；在台灣歸化於南部。

葉大多為線形
（楊曆縣攝）

一年生草本，直立，高達60公分。（楊曆縣攝）

玉心花屬 TARENNA

灌木。葉對生，羽狀脈，托葉生於葉柄間。頂生繖房聚繖花序；花萼鐘形，五裂；花冠白色，漏斗狀，裂片 5，披針形，於花苞時捲旋狀，花冠喉被曲柔毛；雄蕊著生於筒口，花藥約與花瓣裂片等長；子房 2 室，每室 2 至多胚珠，花柱至柱頭圓柱狀，突出花冠甚長。果實為漿果，成熟時黑色。

薄葉玉心花 特有種

屬名	玉心花屬
學名	*Tarenna gracilipes* (Hayata) Ohwi

果橢圓形，徑 4～6公釐。

常綠灌木，小枝被短柔毛。葉長橢圓形至長橢圓狀披針形，長 8～15 公分，寬 2～5 公分，先端長漸尖，上表面無毛，下表面及葉柄被毛。花冠白色，長 9～17 公釐，裂片線狀長橢圓形；花柱至柱頭圓柱狀，突出花冠甚長。果實橢圓形，徑 4～6 公釐。

特有種，產於台灣中、南部之低海拔地區。

花柱至柱頭圓柱狀，突出花冠甚長。　葉長橢圓形至長橢圓狀披針形，先端長漸尖。　8月滿樹風華

錫蘭玉心花（蘭嶼玉心花）

屬名	玉心花屬
學名	*Tarenna zeylanica* Gaertn.

小枝光滑無毛。葉橢圓形或長橢圓形，長 17～22 公分，寬 7～11 公分，無毛，葉柄長 7～35 公釐。花冠漏斗狀，長約 1 公分，裂片長橢圓形；雄蕊著生於花冠筒口，花藥約與花瓣裂片等長。果實球形。

產於日本及琉球；在台灣分布於恆春半島、蘭嶼及綠島。

果球形

雄蕊筒口著生，花藥約與花瓣裂片等長。

花期為 3、4 月。　　　　　　　　　　　　　　　　　　小枝光滑無毛。葉橢圓形或長橢圓形。

纖花草屬 THELIGONUM

草本。單葉，莖下部者對生，上部者對生葉之其中一葉退化而成互生狀，三角形或卵形，全緣；托葉對生，膜質，基部癒合。花單性，雌雄同株，2～3朵成腋生聚繖狀花序，花萼三裂，雄蕊6～30。果實為核果，近球狀，包於膜質的宿存花萼內。

台灣纖花草 特有種

屬名	纖花草屬
學名	*Theligonum formosanum* (Ohwi) Ohwi & T. S. Liu

小草本，最高可達15公分。莖上部的葉互生，下部葉對生，葉三角形至卵形，長達1公分，先端銳尖，上表面有長柔毛，下表面脈上有長柔毛，葉身下延至葉柄。花黃白或綠白色，腋生，單性，雄花和雌花常長在同一節上；雄花花被深三裂，裂片先端反捲，雄蕊3～8，花藥線形；雌花小，花被三裂，花柱彎曲。果實扁平，包於薄的宿存花萼內。

特有種，產於關山、四季林道、合歡山、大武山海拔2,000～2,700公尺較潮濕處，不常見。

果包於薄的花萼內

雄花花被深三裂，裂片先端反捲，雄蕊花絲纖細。

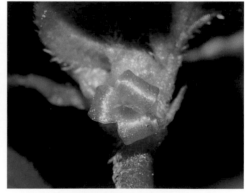
雌花小，花被三裂，花柱彎曲。

產於關山、四季林道、合歡山、大武山海拔2,000～2,700公尺較潮濕處。

葉小，長約1公分。左上的植株已結果。

貝木屬 TIMONIUS

灌木至喬木。葉對生或 3 枚輪生，羽狀脈；托葉生於葉柄間，早落。花腋生，單性，具不孕性花藥或子房，雌雄異株，雄花通常成聚繖花序，雌花通常單生；花萼壺狀，4～5 淺齒，宿存；花冠漏斗狀，外面被毛，內面無毛，裂片 4～10，於花苞時鑷合狀；雄蕊著生於花冠喉部，內藏；雌花柱頭四至多分岔，子房 4 至多室，每室 1 胚珠。果實為核果。

貝木

| 屬名 | 貝木屬 |
| 學名 | *Timonius arboreus* Elmer |

全株平滑無毛。葉橢圓形至長橢圓形，長 8～17 公分，寬 4～7 公分，無毛，近無柄。雄花為聚繖花序，雄蕊 6～8，埋在花冠中；發育不完全的花柱單一，線形，被毛。雌花單一朵由葉腋長出，花梗長 0.8～3 公分，花柱短而多毛，柱頭六至八分岔；不孕性的雄蕊約 6～8 枚環繞在花柱的四周。果實呈肉質狀的扁球形，長 0.8～1 公分，由橄欖綠色轉為黑紫色。種子黑褐色，圓形。

雌花柱頭 6～8 岔

雄花的雄蕊著生於花冠喉部

　　產於菲律賓，在台灣分布於離島蘭嶼及綠島。

果熟時呈紫色

雌花單一朵由葉腋長出

狗骨仔屬 TRICALYSIA

常綠灌木至喬木。葉對生，羽狀脈；托葉生於葉柄間，先端刺尖狀漸尖。腋生聚繖花序，具小苞片，總苞苞片合生為淺盆狀；花萼鐘形，4～6 齒；花冠白色，高杯狀，裂片 5，於花苞時捲曲狀，花冠喉被毛；雄蕊著生於花冠筒上方，突出；子房 2 室，胚珠多數，花柱二深裂，突出。果實為漿果。

狗骨仔

| 屬名 | 狗骨仔屬 |
| 學名 | *Tricalysia dubia* (Lindl.) Ohwi |

小喬木，高可達 8 公尺，全株平滑。葉長橢圓形，長 7～15 公分，寬 3～6 公分，先端尾狀漸尖。花冠黃白色，四深裂，開花旋即反捲，雄蕊 4，花柱二深裂。果實成熟時紅色，球形。

　　產於中國南部及琉球，在台灣分布於全島低海拔之闊葉成熟林中。

花大多生於枝條上

花冠黃白色，四深裂，開花旋即反捲，雄蕊 4，花柱二深裂。

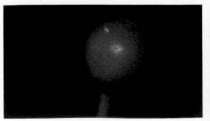

果

鉤藤屬 UNCARIA

木質藤本。葉對生，羽狀脈，葉腋具鉤刺；托葉生於葉柄間，二深裂。球形頭狀花序，腋生狀；花萼紡錘狀，四至五深裂；花冠漏斗狀，裂片 4～5，於花苞時鑷合狀；雄蕊著生於筒口處；花柱甚為突出，柱頭頭狀，子房 2 室，胚珠多數。果實為蒴果。

台灣鉤藤

屬名	鉤藤屬
學名	*Uncaria hirsuta* Havil.

木質藤本，小枝及葉被粗毛。葉橢圓形至長橢圓形，長 9～16 公分，基部圓或略呈心形，兩面被褐色粗毛，托葉裂片卵形，鉤刺被毛。球形頭狀花序；花綠白色或黃白色；花冠漏斗狀，裂片 5；雄蕊著生於花冠筒口處；花柱甚為突出，柱頭粗長條狀。果實成熟時暗褐色至褐紅色。

　　產於中國；在台灣分布於全島中、低海拔之森林中。

花冠漏斗狀，裂片 5；花柱甚為突出。

木質藤本。葉橢圓形。

鉤刺具毛。托葉生於葉柄間，二深裂。枝條具粗毛。

恆春鉤藤

屬名	鉤藤屬
學名	*Uncaria lanosa* Wall. var. *appendiculata* Ridsdale

小枝及葉片被短柔毛。葉橢圓形、長橢圓形或卵形，長 7～11 公分，基部圓或截形，上表面無毛或脈被毛，下表面疏被毛，托葉裂片卵形。球形頭狀花序，花黃色。果實成熟時淺褐色。

　　產於菲律賓、摩鹿加群島；在台灣分布於恆春半島、蘭嶼及綠島之森林中。

果實長細圓筒狀

花序腋生

滿樹的花約於 8 月盛開

與台灣鉤藤相比，其花序的著花數量較少。

鉤藤

屬名　鉤藤屬
學名　*Uncaria rhynchophylla* Miq.

小枝平滑無毛。葉橢圓形，長 6 ～ 11 公分，基部寬楔形，上表面無毛，下表面無毛或葉脈被毛，托葉裂片線形。花黃色。

　　產於中國及日本，在台灣分布於北部之低海拔山區。

球狀頭狀花序

小枝及葉面平滑無毛

鉤刺無毛，托葉裂片線形

水錦樹屬 WENDLANDIA

灌 木至喬木。葉對生，羽狀脈；托葉生於葉柄間，宿存，近無毛。頂生圓錐狀聚繖花序，被毛；花具小苞片；花萼壺形，裂片 4 ～ 5，宿存；花冠呈筒狀或漏斗狀，裂片 4 ～ 5，於花苞時覆瓦狀，喉部被毛；雄蕊著生於花冠筒口處；子房 2 室，胚珠多數，柱頭二岔，突出。果實為蒴果，暗褐色。

水金京

屬名　水錦樹屬
學名　*Wendlandia formosana* Cowan

常綠小灌木，枝條疏微毛。葉對生，長橢圓形至長橢圓狀披針形，長 10 ～ 15 公分，寬 3.5 ～ 5.5 公分，羽狀脈，兩面無毛或近無毛；托葉三角形，長 2 ～ 5 公釐。花冠白色，長漏斗狀，喉部被毛，雄蕊著生於花冠筒口處，柱頭二岔，突出，有花梗。

　　產於中國南部、中南半島及琉球；在台灣分布於全島低海拔森林中。

部分花序

葉對生，羽狀脈，長橢圓形至長橢圓狀披針形，長 10 ～ 15 公分。

柱頭 2 岔，突出；雄蕊於花冠筒口處著生。

呂宋水錦樹

屬名　水錦樹屬
學名　*Wendlandia luzoniensis* DC.

小喬木,枝條無毛。葉長橢圓形至橢圓形,長 10 ～ 20 公分,寬 3.5 ～ 8 公分,兩面無毛或背面近無毛;托葉橢圓形,常反捲,長 5 ～ 7 公釐。大型頂生圓錐狀聚繖花序,花冠白色,長筒狀,裂片先端反捲,喉部被毛,雄蕊著生於筒口,柱頭二岔,突出,無花梗。

　　產於菲律賓,在台灣分布於離島蘭嶼及綠島之森林中。

花無梗,白色。

大型頂生圓錐狀聚繖花序

水錦樹

屬名　水錦樹屬
學名　*Wendlandia uvariifolia* Hance

枝條、葉背及花梗密被毛。葉長橢圓形至橢圓形,長 10 ～ 25 公分,寬 6 ～ 10 公分,表面疏被直柔毛或近無毛;托葉圓形,反捲,長 5 ～ 11 公釐。大型頂生圓錐狀聚繖花序,花冠白色,長管狀,裂片先端反捲,喉部被毛,柱頭二岔,突出,雄蕊著生於筒口處,近無花梗。

　　產於中國南部及中南半島;在台灣分布於全島中、低海拔之森林中,南部較多。

花冠長管狀,裂片先端反捲。

葉長橢圓形至橢圓形,長 10 ～ 25 公分,寬 6 ～ 10 公分。

大型頂生圓錐狀聚繖花序

托葉圓形,反捲,長 5 ～ 11 公釐。枝條、葉背密被毛。

旋花科 CONVOLVULACEAE

草質纏繞性藤本（均右旋）、木質藤本、草本、灌木或稀為喬木。單葉，互生，全緣至裂葉，稀鱗片狀。花常兩性，單生或成二歧聚繖或頭狀花序，常具一對苞片；花部常 5 數；花冠常漏斗狀，在芽時常捲旋；雄蕊與花冠裂片等數而互生，著生於花冠筒基部或中部稍下，花絲絲狀，有時基部稍擴大，等長或不等長；花藥 2 室，內向開裂或側向縱長開裂；花柱 1～2，頂生或少數基生，不裂或上部二尖裂，或幾無花柱，柱頭呈各式形狀。果實為蒴果，稀漿果。

特徵

大多數為藤本。單葉，互生，全緣至裂葉。（濱旋花）

雄蕊與花冠裂片等數而互生，著生花冠筒基部或中部稍下，花絲絲狀，有時基部稍擴大。（掌葉菜欒藤）

蒴果，稀漿果。花萼常在花後增大。（盒果藤）

花冠常為漏斗狀（掌葉菜欒藤）

朝顏屬 ARGYREIA

木質藤本或蔓性灌木。葉背常有銀白色絲毛。花序腋生,稀頂生,少至多花排成聚繖或頭狀花序;萼片 5 枚,花後常增大,草質或皮革狀;花冠紫、紅、粉紅或白色,鐘狀、漏斗狀或管狀,先端近全緣至深裂。漿果橢圓形或球形。

台灣另有脈葉朝顏之紀錄,但此種為引進栽培於庭園,目前並無野生植株。

屏東朝顏 特有種

屬名	朝顏屬
學名	*Argyreia akoensis* S. Z.Yang, P. H.Chen & G. W. Staples

藤本植物。葉互生,卵形,長 5.5 ～ 17.5 公分,寬 4 ～ 12.5 公分,下面密被柔毛,先端銳尖,基部近心形。花序聚繖狀花序,1 ～ 6 花,花冠寬鐘狀,淺裂,外部白色至粉紅色,中心紫紅色,雄蕊與雌蕊突出花冠。

特有種,僅分布屏東低海拔山區。

外部白色至粉紅色,中心紫紅色。(陳柏豪攝)

雄蕊與雌蕊突出花冠(陳柏豪攝)

新芽及葉片被毛(陳柏豪攝)

鈍葉朝顏 特有種

屬名	朝顏屬
學名	*Argyreia formosana* Ishigami *ex* Yamazaki

莖纏繞性,具淡褐色毛。葉紙質,圓心形至三角狀寬卵形,長 6 ～ 11 公分,先端銳尖,基部心形或近截形,葉背具銀絲毛,葉柄長 1.5 ～ 6 公分。總狀花序,花 4 ～ 6 朵;花冠深裂,花冠筒長約 5 公釐;雄蕊 5,花藥淡紅色,與花冠裂片互生。果實球形,外果皮薄革質。

特有種,僅發現於台灣南部。

花冠深裂,冠筒長約 5 公釐。

果球形,外果皮薄革質。

雄蕊 5,花藥淡紅色;雄蕊及花柱突出花冠外。

葉心形,花序腋生。

濱旋花屬 CALYSTEGIA

平臥、直立或纏繞性草本。葉近無柄或有柄，心形、戟形或箭形，稀足形。花單一，或少朵成聚繖花序，腋生；花萼宿存；花冠白或粉紅色，稀淡黃色，漏斗狀，無毛；雄蕊內藏；柱頭 2，棒狀。蒴果球形，無毛，不開裂。

濱旋花

屬名	濱旋花屬
學名	*Calystegia soldanella* (L.) R. Br.

莖平臥或斜立，無毛，生於海邊細砂灘上。葉厚革質，闊心形至三角狀闊心形，長 2～3 公分，寬 3～5 公分，鈍、圓或凹頭，具光澤，無毛。花冠粉紅色或淡紫色，長約 2 公分，花梗長 6～8 公分。果實部分包被於增厚的花萼中，徑約 1.2 公分。

　　產於亞洲南部及東部，在台灣分布於北部及恆春半島東部之沙灘。

花冠粉紅或淡紫色，長約 2 公分。

花漏斗狀，花柱二岔。

莖平臥或斜立，無毛，生於海邊細砂灘上。

菟絲子屬 CUSCUTA

寄 生草本；莖纏繞性，黃色或淡紅色，絲狀，以吸器穿入寄主莖中吸取養分為生。葉退化成細小的鱗片。花序大多成球狀、穗狀、總狀或聚繖狀；花冠白、淡粉紅或米黃色，壺形、管狀、球狀或鐘狀，無花梗或有短梗。蒴果卵狀或球形。

菟絲子

屬名	菟絲子屬
學名	*Cuscuta australis* R. Br.

莖淡黃色，無毛。花密集簇生，花冠長 2 ～ 2.5 公釐，白色，短鐘狀，裂片直立且頂端圓，花柱 2。果實扁球形或略呈倒梨形。種子長 1.5 公釐，淡黃褐色，光滑無毛。

　　產於亞洲東南部至澳洲，在台灣近年僅於陽明山及台東和平有採集紀錄。

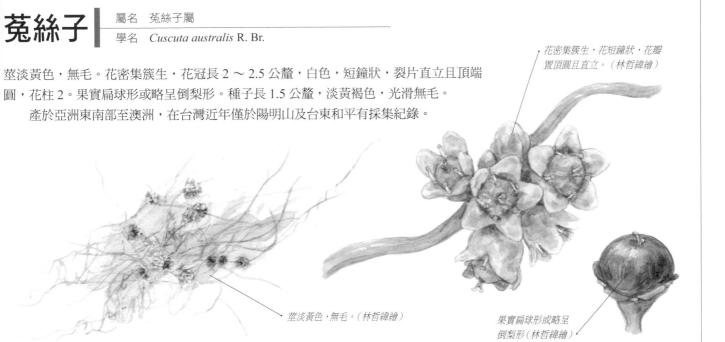

花密集簇生，花短鐘狀，花瓣置頂圓且直立。（林哲緯繪）

莖淡黃色，無毛。（林哲緯繪）

果實扁球形或略呈倒梨形（林哲緯繪）

平原菟絲子

屬名	菟絲子屬
學名	*Cuscuta campestris* Yunck.

花萼裂片卵形至廣卵形，花冠短鐘形，裂片常反折呈廣三角形且頂端尖，鱗片大，呈流蘇狀。蒴果顯露，不被花冠隱藏，球形，但充分成熟時頂端扁平，花柱間隙凹陷，成熟時不規則開裂。種子平滑且種臍平或輕微突起。

　　分布於北美、南美、非洲、歐洲、東亞、南亞至澳洲；在台灣生於全島。

花初開，花冠裂片先端還未反捲。

初果上可見花柱 2

植株常大片生長

花冠裂片常反折，呈廣三角形，頂端尖。

中國菟絲子

屬名　菟絲子屬
學名　*Cuscuta chinensis* Lam.

莖淡黃至淡金黃色，無毛。少至多朵花簇生，或成總狀花序；花萼裂片厚肉質，三角形，外表面具稜；花冠壺形，長 2～2.5 公釐，先端裂片常反折，三角狀卵形，頂端尖或鈍。蒴果被花冠隱藏，果實球形。種子粗糙，種臍顯著突起，長 1 公釐。

　　產於非洲、俄羅斯至亞洲、印尼至澳洲；在台灣分布於中、北部之低海拔地區。

花冠壺形，花冠筒上具稜。（江某攝）

生於澎湖望安之族群（江某攝）

日本菟絲子

屬名　菟絲子屬
學名　*Cuscuta japonica* Choisy var. *japonica*

莖可粗達 4 公釐，較平原菟絲子粗上 1 倍多，老莖上散生著顆粒狀凸起。穗狀花序，基部常多分枝；苞片及小苞片鱗狀，卵圓形，頂端尖；花萼圓柱狀或喇叭狀，裂片 5；花冠鐘狀，白色，長 3～5 公釐，先端五淺裂；雄蕊 5 枚著生於花冠裂片之間；子房球形，2 室，花柱細長，柱頭二岔。

　　原產日本，歸化亞洲各地；在台灣見於中南部。

花長 3～5 公釐。

花柱細長，柱頭二岔。

寄生草本，莖纏繞性。

穗狀花序，基部常多分枝。

台灣菟絲子 特有種

屬名　菟絲子屬

學名　*Cuscuta japonica* Choisy var. *formosana* (Hayata) Yuncker

莖淡黃綠色，無毛。花序穗狀簇生，5～6 朵花；花冠圓柱狀或喇叭狀，長 6～
7 公釐，裂片細齒緣；花柱 1，具 2 柱頭，柱頭四稜形。果實卵形。

特有種，產於台灣全島低海拔地區。

花柱 1，具 2 柱頭。

花序著花多

花長 6～7 公釐。

莖淡黃綠色，無毛。（廖國棟攝）

馬蹄金屬 DICHONDRA

蔓性草本，在節處生根。葉腎形至圓形，全緣，有柄，托葉細小。花單生於葉腋，有梗；花冠鐘形，裂至中部或更下；柱頭頭狀。蒴果不規則 2 瓣裂或不裂。

馬蹄金

屬名	馬蹄金屬
學名	*Dichondra micrantha* Urban

多年生草本，莖纖細，被短毛。葉近圓心形至腎形，長 6 ～ 12 公釐，寬 7 ～ 15 公釐，圓至凹頭。花冠綠色，被長直柔毛；雄蕊 5，插生於花冠裂片間；花梗長 5 ～ 12 公釐，先端急彎向下。果實長 2 ～ 2.6 公釐，被直柔毛。

　　產於東亞、太平洋群島、北美及南美；在台灣分布於低海拔地區。

雄蕊 5，插生於花冠裂片間。

葉近圓心形至腎形

伊立基藤屬 ERYCIBE

木質藤本或蔓性灌木，稀為小喬木。葉互生，全緣。花 5 數，成腋生或頂生的總狀或圓錐狀花序；萼片革質，宿存；花冠鐘狀，深裂，每裂片先端又二淺裂；柱頭具 5 ～ 10 條縱向的直或螺旋狀之稜脊。漿果略呈肉質。

亨利氏伊立基藤

屬名	伊立基藤屬
學名	*Erycibe henryi* Prain

常綠蔓性藤本，小枝無毛。葉薄革質，卵形至卵狀橢圓形，長 5 ～ 10 公分，寬 4.5 ～ 5.5 公分，先端鈍或短突尖，羽狀側脈 4 ～ 5。圓錐花序長 7 ～ 8 公分，具柔毛；花冠白色，長約 1 公分，鐘狀，深裂，每裂片先端又二淺裂；花藥先端有突尖。果實橢圓形，長約 1.8 公分。

　　產於琉球及日本南部，在台灣分布於低海拔密林中。

花冠鐘狀，深裂，每裂片先端又二淺裂。

6 ～ 7 月盛花

果橢圓形，長約 1.8 公分。

土丁桂屬 EVOLVULUS

草本、亞灌木或灌木，莖非纏繞性。葉有柄或無柄，全緣。花一至少朵腋生或數朵成頂生的穗狀或頭狀花序；花冠輪狀、漏斗狀或高杯狀，花瓣外常有直柔毛；柱頭絲狀、圓柱狀或略呈棒狀。蒴果球形或卵形，通常 4 瓣裂。

土丁桂

屬名	土丁桂屬
學名	*Evolvulus alsinoides* (L.) L. var. *alsinoides*

草本，莖纖細，平臥或斜上，長 15～30 公分，多分枝，被短柔毛。葉近無柄，長橢圓形、橢圓形或匙形，長 0.5～1 公分，寬 0.3～1 公分，鈍或微凹頭，兩面多少被貼伏毛或上表面無毛。花腋生；花冠藍紫色、淡藍色或近白色；花柱 2，由基部分支，各支又分二岔。果實球形，無毛。

產於熱帶非洲、澳洲至熱帶亞洲、美洲；在台灣分布於中、低海拔至海邊乾草原或破壞地。

花柱 2，由基部分支，各支又分二岔。

葉兩面多少具貼伏毛，或上表面無毛。

狹葉土丁桂

屬名	土丁桂屬
學名	*Evolvulus alsinoides* (L.) L. var. *decumbens* (R. Br.) Ooststr.

多年生草本，全株被柔毛；莖纖細，匍匐或斜生。葉近無柄，披針形至線形，長 0.7～1.3 公分，寬 1.5～4 公釐，先端漸尖或急尖，兩面被柔毛。花腋生，通常單生；花冠輪狀，直徑 0.7～1 公分，藍紫色或淡藍色。果實球形，四裂，無毛。種子黑色，光滑。

分布於中國華南、東南亞、澳洲及太平洋諸島；在台灣見於中南部及金門。

葉線形至披針形

花藍色

多年生草本，全株有柔毛。

短梗土丁桂

屬名 土丁桂屬
學名 *Evolvulus nummularius* (L.) L.

多年生匍匐性草本；莖纖細，多節，節上生根。葉二列互生，近圓形，基部心形或圓形，先端圓或微凹，全緣，側脈 2 ～ 3 對。花生於葉腋，單出或 2 朵並生；花冠白色，漏斗狀；花梗極短。蒴果卵球形。

原產墨西哥至西印度群島及中美至南美，並歸化於舊世界各地區；在台灣見於南部。

葉二列互生，近圓形，全緣。

花冠白色，漏斗狀。

吊鐘藤屬 HEWITTIA

纏繞或平臥草本，全株被柔毛。花序聚繖狀，萼片銳尖頭，花冠鐘形或漏斗形，淡黃色或白色，長 2 ～ 2.5 公分，花梗長 1 ～ 10 公分。蒴果扁球形，長 8 公釐，寬 1 公分。

吊鐘藤

屬名 吊鐘藤屬
學名 *Hewittia malabarica* (L.) Suresh

纏繞或平臥草本，全株被柔毛。葉卵形至寬卵形，長 3 ～ 12 公分，先端漸尖至鈍，基部心形，兩面被貼伏直柔毛，葉柄長 1 ～ 6 公分。花冠中心常有紅暈，偶為大塊紫斑或黃斑。

產於東半球熱帶地區，在台灣分布於南部之低海拔山區。

花冠淡黃或淡粉紅色者

花冠中心紫色者

纏繞或平臥草本，全株被柔毛；葉卵形至寬卵形。

牽牛花屬 IPOMOEA

草本或灌木，常為纏繞性，偶平臥或匍匐、直立或浮水。葉全緣、分裂或為複葉。花單生或排成聚繖、繖形至頭狀花序，大多為腋生；萼片 5，結果時多少增大；花冠多為白色或紅色，稀為黃色，漏斗狀、鐘狀或高杯狀；柱頭頭狀或 2 ～ 3 球狀。蒴果球狀或卵狀。

　　大星牽牛（*I. trifida* G. Don）曾有紀錄於台灣，但近來無新紀錄。

天茄兒

屬名	牽牛花屬
學名	*Ipomoea alba* L.

無毛或稀有毛的纏繞性藤本，莖常有粗糙的小突起。葉寬心形，稀長心形，長 6 ～ 16 公分，寬 6 ～ 15 公分，先端銳尖，全緣，稀三裂，葉柄長 10 ～ 15 公分。花腋生，一至數朵成聚繖狀花序；萼片不等大，較外側者具芒；花冠高杯狀，白色，花瓣中帶淡綠色。果實卵形，長 2.5 ～ 3.5 公分。種子無毛，淡黃白色至褐色。

　　原產於熱帶美洲；在台灣栽培後逸出，分布於南部及東部之平地。

花冠高杯狀，白色，花瓣中帶淡綠色。

葉寬心形，稀長心形，長 6 ～ 16 公分，寬 6 ～ 15 公分，全緣，稀三裂，銳尖頭。

甕菜(空心菜)

屬名	牽牛花屬
學名	*Ipomoea aquatica* Forsk.

纏繞或匍匐性草本。葉心形、卵形、披針形或三角形，長 3 ～ 15 公分，先端銳尖或鈍至微凹，基部心形、箭形或戟形至鈍圓，無毛，葉柄長 3 ～ 15 公分。花一至數朵成聚繖狀花序；花冠白色，稀紫紅色，漏斗狀，長 2.5 ～ 5 公分。果實卵形或球形，長 7 ～ 10 公釐。

　　原產東南亞，但目前主要分布於中國長江以南之溫熱帶地區；在台灣為重要蔬菜，並歸化於全島平野，喜生長於潮濕處或於水面飄浮。

花冠白色，稀紫紅色，漏斗狀，長 2.5 ～ 5 公分。（郭明裕攝）

重要蔬菜，台灣全島平野歸化，喜生長於潮濕處或於水面飄浮。

甘藷(地瓜)

屬名　牽牛花屬
學名　*Ipomoea batatas* (L.) Lam.

多年生匍匐性草本；莖匍匐或有時前端具纏繞性，在接觸地面的節處生根；具可食的塊根。葉形變異大，輪廓為心形至圓心形，長6～14公分，基部心形至截形，全緣或多少三至五深掌裂，葉柄長4～15公分。花冠桃紅色至淡藍色，鐘狀至漏斗狀。果實卵形。

　　產於熱帶美洲中部及中國各地；在台灣全島平野至淺山栽種或逸出，為重要的雜糧作物。

葉全緣或多少 3 ～五深掌裂。

白花牽牛

屬名　牽牛花屬
學名　*Ipomoea biflora* (L.) Persoon

花冠為筒狀至漏斗狀，長 9 ～ 13 公釐，白色。

纏繞或平臥草本，莖具平展或反曲毛。葉心形或長橢圓狀心形，長 3 ～ 8 公分，先端漸細，疏被貼伏的硬直毛，葉柄長 1 ～ 6 公分。萼片長三角形或狹長三角形，被毛；花冠為筒狀至漏斗狀，長 9 ～ 13 公釐，白色。果實寬卵形至球形，長約 7 公釐。

　　產於中國南部、印度、菲律賓、馬來西亞及澳洲；在台灣分布於全島低海拔地區。

纏繞或平臥草本，莖具平展或反曲毛。

果寬卵形至球形，長約 7 公釐。

番仔藤（槭葉牽牛）

屬名　牽牛花屬

學名　*Ipomoea cairica* (L.) Sweet

纏繞性藤本，無毛，具塊根。葉五至七掌狀全裂，裂片披針形、卵形或橢圓形，長 3 ～ 10 公分，兩端均漸尖，全緣，葉柄長 2 ～ 6 公分。花冠漏斗形，長 4 ～ 6 公分，淡紫色。果實球形。

　　產於熱帶亞洲及非洲，在台灣逸出後歸化於全島低海拔地區。

花冠漏斗形，長 4 ～ 6 公分，淡紫色。

葉五至七掌狀全裂。

樹牽牛

屬名　牽牛花屬

學名　*Ipomoea carnea* Jacq. subsp. *fistulosa* (Mart. *ex* Choisy) D. Austin

直立或斜立灌木，莖非蔓性或纏繞性。葉卵狀至長卵狀心形，長 8 ～ 15 公分，先端漸尖，葉柄長 2.5 ～ 8 公分。花冠漏斗形，長 7 ～ 9 公分，粉紅色或淡紫紅色。果實卵形，長約 2 公分。

　　原產於熱帶美洲，歸化於台灣南部低海拔局部地區。

花冠漏斗形，長 7 ～ 9 公分，粉紅或淡紫紅色。

直立或斜立灌木，莖非蔓性或纏繞性。

橙紅蔦蘿（圓葉蔦蘿）

屬名　牽牛花屬
學名　*Ipomoea cholulensis* Kunth

一年生草本，莖纏繞，平滑，無毛。 葉心形，長 3 ～ 5 公分，寬 2.5 ～ 4 公分，葉全緣，或邊緣為多角形，或有時多角狀深裂，葉脈掌狀。聚繖花序腋生；萼片 5，不相等，卵狀長圓形；花冠高腳碟狀，橙紅色，喉部帶黃色，長達 8 ～ 25 公釐，管細長，於喉部驟然展開，冠簷五深裂；雄蕊 5，顯露於花冠之外，等長，花絲絲狀，基部腫大，有小鱗毛，花藥小；雌蕊稍長於雄蕊；花柱絲狀，柱頭頭狀，二裂。 蒴果小，球形，長約 5 公釐，種子 1 ～ 4，卵圓形，或球形。

原產南美洲。歸化於本島南部野地。

雄蕊 5，顯露於花冠之外，不等長；雌蕊的柱頭頭狀。

原產南美洲。歸化於本島南部野地。

花冠高腳碟狀，橙紅色，喉部帶黃色。

毛果薯

屬名　牽牛花屬
學名　*Ipomoea eriocarpa* R. Br.

纏繞性草本；莖纖細，被伏貼毛。葉形變化大，長披針形、卵形至裂葉三角形，基部偶耳裂或葉呈戟狀，被伏貼毛。花冠淡紅色或淡紫色，鐘狀；子房密被長毛。果實圓錐球形，被長毛。

分布於熱帶亞洲、熱帶非洲、馬達加斯加以及中國四川、雲南等地；歸化於台灣中南部平原。

果圓錐球形，被長毛。

葉形變化大，被伏貼毛。

碗仔花

屬名	牽牛花屬
學名	*Ipomoea hederacea* (L.) Jacq.

纏繞性藤本，纖細，多毛。葉心形，常 3 裂，長 6～9 公分，先端銳尖至漸尖，表面被細柔毛。萼片被毛，披針形至線形；花冠漏斗形，長 3～5 公分，藍色或淡紫色。果實卵形，長約 1.3 公分。

原產熱帶美洲，歸化於台灣低海拔地區。

花冠正面

花冠漏斗形

花萼裂片線狀披針形

果卵形，長約 1.3 公分。

多毛的纖細纏繞性藤本。葉表面具細柔毛，常三裂，心形。

厚葉牽牛

屬名 牽牛花屬
學名 *Ipomoea imperati* (Vahl) Griseb.

多年生蔓性草本，無毛。葉片厚實，葉形變異大，披針形、卵形、長卵狀心形或線形，全緣至三至五裂，長 1.5～6 公分，先端鈍或凹，基部鈍、截形或心形，葉柄長 0.5～4 公分。花冠漏斗形，長 3.5～5 公分，白色，花冠筒內黃色。果實球形，徑約 1 公分。

　　產於南北半球之熱帶地區及亞熱帶地區，在台灣分布於濱海沙灘。澎湖亦產。恆春半島尤多。

花冠漏斗形，長 3.5～5 公分，白色，花冠筒內黃色。

雄蕊 5，不等長。

葉變異大，全緣至三至五裂。

生於台灣濱海沙灘

銳葉牽牛

屬名　牽牛花屬
學名　*Ipomoea indica* (Burm. f.) Merr.

纏繞性草質藤本，稀蔓性，莖多少具長直柔毛。葉寬心形或圓心形，稀三裂，長 4 ～ 10 公分，先端銳尖至漸尖，兩面被毛或近光滑，葉柄長 2 ～ 18 公分。花冠漏斗形，長 5 ～ 8 公分，淡藍紫色至紅紫色。果實球形，徑 1 ～ 1.3 公分。

　　產於熱帶地區，在台灣分布於低海拔。

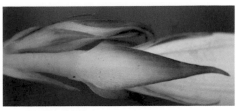

萼片的毛較短，不像碗仔花被密毛。

纏繞性草質藤本，稀蔓性。花淡藍紫色至紅紫色。

本種的花萼闊披針形，披短的柔毛。

擬紅花野牽牛

屬名　牽牛花屬
學名　*Ipomoea leucantha* Jacq.

藤本。葉互生，心形，全緣或常 三深裂，長 5 ～ 8.5 公分，寬 4 ～ 7.5 公分，葉基部心形，葉 9 ～ 10 掌狀脈。花序繖形狀聚繖花序，一至數朵；花萼 5 枚，披針形，長 10 ～ 11 公釐，光滑，先端漸尖或尾狀；花冠粉紅色或淡紫色，漏斗形，長 2 ～ 2.5 公分，直徑 1.5 ～ 2.0 公分，光滑。蒴果亞球形，直徑 7 公釐，密布短柔毛。種子咖啡色，光滑。

原產地美國 東南部、墨西哥、菲律賓、夏威夷、哥倫比亞、委內瑞拉，台灣分部於中低海拔開闊地。

　　擬紅花野牽牛萼片光滑，披針形，先端漸尖形或尾狀，長 10 ～ 11 公釐，種子咖啡色，不具黑斑。

　　紅花野牽牛萼片有毛，橢圓形至長橢圓形，先端銳形，長 6 ～ 7 公釐，種子咖啡色具黑斑。

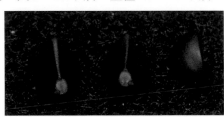

種子咖啡色，光滑。（陳柏豪攝）

花冠粉紅色或淡紫色（陳柏豪攝）

藤本（陳柏豪攝）

海牽牛

屬名 牽牛花屬
學名 *Ipomoea littoralis* Blume

纏繞或蔓性草質藤本。葉卵狀、寬卵狀至稀圓心形或稀腎形，長 3 ～ 10 公分，先端銳尖、漸尖或鈍或具一小突尖，葉柄長 3 ～ 8 公分。萼片密生毛；花冠漏斗形，長 3 ～ 4.5 公分，紫色或粉紅色，花冠筒內紫紅色。果實近球形，徑約 9 公釐。

產於印度洋及太平洋濱海地區，如馬達加斯加、印度、斯里蘭卡、中南半島、澳洲、墨西哥及西印度群島；在台灣分布於南部及東部之近海沙灘及叢林中。綠島及蘭嶼亦產。

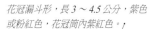

花冠漏斗形，長 3 ～ 4.5 公分，紫色或粉紅色，花冠筒內紫紅色。

葉大多為卵狀、寬卵狀，先端漸尖，長 3 ～ 10 公分。分布於台灣南部及東部近海沙灘及叢林中。

掌葉牽牛

屬名 牽牛花屬
學名 *Ipomoea mauritiana* Jacq.

多年生纏繞性藤本，偶蔓性，無毛，具塊根。葉革質，輪廓為圓心形，長 5 ～ 15 公分，寬 6 ～ 16 公分，五至七掌裂，無毛，葉柄長 3 ～ 10 公分。花冠漏斗形，長 5 ～ 6 公分，淡紫紅色至淡粉紅色。果實卵形，長 1.2 ～ 1.5 公分。

產於熱帶地區，歸化於台灣北部及南部之低海拔。

花冠漏斗形，長 5 ～ 6 公分，淡紫紅至淡粉紅色。（郭明裕攝）

葉光滑，五至七掌裂。

牽牛花

屬名　牽牛花屬
學名　*Ipomoea nil* (L.) Roth.

纏繞性藤本，纖細，莖具密或散生的柔毛。葉輪廓為寬心形或圓心形，長 6 ～ 10 公分，先端短漸尖，全緣或三裂，兩面多少有緊貼的毛，葉柄長 5 ～ 8 公分。萼片披針形，先端細尖；花冠漏斗形，長 5 ～ 8 公分，藍至紅色，稀白色。果實卵形，徑約 1 公分。

　　產於熱帶美洲，歸化於台灣低海拔地區。

紫色花冠（王金源攝）

與碗仔花的花萼皆是披針形，但本種的花萼僅略開，且毛沒有像碗仔花那樣粗長。王金源攝）

果（王金源攝）

萼片披針形，先端細尖。

姬牽牛（野牽牛）

屬名　牽牛花屬
學名　*Ipomoea obscura* (L.) Ker-Gawl.

纏繞性藤本，纖細，莖無毛或有毛。葉寬心形，長 4 ～ 10 公分，先端漸尖，全緣，無毛或被貼伏毛。花冠漏斗形，長 1.5 ～ 1.8 公分，淡黃白色。果實卵形，長 6 ～ 9 公釐。

　　原產熱帶美州，廣泛分布於熱帶亞洲、澳洲及非洲；在台灣全島低海拔山野及荒地皆可見。

花正面

葉寬心形，長 4 ～ 10 公分，全緣。花小，淡黃白色。

馬鞍藤

屬名　牽牛花屬
學名　*Ipomoea pes-caprae* (L.) R. Br. subsp. *brasiliensis* (L.) Ooststr.

匍匐性藤本，無毛，莖在節處生根。葉革質，馬鞍形，長 3 ～ 9 公分，先端凹、截形至深裂，基部截形或略呈心形，全緣。花冠漏斗形，長 3 ～ 6.5 公分，粉紅色至紫羅蘭色。果實卵狀橢圓形，長約 1.2 公分。

　　產於熱帶亞洲、非洲及澳洲北部；在台灣分布於濱海地區，沙岸較多見。

果裂開，可見
有 5 粒種子。

果卵狀橢圓形，長約 1.2 公分。

生長在台灣全島的海濱

葉革質，馬鞍形，長 3 ～ 9 公分，全緣。

九爪藤

屬名　牽牛花屬
學名　*Ipomoea pes-tigridis* L.

纏繞或平臥藤本，莖具貼伏的硬直毛。葉輪廓為圓心形或腎形，徑 6 ～ 10 公分，先端漸尖，三至七掌裂，被密毛。花冠漏斗形，長 3 ～ 4 公分，白色或粉紅色。果實卵形，長約 8 公釐，密被毛。種子表面被毛。

　　產於亞洲及熱帶非洲，在台灣分布於低海拔地區。

花白色

果密被毛

葉三至七掌裂。

種子表面具毛

變葉立牽牛

屬名　牽牛花屬
學名　*Ipomoea polymorpha* Roemer & Schultes

直立草本，幼枝有直柔毛。葉形變異大，狹橢圓形、倒卵形或倒披針形，長 2 ～ 7.5
公分，全緣、波狀緣或不規則羽裂，裂片少，無毛或具稀疏直柔毛，葉柄長 0.5 ～ 3
公分。花單生，近無梗；花冠鐘狀，長約 1.3 公分，紅色。果實球形。
　　產於熱帶亞洲至澳洲東部；在台灣分布於中、南部平地，不常見。

花單生，近無柄；花冠鐘狀，長約 1.3 公分，紅色。

直立草本，幼枝有直柔毛。

葉變異大，狹橢圓、倒卵或倒披針形，全緣、波狀或不規則羽裂，裂片少。

紫花牽牛

屬名　牽牛花屬
學名　*Ipomoea purpurea* (L.) Roth.

莖纏繞性，細長，被毛，嫩莖有長毛茸。葉心
形，長 6 ～ 7 公分，寬 5 ～ 6 公分，全緣，
表面被柔毛。花 1 ～ 3 朵，腋生；花冠漏斗狀，
徑 5 ～ 7 公分，豔紫紅色，中央白色。瘦果
卵球形。種子 6 粒，黑色。與牽牛花（*I. nil*，
見 303 頁）、碗仔花（*I. hederacea*，見 299 頁）
及銳葉牽牛（*I. indica*，見 301 頁）三種相近，
成一複合種。
　　原產熱帶美
洲；台灣於 1972
年自日本引進種
植，現已歸化於
荒野。

花萼裂片與花冠裂片近等長

葉片心形，長 6 ～ 7 公分，寬 5 ～ 6 公分，全緣，葉表被柔毛。

花冠紅色，中央白色。

蔦蘿

屬名	牽牛花屬
學名	*Ipomoea quamoclit* L.

纏繞性藤本，纖細，無毛。葉卵形或橢圓形，長 4 ～
7 公分，羽狀裂，裂片 8 ～ 18，絲狀至線形。花冠
高杯狀，長 2.5 ～ 4 公分，深紅色，稀白色。果實卵
形，長 6 ～ 8 公釐。

　　原產熱帶美洲，歸化於台灣低海拔地區。

花冠高杯狀，長 2.5 ～ 4 公分，深紅色，稀白色。

葉卵形或橢圓形，長 4 ～ 7 公分，羽裂，裂片 8 ～ 18 對，絲狀至線形。

蘇門答臘牽牛

屬名	牽牛花屬
學名	*Ipomoea sumatrana* (Bl.) Ooststr.

灌木狀，莖纏繞性，無毛。葉卵形至心形，長 8 ～
12 公分，先端漸尖至銳尖，基部截形、圓或略呈心
形，全緣，葉柄長 3 ～ 6 公分。花冠細漏斗形，長
2.5 ～ 3.5 公分，白色或紫色。果實卵形，長約 8 公釐。

　　分布於泰國、越南、中國南部、馬來西亞及印尼；
在台灣見於台中及嘉義等低海拔地區。

花冠細漏斗形（嚴新復攝）

莖纏繞性，無毛。葉卵至心形，長 8 ～ 12 公分，全緣。（嚴新復攝）

大星牽牛（三裂葉牽牛）

屬名	牽牛花屬
學名	*Ipomoea trifida* (Kunth) G. Don

纏繞性草本，莖被毛或光滑。葉寬卵形或圓形，長 4 ～ 8 公分，寬 5 ～ 9 公分，全緣至三裂，基部心形；葉柄長約 18 公分，光滑。聚繖花序一至多朵花，排列緊密；花梗長 2 ～ 13 公分，小花梗長約 1 公分，萼片近等大，長 8 公釐，長橢圓形至橢圓形，先端銳尖至短突尖，被毛，雄蕊和花柱不外露，花絲基部被毛；子房被毛。蒴果近球形，直徑 6 ～ 7 公釐，被毛；種子長 4 公釐，腹側脊上略為被毛。

　　原生於熱帶美洲，於台灣引進栽培後溢出並歸化。

聚繖花序 1 至多朵花，排列緊密。（林哲緯繪）

纏繞性草本，莖被毛或光滑。（林哲緯繪）

紅花野牽牛

屬名	牽牛花屬
學名	*Ipomoea triloba* L.

纏繞性藤本，稀平臥，莖無毛或疏毛。葉寬心形或圓心形，長 2.5 ～ 8 公分，先端銳尖，全緣、粗齒緣至深三裂，略被長直柔毛。萼片外表被毛狀物，長橢圓形或橢圓形；花冠漏斗形，長 1.8 ～ 2 公分，粉紅色或紫紅色；子房有毛。果實近球形，徑約 6 公釐。

　　產於熱帶；在台灣分布於中、南部低海拔地區。

花瓣先端具突尖

萼片外表被毛狀物

花冠漏斗形，長 1.8 ～ 2 公分，粉紅或紫紅色。

圓萼天茄兒

屬名　牽牛花屬
學名　*Ipomoea violacea* L.

纏繞性藤本，無毛；莖光滑，稀具小瘤突。葉心形至圓心形，長達18公分，先端漸尖，全緣，葉柄長3.5～16公分。萼片等大，先端圓形，萼片緊貼花冠筒；花冠高杯狀，長9～12公分，白色，中心淡綠色。果實球形，長約2公分。

　　產於熱帶美洲、熱帶東非、熱帶亞洲及大洋洲群島；在台灣分布於南部近海岸地區。

萼片等大

葉心形至圓心形。夜間開花。

檆葉小牽牛

屬名　牽牛花屬
學名　*Ipomoea wrightii* A. Gray

纏繞性藤本，纖細，莖無毛。鳥趾狀複葉，小葉通常5枚，披針形或線狀披針形，長3～6公分，先端銳尖，全緣，無毛，葉柄長約8公分。花冠鐘狀漏斗形，長1.5～2公分，淡紫色或紫色。果實球狀至卵形，長8～10公釐。

　　原產墨西哥及美國，在台灣分布於東部及台中之低海拔地區。

花淡紫色或紫色

花冠鐘狀漏斗形，長1.5～2公分。

足狀複葉，小葉通常5枚，披針形或線狀披針形。

娥房藤屬 JACQUEMONTIA

草本或木質纏繞性藤本，稀直立；通常具星狀毛，稀無毛。葉有柄，常心形，全緣，稀齒緣或裂葉。花腋生，成繖形或頭狀的聚繖狀花序，較少蠍尾狀聚繖、密集的頂生穗狀或頭狀，或單生；花冠漏斗狀或鐘狀。蒴果球形，4 或 8 瓣。

娥房藤

屬名	娥房藤屬
學名	*Jacquemontia paniculata* (Burm. f.) Hall. f.

纏繞性草本。葉卵形或卵狀長橢圓形，長 2～8 公分，先端漸尖、銳尖至鈍，基部圓至截形，全緣，無毛或近於無毛。花冠鐘形至近於輪形，長 8～10 公釐，淡紫、淡藍或稀白色；花絲近等長。果實球形，長 3～4 公釐。

　　產於東南亞、熱帶澳洲等地；在台灣分布於低海拔之次生林。

果球形

花直徑 8～10 公釐

葉大無毛或近於無毛

多花娥房藤

屬名	娥房藤屬
學名	*Jacquemontia polyantha* (Schltdl. & Cham.) Hall. f.

葉長約 3 公分，寬約 1.4 公分，邊緣隱約波浪狀，下表面明顯被星狀毛，但上表面不甚明顯。萼片 5 枚，覆瓦狀，兩面被星狀毛；花冠白色至淡粉紅色，直徑 1 公分；雄蕊 5，其中之一較其他雄蕊長，花絲基部與花冠筒連生且被些許短毛。蒴果光滑，通常有種子 4 粒。種子邊緣具翅。

　　原產墨西哥；台灣歸化於恆春半島、南投縣及小琉球。

白色至淡粉紅色

果球形

全株被毛

果熟裂開，萼片被星狀毛。

長梗毛娥房藤

屬名　娥房藤屬
學名　*Jacquemontia tamnifolia* (L.) Griseb.

纏繞性藤本，莖具粗毛。葉心形至寬心形，長 3～10 公分，先端銳尖至突尖或漸尖，漸無毛。花序頭狀，包於大的葉狀苞片內，花序梗長 6～8 公分；花冠鐘形，徑約 1 公分，藍色或近於白色；萼片長 1～1.5 公分。果實球形，長 4～5 公釐。

　　原產於熱帶美洲，在台灣歸化於北部低海拔之破壞地。

花序頭狀，包於大的葉狀苞片，花序梗長 6～8 公分。（楊曆縣攝）

葉心形至寬心形（楊曆縣攝）

鱗蕊藤屬 LEPISTEMON

草質或木質纏繞性藤本，通常具柔毛。葉有柄，心形至圓心形，全緣至三至五裂。花腋生，排成密集纖形的聚繖狀花序；花冠壺形；雄蕊及雌蕊內藏；柱頭 2，頭狀。蒴果球形，4 瓣。

　　台灣有 2 種。

鱗蕊藤

屬名　鱗蕊藤屬
學名　*Lepistemon binectariferum* (Wall.) Kuntze var. *trichocarpum* (Gagnepain) van Ooststr.

纏繞性藤本；莖被密直柔毛，老莖漸變無毛。葉寬心形，長 5～18 公分，全緣至深三裂，先端銳尖至漸尖或凹頭，上表面被疏毛，下表面及嫩莖密生粗毛。花腋生，聚繖狀花序，密集；萼片密生毛狀物；花冠長 0.8～1.3 公分，白色或淡黃白色，花冠上方具毛狀物；雄蕊 5，著生於鱗片背部；子房 2 室，柱頭頭狀，二岔。果實長 6～8 公釐。

　　產於中國南部；在台灣僅見於墾丁植物園、社頂及蘭嶼，不常見。

萼片及花冠具毛狀物

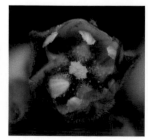

雄蕊著生於花冠基部一大而凹的鱗片背而，抽子房有毛。

花序及花朵密集

光滑鱗蕊藤

屬名　鱗蕊藤屬
學名　*Lepistemon intermedius* Hallier f.

花白綠色

纏繞性藤本，莖疏被貼伏毛至漸無毛。葉寬心形，長 5～14 公分，先端漸尖至突尖，全緣或不明顯齒緣，多少具貼伏毛。花序疏生；萼片光滑；花冠長 1.8～2.2 公分，淡綠白色，近光滑。果實長 6～7 公釐。

　　產於中國南部及東部；在台灣分布於南部低至中海拔之破壞地，不常見。

分布於南部中低海拔

萼片光滑

菜欒藤屬 MERREMIA

草本或灌木，常具纏繞性或有時平臥。葉通常有柄，稀無柄，全緣或齒緣，或為掌狀或鳥足狀裂或複葉。花腋生，單生或少至多花成各式分支的聚繖狀花序；花冠通常黃或白色，漏斗狀或鐘形。蒴果通常 4 瓣或多少不規則開裂。

　　紅花姬旋花（*M. similis* Elmer）僅有發現於高士佛的一份標本，近來無任何紀錄。

蔓生菜欒藤

屬名　菜欒藤屬
學名　*Merremia cissoides* (Lam.) Hallier f.

多年生藤本，莖纖細，具纏繞性，被毛。鳥足狀複葉，小葉通常 5 枚，大小不一，卵狀橢圓形，粗鋸齒緣，兩面被毛。花單生於葉腋；花冠白色，漏斗狀，花徑約 2 公分；雄蕊 5，花絲基部被毛。蒴果 4 瓣。種子 4 粒，扁圓形，被毛。

　　原產熱帶美洲；在台灣為新歸化種，分布於本島中部。

鳥足狀複葉，小葉通常 5，大小不一。

花單生於葉腋，花冠白色，漏斗狀。

七爪菜欒藤

屬名　菜欒藤屬

學名　*Merremia dissecta* (Jacquin) H. Hallier *et al.*

纏繞性藤本，莖細長，分支多，圓柱形，被黃色硬毛。單葉，互生，掌狀五至七深裂，裂片披針形，邊緣不規則羽裂，中裂片最長，葉柄長 3～5 公分。花單生於葉腋；萼片 5 枚，離生；花冠漏斗狀，白色，喉部紫紅色，花徑 3～5 公分，花梗長 2.3～10 公分。蒴果球形，光滑，成熟時褐色，4 瓣裂，內含種子 4 粒。種子黑色。

　　原產熱帶美洲，在台灣目前歸化於台南安平之荒廢地。

果球形。成熟時褐色。

花冠漏斗狀，白色，喉部紫紅色，花徑 3～5 公分。

葉掌狀五至七深裂，裂片披針形，邊緣不規則羽裂，中裂片最長

菜欒藤

屬名　菜欒藤屬

學名　*Merremia gemella* (Burm. f.) Hall. f.

多年生纏繞性藤本，莖細長。葉卵形，長 4～9 公分，先端漸尖，基部心形，全緣，大多被貼伏毛。花冠漏斗形，長約 2 公分，黃色，花瓣間具條紋。果實卵形，長約 1 公分。

　　產於熱帶亞洲及澳洲，在台灣分布於南部低海拔地區。

花冠漏斗形，長約 2 公分，黃色，花瓣間具條紋。

葉卵形，基部心形，全緣。

卵葉姬旋花（卵葉菜欒藤）

屬名	牽牛花屬
學名	*Merremia hederacea* (Burm. f.) Hall. f.

纖細纏繞性藤本，稀匍匐。葉卵心形，長 2～4 公分，全緣、鈍齒緣或深三裂，無毛或疏被毛，葉柄及莖常具小瘤突。萼片寬倒卵形至匙形，先端有寬的缺口，具明顯的小突出；花冠鐘形，長 6～10 公釐，黃色，花徑約 1.5 公分。果實長 5～6 公釐。

　　產於熱帶亞洲至澳洲北部；在台灣分布於中、南部低海拔地區。

花冠鐘形，黃色，長 6～10 公釐，花徑約 1.5 公分。

葉卵心形，長 2～4 公分，全緣、鈍齒緣或深三裂。

萼片寬倒卵形至匙形，先端有寬的缺口，具明顯的小突出。

變葉姬旋花

屬名	菜欒藤屬
學名	*Merremia hirta* (L.) Merr.

纏繞性或平臥草本，莖略被粗毛或無毛。葉形變異大，線形至卵形，稀圓形或近方形，長 2～4 公分，先端鈍或略呈細突尖，基部圓、截形、心形或戟形，全緣，不三裂，無毛或近乎無毛。花冠鐘形，長 1.5～2 公分，淡黃色。果實寬卵形至球形，長約 6 公釐。

　　產於熱帶亞洲及澳洲，在台灣分布於中北部低海拔地區。

莖被粗毛。葉變異大，線形至卵形，稀圓形或近方形，長 2～4 公分。（許天銓攝）

花冠鐘形，長 1.5～2 公分，淡黃色。（許天銓攝）

五葉菜欒藤

屬名　菜欒藤屬
學名　*Merremia quinquefolia* (L.) Hall. f.

莖密生毛。葉狀複葉，小葉 5，光滑，中間的小葉較側葉大，長 3.4-5.7 公分， 0.7-1.4 公分，鋸齒緣。花序具 1-4 朵花，腋生，具毛；花萼卵形至長橢圓形，5-8 公釐；花白色至淡黃白色，花長 1.5-2 公分長；雄蕊插生於花冠上，花絲 5-6 公釐長，基部具毛；花柱 8.5-9.5 公分長。果球狀 8-9 公釐長。

其原生於熱帶美洲，作者於六龜至甲仙公路旁發現的歸化植物，目前僅發現該地，但擴展能力很強。

果實

掌狀複葉；小葉 5，光滑，狹長橢圓或披針形。

花白色或微淡黃白色

掌葉姬旋花

屬名　菜欒藤屬
學名　*Merremia quinata* (R. Br.) Ooststr.

纏繞性或匍匐性藤本，無毛或多少有粗毛。掌狀複葉，小葉 5 枚，狹長橢圓或披針形，長 2.5 ～ 3.5 公分，先端鈍或突尖，全緣，無毛，葉柄長 1 ～ 3.5 公分。花冠長約 5 公分，白色。果實卵形，長約 1.2 公分。

產於澳洲北部、新幾內亞、印尼及熱帶亞洲；在台灣分布於台南之低海拔地區，不常見。

花冠長約 5 公分（郭明裕攝）

掌狀複葉；小葉 5，狹長橢圓或披針形。（陳志豪攝）

紅花姬旋花

屬名 菜欒藤屬
學名 *Merremia similis* Elmer

纏繞性藤本；莖幼嫩部分具灰色密毛，漸變無毛。葉寬心形，長8～15公分，全緣，鈍頭，幼具密毛，漸變無毛；葉柄長3～8公分。花冠漏斗形，長約3公分，淡紅色。子房球形，無毛。

　　產於菲律賓及馬來西亞；台灣僅發現於恆春半島。僅一次的採集紀錄。

葉形態（楊智凱攝）

果序（楊智凱攝）

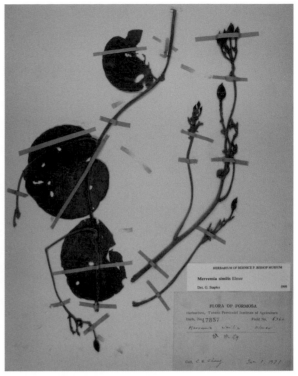

在台灣只有在滿州分水嶺處有二次的採集紀錄，但近年來未有人在台灣發現本種。（楊智凱攝）

姬旋花（木玫瑰）

屬名 菜欒藤屬
學名 *Merremia tuberosa* (L.) Rendle

無毛藤本，莖部基木質化，先端則為草質。葉輪廓為圓形，長6～16公分，通常七裂，偶裂至近基部，裂片披針形至橢圓形，先端漸尖，無鋸齒，無毛，葉柄長6～18公分。花冠長5～6公分，黃色。果實近球形，徑3～3.5公分，不規則開裂，為開展增大之萼片所包被。

　　原產於熱帶美洲，目前廣布於全球溫帶地區；在台灣逸出歸化於中、南部之低海拔。

花黃色（廖淑暖攝）

葉輪廓為圓形，長6～16公分，通常七裂。

繖花菜欒藤

屬名 菜欒藤屬
學名 *Merremia umbellata* Hall. f. subsp. *umbellate*

多年生藤本植物，莖右旋，光滑具白色乳汁。葉互生，單葉，全緣，心形至長橢圓形，6～16公分長，3～12公分寬，紙質。葉柄3～5公分長，被毛至近光滑，基部具有一對角狀附屬物。花序為繖形聚繖花序，腋生，單花至多達50朵花。萼片綠色，單凸透鏡形，光滑。花冠鮮黃色，漏斗狀。雄蕊5枚，花絲基部被毛。子房上位，球形，光滑，花柱直，柱頭2裂。蒴果球形，暗褐色，徑約1公分。

本種廣泛分布於新熱帶地區，台灣馴化於高雄及屏東低海拔荒廢地。

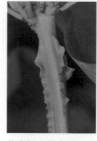

花序梗上偶有翼（李柏豪攝）　繖形花序花數多（李柏豪攝）

花冠鮮黃色，漏斗狀。（李柏豪攝）　　果球形，熟時褐色。（李柏豪攝）　　纏繞性藤本植物，葉形變異大，以心形為主。（李柏豪攝）

掌葉菜欒藤

屬名 菜欒藤屬
學名 *Merremia vitifolia* (Burm. f.) Hall. f.

平臥或纏繞性藤本；莖密生淡黃白色毛或偶無毛，老莖木質化，有縱紋。葉輪廓為圓心形，長寬均5～9公分，掌狀五至七裂，偶三裂，裂片寬三角形或卵狀披針形，粗齒緣，先端銳尖至漸尖，密被灰白色毛。花冠漏斗形，長4～5公分，黃色。

分布於緬甸、南亞、馬來西亞、印尼及南中國；在台灣僅台東的河流沿岸及嘉義大埔曾文水庫有採集紀錄。

花冠漏斗形，長4～5公分，黃色。　　葉輪廓為圓心形，長寬均5～9公分，掌狀五至七裂，偶三裂。

盒果藤屬 OPERCULINA

多年生纏繞性藤本，莖具二至四稜及窄翅。葉有柄，常心形，全緣或分裂。花腋生，單生或排成聚繖狀花序；花萼常在花後增大；花冠寬漏斗形，稀鐘形或近高杯狀。蒴果自中間或略上處橫裂。

盒果藤

屬名	盒果藤屬
學名	*Operculina turpethum* (L.) Silva Manso

纏繞性藤本，莖二至四稜，有狹翼，無毛或疏被直柔毛。葉心形至長卵形，長 5.5 ～ 15 公分，先端漸尖至鈍，基部心形或戟形，全緣或稀粗齒緣至略分裂，無毛或上表面被貼伏毛，下表面有毛，葉柄長 2.5 ～ 7.5 公分。花冠長 3 ～ 5 公分，光滑無毛，白色或喉部淡黃色；子房光滑。果實扁球形，徑約 1.5 公分。

產於熱帶地區，在台灣分布於南部低海拔。

花冠長 3 ～ 5 公分，光滑，白色或喉部淡黃色。

果實裂開

葉基部心形或戟形，無毛或上面被貼伏毛。

大萼旋花屬 STICTOCARDIA

大型木質藤本。葉有柄，卵形至圓形，基部通常心形，全緣，下表面有腺點。腋生聚繖花序有一至多朵花，苞片早落，萼片在果時增大，花冠漏斗形。果被增大的宿存花萼包住，果皮薄，不規則裂開成燈籠狀。

大萼旋花

屬名	大萼旋花屬
學名	*Stictocardia tiliifolia* (Desr.) Hallier f.

木質纏繞性藤本，莖幼嫩部被毛。葉寬心形至圓心形，長 6 ～ 15 公分，先端短漸尖，上表面有毛或漸變無毛，葉柄長 3 ～ 14 公分。花冠徑 8 ～ 10 公分，淡紫紅色。果實球形，徑 2 ～ 3.5 公分。

產於熱帶地區；在台灣分布於南部低海拔，常出現在海岸附近。

葉寬心形至圓心形，花冠長 8 ～ 10 公分，淡紫紅色。

戟葉菜欒藤屬 XENOSTEGIA

多年生草本。葉有柄，線形、長橢圓線形、披針狀橢圓形或倒披針形至匙形，先端銳尖至凹頭、突尖頭或三齒，基部多少呈戟形，齒緣或全緣。花 1 ～ 3 朵腋生，成聚繖狀花序，花冠寬漏斗形或鐘形。蒴果 4 瓣。

戟葉菜欒藤

屬名	戟葉菜欒藤屬
學名	*Xenostegia tridentata* (L.) D. F. Austin & Staples

*花白色，喉部淡
黃色，中心紅色。*

纏繞性多年生草本；莖平臥，無毛或略被毛。葉線形或線狀長橢圓形，長 2 ～ 3 公分，基部多少呈耳狀，葉柄長約 3 公釐。花多為單生，花冠長 1.2 ～ 2 公分，白色，喉部淡黃色，中心紅色。果實球形或卵形。

產於熱帶亞洲、非洲及澳洲；在台灣分布於中、南部之低海拔地區。

葉線形或線狀長橢圓形，長 2 ～ 3 公分，基部多少呈耳狀。　纏繞性多年生草本

探芹草科 HYDROLEACEAE

　　至多年生草本或亞灌木，有時具腺毛和腋生針刺。單葉，互生，小，全緣。花兩性，輻射對稱，簇生或排成聚繖或總狀花序；花萼五深裂；花瓣五裂；雄蕊生於花冠筒喉部，基部具鱗片狀附屬物；子房 2 室，卵形；花柱 2，離生，柱頭頭狀。蒴果，球形，二至四裂或不規則裂。

探芹草屬 HYDROLEA

　　至多年生草本或亞灌木，有時具腺毛及腋生針。單葉，互生，全緣。花簇生，或數朵排成聚繖或總狀花序；花兩性，輻射對稱，花萼五深裂，花冠五裂；雄蕊生於花冠筒喉部，基部具鱗片狀附屬物；子房 2 室，卵形；花柱 2，離生，柱頭頭狀。蒴果，球形，二至四裂或不規則裂。

探芹草

屬名	探芹草屬
學名	*Hydrolea zeylanica* (L.) Vahl

植株高達 45 公分。葉大小不一，披針形至長橢圓形或橢圓形，長達 10 公分，寬達 2.5 公分，先端銳尖，基部銳尖至漸變狹，側脈 4 ～ 11，葉柄長 2 ～ 5 公釐。花冠藍色，裂片卵形，花梗長 2 ～ 10 公釐。

分布於熱帶亞洲；在台灣，本種早在西元 1914 年由 Faurie 採自屏東萬金莊，近年於屏東萬巒五溝水地區再度被發現。

果實橢圓形，萼片密生腺毛。

花冠藍色，裂片卵形。　葉披針形，生於濕地。

茄科 SOLANACEAE

一年生至多年生草本、半灌木、灌木或小喬木，直立、匍匐或攀援；有時具皮刺，稀具棘刺。葉互生，無托葉。花成腋生狀聚繖花序，稀單生；花通常兩性，輻射對稱，5數；萼片部分合生，通常宿存；花瓣合生；雄蕊插生於花冠筒上，與花瓣互生，花絲絲狀或在基部擴展，花藥通常相靠合而圍繞花柱；子房上位，通常2室，中軸胎座，頂生單一花柱。果實為蒴果或漿果。

特徵

植株及葉子常見皮刺（擬刺茄）

葉互生，無托葉。（光果龍葵）

花通常兩性，輻射對稱，5數。（小番茄）

花藥通常相靠合而圍繞花柱（珊瑚櫻）

蒴果（曼陀羅）

漿果（小番茄）

曼陀羅木屬 BRUGMANSIA

灌木或喬木。葉卵形,近全緣。花單一,腋生狀,下垂,芳香;花萼為筒狀,五裂;花冠喇叭狀,於花萼之上突然增寬,先端五齒;雄蕊著生於花冠筒中部,花藥縱裂。蒴果木質,不裂,無刺。

大花曼陀羅

屬名　曼陀羅木屬
學名　*Brugmansia suaveolens* (Willd.) Bercht. & Presl

灌木,高 3 ～ 4 公尺。葉互生,長橢圓形或廣披針形,長 15 ～ 30 公分,寬 8 ～ 15 公分,先端銳尖,基部而歪斜,全緣,羽狀側脈 7 ～ 9,被毛,具長柄。花萼長 9 ～ 12 公分;花冠白色,喇叭狀,長 25 ～ 30 公分,下垂,先端五裂。蒴果圓筒狀錐形,無刺,不開裂,結果率不高。全株有毒。

　　原產於南美洲,廣布於熱帶地區;在台灣栽培後逸出,分布於全島平地。

蒴果圓筒狀錐形,
無刺,不開裂。

花瓣白色,喇叭狀,先端五裂。

辣椒屬 CAPSICUM

一年生草本至亞灌木。葉單一或成對生長,通常卵形,全緣。花通常單一,腋生;花萼杯狀,先端微齒狀;花冠輪狀,五中裂至深裂;雄蕊著生於花冠筒近基部,花藥縱裂。果實為漿果。

辣椒

屬名　辣椒屬
學名　*Capsicum annuum* L.

亞灌木。單葉,長 4 ～ 13 公分,寬 1.5 ～ 4 公分,全緣,被毛後變無毛。花單一,腋生,花萼長 2 ～ 3 公釐,花瓣白色,長 1 ～ 1.5 公分,花冠輪狀,先端五裂,雄蕊著生於花冠筒近基部,花藥紫色。果實長橢圓形,成熟時紅色,直立。

　　原產於墨西哥及南美洲,栽培及歸化於世界各地;在台灣全島低海拔栽種並逸出。

果長橢圓形,紅熟。（郭明裕攝）

樹番茄屬 CYPHOMANDRA

小 喬木或灌木。葉全緣、有三淺裂或羽狀深裂。總狀、蠍尾狀或繖房狀聚繖花序；花萼輪狀，五中裂，果時稍增大；花冠輪狀，筒部短，五深裂，裂片在花蕾中鑷合狀排列；雄蕊 5，插生於花冠喉部，花絲極短，花藥並行，縱縫裂開；花盤環狀，全緣或有缺刻狀齒，或者不甚明顯；子房 2 室，有多數胚珠，花柱粗壯而呈錐形或者伸長而呈絲狀。漿果卵球狀、矩圓狀或球狀，多汁液，較大。

樹番茄

屬名	樹番茄屬
學名	*Cyphomandra betacea* Sendt.

小喬木或灌木，高達 3 公尺，莖密被毛。葉單一，互生，卵形至心形，寬 5～10 公分，先端漸尖，基部常為心形，全緣或波狀緣，掌狀脈，兩面被毛；葉柄長 3～7 公分，被毛。花序為 2～3 蠍尾狀聚繖花序，近腋生，花序梗長 1～2 公分，被毛；花萼鐘形，直徑約 1 公分，裂片卵形，長約 3 公釐，漸無毛；花冠輪狀，粉紅至白色，直徑約 2 公分，五裂，光滑，裂片披針形；雄蕊 5，聚合於花柱，花絲短，離生，長 1 公釐，花藥長橢圓形，長 6 公釐；子房卵形，光滑，2 室，花柱直立，光滑。種子側扁，直徑 1～2 公釐。

分布於南美洲祕魯、智利、厄瓜爾多、玻利維亞境內之安地斯山脈一帶；在台灣種植後歸化於中海拔山區路邊，如嘉義奮起湖尤多，南投清境農場及大雪山林道亦有栽植。

花瓣粉紅白

果熟由綠白轉為紅色

花正面

結果之植株

曼陀羅屬 DATURA

草本或亞灌木。單葉，通常卵形，不對稱淺裂至全緣。花單一，腋生或著生於枝條分岔處；花萼為筒狀，常於基部斷落；花冠漏斗狀；雄蕊著生於花冠筒下部，花藥縱裂。蒴果具刺。

台灣有 2 種。

毛曼陀羅

屬名	曼陀羅屬
學名	*Datura inoxia* Mill.

莖綠色或灰色。葉長 8 ～ 12 公分，寬 4 ～ 8 公分，被腺毛至變無毛。花萼長 6 ～ 9 公分，萼齒不等長；花瓣 10 枚，白色帶綠脈，長 9 ～ 18 公分。

在台灣翼出於全島低海拔地區。

果實密被絨毛（黃芳謙攝）

葉長 8 ～ 12 公分，寬 4 ～ 8 公分，被腺毛至變無毛。（黃芳謙攝）

曼陀羅

屬名	曼陀羅屬
學名	*Datura metel* L.

亞灌木，高 0.5 ～ 1.5 公尺，全株近平滑或僅幼嫩部分被短毛，莖常為暗紫蘿蘭色。葉廣卵形，長 5 ～ 20 公分，寬 4 ～ 15 公分，不規則波狀淺裂或波狀牙齒緣，側脈 3 ～ 5，被毛後變無毛（此毛非腺毛）。花半直立，不下垂，花萼長 4 ～ 9 公分；花瓣通常 5 枚，長 8 ～ 20 公分，白色、黃色或淺紫色，脈非綠色。蒴果直立，卵形，長 3 ～ 4.5 公分，有刺。

在台灣馴化於全島及蘭嶼之低海拔地區。

蒴果具刺

灌木狀草本

番曼陀羅

屬名　曼陀羅屬
學名　*Datura stramonium* L.

草本或半灌木狀，高 0.5 ～ 1.5 公尺，全體近平滑或僅幼嫩部分被短柔毛。葉廣卵形，長 8 ～ 17 公分，寬 4 ～ 12 公分，先端漸尖，基部不對稱楔形，邊緣有不規則波狀淺裂，側脈 3 ～ 5 對，直達裂片頂端；葉柄長 3 ～ 5 公分。花直立，具短梗；萼筒狀，五稜角，五淺裂，裂片三角形，筒部花後自近基部斷裂，宿存部分花後增大並反折；花冠漏斗狀，下半部略呈綠色，上部白色或淡紫色。蒴果直立，卵狀，表面有硬針刺，成熟後淡黃色。

表面有硬針刺

葉緣有不規則波狀淺裂

紅絲線屬 LYCIANTHES

草本或灌木，被單毛或分枝毛。葉單一或成對生長，全緣。花於腋間單生或叢生；花萼杯狀，萼筒上端平截，裂片 10；花冠輪狀，五深裂；雄蕊著生於花冠筒上部，花藥頂端孔裂。漿果，球形，紅色。

台灣有 2 種。

雙花龍葵

屬名　紅絲線屬
學名　*Lycianthes biflora* (Lour.) Bitter

多年生草本至灌木。葉兩型：大型葉橢圓狀卵形，長 9 ～ 15 公分，寬 5 ～ 7 公分；小型葉寬卵形，長 2.5 ～ 4 公分，寬 2 ～ 3 公分；兩面被毛。花萼長 3 ～ 6 公釐，裂片線形；花瓣淺紫色或白色，長 8 ～ 10 公釐。

產於東亞、菲律賓及馬來西亞；在台灣分布於全島中、低海拔山區。

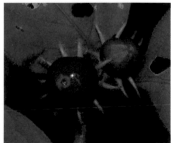

花萼杯狀，裂片 10。

花瓣白色，長 8 ～ 10 公釐。

葉兩型，有大小葉。

小笠原紅絲線(蘭嶼
耳鉤草)

屬名　紅絲線屬

學名　*Lycianthes bonineusis* Bitter

多年生草本，60 ～ 100 公分高。莖枝光滑。葉單葉或大小葉成對生長，厚膜質，最大的葉卵形或長卵形，長 10 ～ 18 公分，寬 4 ～ 8.5 公分，先端銳尖或漸尖，基部楔形或圓形，基部或多或少歪楔形，全緣，兩面光滑。花 1 ～ 3 簇生葉腋；花萼杯狀，大約 3 公釐長，光滑，具裂片 10，針狀。花冠鐘狀，白色，深五裂，裂片大約 7 公釐長；雄蕊 5；花柱絲狀，大約 5 公釐長。漿果球狀，徑約 0.8 公分，紅熟。

果株

花下垂開放

花萼光滑

開花植株，全株光滑。

蔓茄

屬名　紅絲線屬

學名　*Lycianthes lysimachioides* (Wall.) Bitter

多年生草本。葉兩型，大小成對生長，卵形、橢圓形至卵狀披針形；大型葉長 3 ～ 7 公分，寬 2.5 ～ 7.5 公分；小型葉長 2 ～ 4.5 公分，寬 1.2 ～ 2.8 公分；疏被毛至變無毛。花萼長約 7 公釐；花瓣白色、粉紅色或淺紫色，長 4 ～ 6 公釐。

　　產於中國及印度北部；在台灣分布於全島中、低海拔之常綠闊葉林及霧林中。

花正面，雄蕊常黏合。

萼片線狀，10 枚。

蔓性草本。葉兩型，大小成對。

枸杞屬 LYCIUM

灌木，有刺。葉通常叢聚短枝上，全緣。花單一或少數生於節上或短枝上；花萼鐘形，三至五中裂；花冠為筒狀或鐘形，五裂；雄蕊著生於花冠筒上部，花藥縱裂。果實為漿果，紅色。

枸杞

屬名	枸杞屬
學名	*Lycium chinense* Mill.

有刺灌木。葉通常叢聚短枝上，卵形、菱形、披針形或線狀披針形，長 1.5 ～ 10 公分，寬 5 ～ 40 公釐，被毛後變無毛。花萼長 3 ～ 4 公釐；花冠漏斗狀，徑 9 ～ 12 公釐，花瓣淺紫色；雄蕊 5；柱頭綠色。果實橢圓形，成熟時緋紅色。

產於中國中部及東南部、日本及韓國；在台灣於全島低海拔栽種並逸出。

花瓣淺紫色

果實　　　結果植株

有刺灌木

番茄屬 LYCOPERSICON

一或多年生草本，全株被單毛及腺毛。羽狀複葉或羽狀裂葉。總狀花序腋生或側生；花萼鐘形，五至九深裂；花冠輪狀，黃色，五至九深裂；雄蕊著生於花冠筒上，花藥縱裂；子房 2 ～ 5 室。果實為漿果。

番茄

屬名	番茄屬
學名	*Lycopersicon esculentum* Mill. var. *esculentum*

一至二 年生半蔓性草本植物。主莖有剛毛及油腺。葉長 10 ～ 50 公分；羽狀複葉，小葉片通常 5 ～ 9，卵形或長橢圓形，長 6 ～ 12 公分，近全緣或不規則齒緣。聚繖或總狀花序，花黃色。花萼及花冠五裂。果熟呈紅或黃色，球形、圓形或長橢圓形。種子扁腎形。

南美洲安地斯山的祕魯、厄瓜多爾、玻利維亞等地。全島中低海拔栽培及田間逸出。

果紅熟為美味水果

花黃色

葉互生，羽狀複葉。

櫻桃小番茄

屬名	番茄屬
學名	*Lycopersicon esculentum* Mill. var. *cerasiforme* (Dunal) A. Gray

一年生或多年生草本，蔓性植物，莖長 60 ～ 200 公分，全株被短柔毛及腺毛。羽狀複葉，長 10 ～ 40 公分；小葉通常 5 ～ 9 枚，無柄或具小葉柄，卵形或長橢圓形，長 5 ～ 7 公分，近全緣或不規則齒緣。總狀花序腋生或側生，花萼鐘形，五深裂，花冠徑 2 ～ 2.5 公分，黃色，雄蕊著生於花冠筒。漿果紅色或橙色，近球形，多汁，具光澤。

原產美洲，歸化於台灣各地。

花黃色

果序，果可食用。

栽培逸出

假酸漿屬 NICANDRA

一年生直立草本，多分枝。葉互生，具葉柄，葉片邊緣有具圓缺的大齒或淺裂。花單獨腋生，因花梗下彎而成俯垂狀；花萼球狀，5 深裂至近基部，裂片基部心臟狀箭形、具 2 尖銳的耳片，在花蕾中外向鑷合狀排列，果時極度增大成 5 棱狀，乾膜質，有明顯網脈；花冠鐘狀，簷部有折襞，不明顯 5 淺裂，裂片闊而短，在花蕾中成不明顯的覆瓦狀排列；雄蕊 5，不伸出於花冠，插生在花冠筒近基部，花絲絲狀，基部擴張，花藥橢圓形，藥室平行，縱縫裂開；子房 3-5 室，具極多數胚珠，花柱略粗，絲狀，柱頭近頭狀，3-5 淺裂。漿果球狀，較宿存花萼為小。種子扁壓，腎臟狀圓盤形，具多數小凹穴；胚極彎曲，近周邊生，子葉半圓棒形。

大本泡仔草(假酸漿)

屬名	假酸漿屬
學名	*Nicandra physaloides* (L.) Gaertn.

一年生草本，高 30-100 公分，莖略為四方，直徑 6 公厘。葉橢圓形至卵形，長 13 公分，寬 6 公分，先端漸尖，基部楔形，鋸齒狀分裂，邊緣鋸齒，葉柄長 1.5-6 公分，有翼。花序單一，腋生，花梗長 1.5 公分；花萼 5 深裂，綠色，先端驟尖，基部耳狀，長 2.5 公分，寬 1.5 公分；花冠鐘狀，5 裂，鋸齒狀分裂，直徑 3 公分，淺紫色，喉部白色；雄蕊 5 枚，花絲長 3-4 公厘。漿果卵形，綠色至黃色，直徑 1.3 公分，被膨大的花萼包被，長 3 公分，寬 2 公分；種子黃褐色，腎形，直徑 2 公厘。

原生於祕魯，亦分布於斯里蘭卡和爪哇。歸化於中國和日本。

葉片卵圓形或橢圓形，粗鋸齒緣。

煙草屬 NICOTIANA

一年生草本，亞灌木或灌木，常有腺毛。單葉，互生，全緣，稀波狀緣，有柄或無柄。花序頂生，圓錐狀或總狀聚繖花序，或花單生；花萼卵形或筒狀鐘形，五裂；花冠為筒狀或漏斗狀，筒部伸長或稍寬，先端五裂至幾乎全緣；雄蕊 5 枚，著生於花冠筒中部以下，花藥縱裂；花盤杯狀；子房 2 室。蒴果二裂至中部或近基部。

翼柄煙草(花煙草、花菸草)

屬名	煙草屬
學名	*Nicotiana alata* Link & Otto

多年生草本，高 0.6 ～ 1.5 公尺，全體被粘毛。葉卵形或卵狀矩圓形，近無柄或基部具耳。萼筒杯狀或鐘狀，長 15 ～ 25 公釐，裂片等長；花冠淡綠色，筒長 5 ～ 10 公分，筒部直徑約 3 ～ 4 公釐，喉部直徑約 6 ～ 8 公釐，簷部寬 15 ～ 25 公釐，裂片卵形；雄蕊等長，其中 1 枚較短。蒴果卵球狀，長 12 ～ 17 公釐。

原產阿根廷和巴西。台灣偶有逸出於野外。

葉近無柄或基部具耳

皺葉煙草

屬名　煙草屬
學名　*Nicltiana plumbaginifolia* Viviani

莖直立，被細毛。單葉，互生，長披針形或橢圓形，先端漸尖或銳尖，基部抱莖，葉緣波浪狀，葉面皺摺狀，綠色，被毛，中肋明顯，羽狀脈。總狀花序，頂生；兩性花，輻射對稱；花萼為管狀鐘形，綠色，五裂，裂片先端銳尖，表面有稜紋，被毛，宿存；花冠喇叭狀，花冠筒細長，白色，微帶淡紫色，被毛。

　　原產於南美洲，歸化台灣各地。

花冠先端五裂

花冠喇叭狀，冠筒細長。

葉緣波浪狀，葉面皺摺狀。

煙草

屬名　煙草屬
學名　*Nicotiana tabacum* L.

一年生或多年生草本，高 0.7 ～ 2 公尺，莖基部稍木質化，全體被腺毛，根粗壯。葉長橢圓形或卵形，長 10 ～ 30 公分，寬 8 ～ 15 公分，先端漸尖，基部漸狹至莖而成耳狀半抱莖，柄不明顯或成翅狀。花序頂生，圓錐狀，多花；花萼為筒狀或筒狀鐘形，長 2 ～ 2.5 公分，裂片三角狀披針形，長短不等；花冠漏斗狀，淡紅色，筒部顏色更淡，稍弓曲，長 3.5 ～ 5 公分；雄蕊不伸出花冠喉部，花絲基部有毛；花梗長 5 ～ 20 公釐。

　　原產南美洲熱帶地區，在台灣栽培逸出於野外。

花冠漏斗狀，淡粉紅色。

莖高 0.7 ～ 2 公尺，基部稍木質化。

散血丹屬 PHYSALIASTRUM

草本或灌木，莖二岔分枝。單葉，通常疏粗齒緣。花通常著生在莖枝分岔處，下垂；花萼鐘形，五中裂；花冠輪狀，白色，五中裂；雄蕊著生於花冠筒，花藥縱裂。漿果為宿存花萼包住，宿存花萼具翼肋。

林氏燈籠草

屬名　散血丹屬
學名　*Physaliastrum chamaesarachoides* (Makino) Makino

葉卵形至寬橢圓形，長3～14公分，寬2～3公分。花萼長2～3公釐；花瓣長約7公釐。果實橘色，徑4～5公釐，宿存花萼徑1.8～2.5公分，具翼肋。

產於日本及台灣，在台灣分布於中部中海拔山區。

果橘色，宿存花萼具翼肋。（余勝焜攝）

燈籠草屬 PHYSALIS

草本。葉單生，偶而成對生長，全緣或疏鋸齒緣。花單一或數朵生於腋間或莖枝分岔處；花萼鐘形，五中裂；花冠輪狀，五淺裂，裂片基部常具紫色斑紋；雄蕊著生於花冠筒基部，花藥縱裂。漿果被宿存綠色花萼包住。

燈籠草（苦蘵）

屬名　燈籠草屬
學名　*Physalis angulata* L.

一年生草本，莖枝疏被毛。葉卵形至橢圓形，長3～6公分，寬2～4公分，被毛後變無毛。花萼長4～5公釐；花冠淺黃色或白色，長6～8公釐。果實徑約1.2公分；宿存花萼十稜或近圓形，徑1.5～2.5公分。

產於熱帶美洲，在台灣分布於全島低海拔農地及破壞地。

花藥藍紫色，或有時黃色。

葉長3～6公分，寬2～4公分，被毛後變無毛。

宿存花萼十稜或近圓形，徑1.5～2.5公分。

祕魯苦蘵(燈籠果)

屬名　燈籠草屬
學名　*Physalis peruviana* L.

多年生草本，莖枝密被毛。葉寬卵形至心形，長6～15公分，寬4～10公分，密被毛。花萼長7～9公釐；花冠黃色，長1.2～2公分。果徑2～3公分；宿存花萼淺五至十稜，徑2.5～4公分。

　　產於南美洲熱帶地區，在台灣分布於中部中海拔山區之破壞地。

果被毛

莖密生毛

莖及葉密被毛，葉長6公分以上。

果徑2～3公分。

花心具黑斑

毛酸漿

屬名　燈籠草屬

學名　*Physalis pubescens* L.

一年生草本，莖枝被毛。葉卵形至橢圓形或披針形，長 2～6 公分，寬 1.5～5 公分，被腺毛。花萼長 3～6 公釐，花冠黃色。果徑 1～1.5 公分；宿存花萼明顯五稜，徑 2～4 公分。

　　產於熱帶美洲，廣布於全球熱帶及溫帶地區；在台灣見於全島低海拔之破壞地。

宿存萼五稜

花冠黃色

葉長 2～6 公分。

茄屬 SOLANUM

草本、灌木、小喬木或藤本。花萼鐘形，五淺裂至中裂，宿存；花冠輪狀；雄蕊著生於花冠筒上部，花藥環繞著花絲而相連合，頂孔開裂，隨後縱裂。果實為漿果。

木龍葵（*S. scabrum* Mill.）近年來未有再發現，在此不予收錄。

光果龍葵

屬名	茄屬
學名	*Solanum americanum* Mill.

葉卵形，長 4 ～ 8 公分，寬 2 ～ 4 公分，全緣或疏齒緣，變無毛或疏被毛。花繖形排列，著生於節上；萼片中裂，外被毛，果期時反折向下；花冠白色，中心常黃色，長 3 ～ 5 公釐。果實亮黑色，有時綠色，果徑 5 ～ 8 公釐，具光澤。

廣布於熱帶及溫帶地區；在台灣分布於全島中、低海拔之荒廢地、路旁及田野。

花心通常黃色

果徑 5 ～ 8 公釐，具光澤，宿存萼片反折向下。

花側面

葉卵形，長 4 ～ 8 公分，寬 2 ～ 4 公分，全緣或疏齒緣。

刺茄

屬名　茄屬

學名　*Solanum capsicoides* Allioni

莖上被長刺。葉成對，卵形，長 5 ～ 13 公分，寬 4 ～ 12 公分，5 ～ 7 齒裂，有時呈羽裂過半，上表面被毛，下表面無毛或葉脈被毛，兩面脈具皮刺。花 1 ～ 4 朵總狀排列，著生於節上；萼片深裂，被毛；花瓣白色，基部稍帶綠色，長約 1 公分。果實橘紅色，果徑 3.5 ～ 6 公分，宿存花萼具皮刺。

　　產於熱帶地區，在台灣分布於全島低海拔之山區荒廢地及開闊林地。

果實橘紅色

莖密生刺。初果綠白色，有深綠紋路。

花冠白色，基部稍帶綠色。

葉及枝上具長刺

瑪瑙珠

屬名　茄屬

學名　*Solanum diphyllum* L.

灌木，無毛。葉一大一小著生於同一節上，橢圓形至長橢圓形，全緣。總狀花序半歇尾狀近鐵形排列，與葉相對著生；萼片中裂，於裂片下方處縮小；花瓣白色，長 3.5 ～ 4.5 公釐。果實橘黃色，徑 7 ～ 12 公釐。

　　原產於墨西哥及中美洲，在台灣馴化於全島低海拔地區。

花瓣白色

枝條常為深紫色

果橘黃色。葉一大一小著生於同一節上，全緣。

銀葉茄

屬名　茄屬
學名　*Solanum elaeagnifolium* Cav.

多年生灌木，莖有刺，全株密被銀白色星狀毛。葉互生，長披針形，長 3 ～ 8 公分，寬 1 ～ 2.5 公分。花序與葉對生，單花或為具有少量花的總狀花序，花萼 5 裂，裂片針形，花冠藍紫色，輪形。雄蕊 5 枚，花藥黃色。花柱絲狀。果球形，徑約 1 公分。

　　本種原生於美洲地區，廣泛馴化於世界各大洲。台灣馴化於南部低海拔及澎湖地區。

菁葵果常 2 枚（曾彥學攝）

葉對生，長披針形。花序光滑。（曾彥學攝）

花紫紅色，單一節常著生 3 ～ 5 朵花。（曾彥學攝）

山煙草

屬名　茄屬
學名　*Solanum erianthum* D. Don

灌木至小喬木，無刺，全株被白色星狀毛。葉卵形，長 8 ～ 25 公分，寬 3 ～ 12 公分，全緣，具長柄。二歧聚繖花序，頂生；萼片密被星狀毛，花冠白色，長 1 ～ 1.7 公分。果實成熟時黃色，徑約 1.2 公分。

　　產於熱帶地區；在台灣分布於全島中、低海拔山區。

花冠白色

果及果梗密生星狀毛

葉卵形，全緣。

雄蕊 5，柱頭綠色。

羊不食（毛茄）

屬名　茄屬
學名　*Solanum lasiocarpum* Dunal

全株被淺黃色星狀毛，刺平直或稍彎曲。葉卵形，長 10～20 公分，寬 8～18 公分，脈上具皮刺，葉背密被毛。尾狀總狀花序，著生於節上；花冠白色，長約 2 公分，外表被白毛。果實橘黃色，密被黃毛，徑約 2 公分。

　　廣布於南亞；在台灣分布於中、南部低海拔之路旁及破壞地。

果密被黃毛

葉脈上具皮刺

花瓣外被白毛

呂宋茄

屬名　茄屬
學名　*Solanum luzoniense* Merr.

有刺灌木，被星狀毛至變無毛，刺平直或彎曲。葉披針形或狹長橢圓形，長 4～15 公分，寬 1.5～5 公分，全緣或微波狀緣。圓錐花序頂生或著生於節上；萼片淺裂，被毛；花冠紫藍色，長 6～8 公釐。果實紅色，徑 6～10 公釐。

　　僅產於台灣及菲律賓，在台灣分布於離島蘭嶼。

植株標本

白英

屬名 茄屬
學名 *Solanum lyratum* Thunb.

草質藤本，全株被曲柔毛。葉橢圓形，全緣或琴狀三至五裂，被毛。圓錐花序；
萼片疏被毛；花冠藍紫色或白色，長約 1 公分，先端常反曲，基部具綠塊斑。果
實紅色或紅黑色，徑 7 ～ 9 公釐。

　　產於東亞及東南亞，在台灣分布於全島低海拔地區。

花瓣常反曲，基部具綠塊斑。

葉橢圓形，全緣或琴狀三至五裂。

花序上具長毛

毛柱萬桃花(山茄)

屬名 茄屬
學名 *Solanum macaonense* Dunal

灌木，被星狀毛，有刺，刺暗色或黃色，
通常彎曲。葉單生，或一大一小同節；
葉卵形，長 7 ～ 18 公分，寬 2 ～ 12 公
分，淺裂，上表面被疏毛至變無毛，下
表面密被毛。聚繖花序著生於節上；萼
片被絨毛；花冠藍色或紫色，長 1.5 ～
1.8 公分。果實紅色，徑 5 ～ 8 公釐。

　　產於中國南部及菲律賓；在台灣分
布於南部珊瑚礁隆起處及石灰岩地區。

花瓣藍色或紫色

葉子常具大缺刻

野煙樹

屬名　茄屬

學名　*Solanum mauritianum* Scop.

全株被滿星狀毛。葉腋下有一耳狀小葉，葉背銀白色，被星狀毛。花冠淡紫色，外側被滿星狀毛；雄蕊 5，黃色；花柱上有毛，柱頭淡綠色。漿果綠色，成熟時暗黃色。

　　原產北阿根廷、烏拉圭、巴拉圭及巴西南部；在台灣歸化於南投清境山區。

花柱上有毛

漿果綠色，成熟時暗黃色。

全株被滿星狀毛

葉腋下有一耳狀小葉

宮古茄

屬名　茄屬

學名　*Solanum miyakojimense* Yamazaki & Takushi

亞灌木，植株匍匐，被星狀毛，全株有刺，刺淡綠色，越近先端顏色越深，銳直。葉一大一小互生，卵形，長 3 ～ 7 公分，寬 2.5 ～ 5 公分，一至三波狀淺裂，兩面被星狀毛，葉脈處疏被銳直皮刺。總狀花序著生於節上；萼片被毛，先端；花冠白色或紫色，長 1 ～ 2 公分，外側光滑無毛。漿果橘紅色，卵圓形，徑約 1 公分。種子扁壓，腎形，長約 1.5 公釐，寬約 2.5 公釐，象牙色，表面光滑或帶有輕微皺紋，每個漿果約有種子 25 粒。

　　產於南日本；在台灣產於墾丁及蘭嶼。

花冠深裂，裂片披針形。

漿果，橘紅色，卵圓形，徑約 1 公分。

植株匍匐。宮古茄的葉片較印度茄小而厚。

龍葵

屬名	茄屬
學名	*Solanum nigrum* L.

一年生草本，具單毛。葉卵形，長4～10公分，寬3～7公分，全緣或粗齒緣，被毛或變無毛。繖形花序著生於節上；花萼中裂，平伸或伏貼，被毛，纖毛緣；花冠白色，長約1公分。果實黑色，無光澤，徑8～10公釐。

廣布於熱帶亞洲，在台灣分布於全島低海拔地區。

果黑色，無光澤，徑8～10公釐。

花下垂

葉卵形，長4～10公分，寬3～7公分，全緣或粗齒緣，被毛或變無毛。

白狗大山茄 特有種

屬名	茄屬
學名	*Solanum peikuoensis* S. S. Ying

有刺灌木或小喬木，或無刺，被星狀毛或變無毛。葉卵形至長橢圓狀卵形，長10～18公分，寬4.5～6.5公分，近全緣或淺裂，被絨毛或變無毛。聚繖花序，腋生；萼片被毛後變無毛，裂片長尾狀；花冠白色或淡紫色，長8～11公釐。果枝常往上生長，果實亮紅色，徑5～9公釐。

特有種，產於中央山脈中段及南段之中海拔山區。

葉近全緣或淺裂

果枝常往上生長，果亮紅色，徑5～9公釐。

葉卵形至長橢圓狀卵形，長10～18公分，寬4.5～6.5公分，表面近光滑。

花大多為白色，偶有淡紫色。

玉山茄

屬名　茄屬

學名　*Solanum pittosporifolium* Hemsl.

藤本，具單毛。葉卵形或卵狀披針形，長 3 ～ 13 公分，寬 2 ～ 6.5 公分，全緣，上表面被短毛或變無毛，下表面變無毛。圓錐花序著生於節上，萼片上方被短毛；花冠白色或藍色，長 5 ～ 6 公釐。果實亮紅色，徑 5 ～ 12 公釐。

　　產於中國及越南北部，在台灣分布於全島低海拔近中海拔山區。

果亮紅色，徑 5 ～ 12 公釐。

藤本，單毛。葉卵形或卵狀披針形。

珊瑚櫻

屬名　茄屬

學名　*Solanum pseudocapsicum* L.

灌木，具單毛及束狀毛。葉狹長橢圓形至披針形，長 1 ～ 6 公分，寬 0.5 ～ 1.5 公分，全緣或淺波狀緣，無毛或被毛後變無毛。花單一或成對，與葉對生或著生於節上，萼片無毛或近無毛，花冠白色或淡紫色，寬 4 ～ 8 公釐。果實橘紅色，徑 1.2 ～ 2 公分。

　　原產巴西；在台灣栽培為觀賞植物，逸出於中、南部近中海拔山區。

花瓣白色或淡紫色

葉狹長橢圓形至披針形，長 1 ～ 6 公分，寬 0.5 ～ 1.5 公分。

果成熟時橘紅色，徑 1.2 ～ 2 公分。

星茄(懸星花)

屬名　茄屬
學名　*Solanum seaforthianum* Andrews

木質藤本，具單毛。葉長 4～10 公分，
寬 4～7 公分，羽狀深裂，裂片卵形、
長橢圓形或披針形，脈上被毛。圓錐花
序頂生或與葉對生；花萼先端近平截，
無毛；花冠淺藍紫色或白色，長 9～13
公釐。果實亮紅色，徑 1～2 公分。

　　可能原產於加勒比地區，廣泛栽種
及歸化於世界各國；在台灣全島低海拔
栽植並逸出。

花冠淺藍紫色或白色，長 9～13 公釐。

葉羽狀深裂

擬刺茄

屬名　茄屬
學名　*Solanum sisymbriifolium* Lam.

全株具刺針，刺黃色或橘黃色。葉長 4.5～14 公分，寬 2.5～8 公分，羽狀深裂，
裂片波狀緣，被星狀毛，脈上具皮刺。蠍尾狀總狀花序著生於腋間及節上，萼片
被毛及皮刺，花冠紫色或白色，長 1.6～3.5 公分。果實亮紅色，徑 1～2 公分，
宿存花萼膨大包住大部分的果實，密被皮刺。

　　原產於南美，歸化北美、非洲、澳洲及中國；在台灣見於低海拔地區。

花瓣紫色或白色，長 1.6～3.5 公分。

全株具刺針，刺黃色或橘黃色。葉羽狀深裂。

果亮紅色，宿萼密被皮刺，於初果時膨大包住大部分的
果實；果熟後宿萼反捲，露出果實。

萬桃花

屬名　茄屬

學名　*Solanum torvum* Swartz

果序

灌木，密被灰色星狀毛，有刺，刺紅色或淺黃色，彎曲。葉單一或成對，卵形或橢圓形，長 6～19 公分，寬 4～13 公分，全緣或 5～7 齒裂，被黃色星狀毛。圓錐花序著生於節上，萼片被毛，花冠白色，長 1～1.5 公分。果實黃色，徑 1～1.5 公分。

　　原產於加勒比地區，廣泛歸化於熱帶；在台灣分布於全島低海拔之荒廢地及路旁。

葉單一或成對，卵形或橢圓形，全緣或 5～7 齒裂，被黃色星狀毛。

萼片被毛

黃水茄

屬名　茄屬

學名　*Solanum undulatum* Lam.

草本或亞灌木，被星狀毛，有刺，刺通常平直。葉單一，或一大一小成對生長，卵形或橢圓形，長 5～14 公分，寬 4～7 公分，五至七波狀淺裂，脈上具皮刺。花單生，萼片被毛，花冠紫藍色或白色，長 1.5～3 公分。果實單生，黃色，徑 2～3 公分，宿存花萼具皮刺。

　　廣布於南亞，在台灣分布於南部之低海拔破壞地。

花冠紫藍色或白色

花單生，皮刺直。

果單生，黃色，徑 2～3 公分，宿萼具皮刺。

毛果茄

屬名　茄屬
學名　*Solanum viarum* Dunal

草本或亞灌木，直立，高 0.5～2 公尺，全株具皮刺、絨毛及腺毛，莖及分支圓柱狀。大小葉成對生長，寬卵形，長 6～20 公分，寬 6～16 公分，3～五淺裂，基部截形、短戟形，上表面具刺、腺毛及柔毛，下表面具星狀毛；葉柄粗壯，長 3～8 公分。花序腋生；花萼鐘狀，長約 7 公釐，裂片長圓狀披針形，長 5 公釐；花冠白色，裂片披針形，長約 4 公釐，寬約 1.2 公釐；花絲長 1～1.5 公釐，花藥白色；子房被柔毛，花柱長約 1 公分，無毛；花梗長 4～8 公釐。漿果球形，直徑 2～3 公分，具綠色脈紋，未成熟時像一顆小西瓜，成熟時暗黃色。外觀上與刺茄（*S. capsicoides*，見 333 頁）相似，但刺茄之種子為圓盤狀，具明顯環翅；毛果茄之種子為雙凸透鏡形，不具翅。

　　原產於南美洲；在台灣最近被發現於低至中海拔，為新歸化植物。

果熟時漸變成黃色

果未熟時像小西瓜

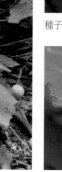
花冠午後反捲

種子

枝及葉上有皮刺

葉緣有大缺刻

印度茄

屬名　茄屬
學名　*Solanum violaceum* Ortega

灌木，被星狀毛，有刺，刺黃色，稍彎曲。葉一大一小同節，卵形，長 5～11 公分，寬 2～8 公分，五至七波狀淺裂，上表面被曲柔毛，下表面被毛及皮刺。花多數；萼片被毛及皮刺；花冠藍紫色或白色，長 1～2 公分；花柱有毛。果實亮橘色，徑 8～13 公釐。

　　廣布於熱帶亞洲，在台灣分布於全島低海拔地區。

果實亮橘色，徑 8～13 公釐。

葉背面被毛及皮刺

有刺灌木

花序上著花多

花瓣藍紫色或白色，長 1～2 公分；花柱有毛。

龍珠屬　**TUBOCAPSICUM**

多年生草本。葉單一，近全緣。花數朵著生在枝條分岔處，有時腋生狀；花萼杯狀，萼片先端平截，裂片 5；花冠黃色，鐘形，裂片 5，先端反折；雄蕊著生於花冠筒上部，花藥縱裂。果實為漿果，紅色。
單種屬。

龍珠

屬名	龍珠屬
學名	*Tubocapsicum anomalum* (Franch. & Sav.) Makino

單葉，互生，或一大一小成對生長，薄膜質，長橢圓形或橢圓形，常大小不等，長 5～18 公分，寬 2.5～8 公分，先端長漸尖，基部下延，全緣或微波狀緣，上表面鮮綠色，下表面淡綠色而葉脈明顯，葉柄長 1～3 公分。花小，下垂；花冠淡黃色，闊鐘形，先端五裂，裂片卵狀三角形；雄蕊 5 枚，著生於花冠筒上，花絲細長，花藥黃色；雌蕊 1，子房長約 2 公釐，扁球形，花柱長約 5 公釐，比花絲短，柱頭頭狀。漿果，紅色。

　　產於印尼、日本、琉球、韓國、菲律賓、泰國及中國南部；在台灣分布於全島中、低海拔之林緣、空地、岩岸及海邊。

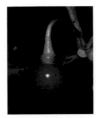

花冠黃色，鐘形，裂片 5，反折。

漿果，紅色。萼片上端平截。　葉單一，近全緣，常大小不等。

尖瓣花科 SPHENOCLEACEAE

一年生草本；莖直立，中空。單葉，互生，無托葉。花兩性，由苞片及小苞片包被，成多花之穗狀花序；花萼與子房合生，五裂；花冠五裂；雄蕊 5，著生於花冠下部，與花冠裂片互生；子房下位，2 或 3 室。果實為蓋裂蒴果。
本科僅 1 屬。

尖瓣花屬 **SPHENOCLEA**

特徵如科。

尖瓣花

屬名	尖瓣花屬
學名	*Sphenoclea zeylanica* Gaertn.

植株高 20～70 公分。葉長橢圓形、橢圓形或披針形，長 2～9 公分，寬 3～20 公釐。花白色。果實球形。

　　產於熱帶地區，在台灣可見於平地之水田中或濕地上。

花不甚開　　　　　植株

紫草科 BORAGINACEAE

多數為一年或多年生草本，較少為灌木或喬木。　單葉，互生，全緣。　花序為聚繖花序或蠍尾狀卷曲花序，有時集生似頭狀花或單生。　花 5 數，兩性花；輻射對稱，很少左右對稱；花萼合生至頂部或裂至近部；花冠白色，黃色，粉紅色或藍色，合瓣花，筒狀、鐘狀、漏斗狀或高腳碟狀；雄蕊大都為 5，花絲各式，短或很長，花藥內藏或伸出；子房 4 室，花柱著生在子房裂瓣之間的雌蕊基上，柱頭頭狀或 2 裂。果實為含 1-4 粒種子的核果，或為子房 4（～2）裂瓣形成的 4（～2）個小堅果。

特徵

多數為一年或多年生草本，較少為灌木或喬木。（梓木草）

果實為含 1-4 粒種子的核果，或為子房 4（～2）裂瓣形成的 4（～2）個小堅果。（琉璃草）

花 5 數，兩性花；輻射對稱，很少左右對稱。（梓木草）

花序為聚繖花序或蠍尾狀卷曲花序，有時集生似頭狀花或單生。（琉璃草）

細纍子草屬 BOTHRIOSPERMUM

匍 匍性草本。葉全緣或波狀緣。花單生，但在植物上部常成有葉的總狀花序；花冠五裂，花冠喉部具鱗片。離果，小堅果表面有腺狀粗糙突起物。

細纍子草

屬名	細纍子草屬
學名	*Bothriospermum zeylanicum* (J. Jacq.) Druce

全株被伏毛，葉毛基部有鈣化細胞。葉卵形至披針形，長1～6公分，寬4～18公釐，葉緣微波狀。花瓣淺藍色或白色。

產於中國、印度、中南半島、韓國、日本、菲律賓、中亞及夏威夷群島；在台灣分布於全島低海拔平野。

花瓣白色至淺藍色

全株被伏毛

小堅果外表有突瘤

琉璃草屬 CYNOGLOSSUM

直 立草本。葉全緣，莖基部之葉具長柄，莖上半部之葉具短柄至無柄。花序常成對；花冠五裂，花冠喉部具鱗片；子房深四裂，花柱基生。果為離果，通常具4枚小堅果，果實的剛毛具倒鉤。

高山倒提壺 特有種

屬名	琉璃草屬
學名	*Cynoglossum alpestre* Ohwi

多年生草本，高約50公分，莖直立，全株密被白色毛茸。葉倒披針形至線狀披針形，長7～10公分，被長曲柔毛，無柄。花莖通常在基部二岔，花冠藍色，花徑約5公釐，具有短花梗。果實為離果，徑約5公釐，由4個小分果組成，被長倒鉤剛毛。小堅果。

特有種，分布於台灣中、北部之高海拔谷地。

花瓣藍色，花徑約0.5公分。（謝牡丹攝）

全株密被白色毛茸（謝牡丹攝）

琉璃草

屬名 琉璃草屬
學名 *Cynoglossum furcatum* Wall.

一年生至多年生草本，全株被剛伏毛。葉互生，披針形至卵狀披針形，全緣，莖基部之葉長 8 ～ 20 公分，往上長度漸減，葉不被長曲柔毛，基部葉柄長約 3.5 公分。花序呈蠍尾狀捲曲；花冠藍色，基部具有鱗片狀突起，花徑約 9 公釐。小堅果 4 粒，滿被短刺狀腺毛。

　　產於東南亞，在台灣分布於全島山區之草地及荒廢地。

花冠藍色，基部具有鱗片狀突起，花徑約 0.9 公分。

小堅果 4 枚，滿布短刺狀腺毛。

花序呈蠍尾狀捲曲

小花倒提壺

屬名 琉璃草屬
學名 *Cynoglossum lanceolatum* Forssk.

二年生至多年生草本。葉披針形至長橢圓狀披針形，莖基部之葉長 5 ～ 11 公分，往上長度漸減，葉基寬度漸減至枝條處，偶而半抱莖，上表面葉毛基部一般具一至四圈鈣化細胞。蠍尾狀花序腋生或頂生，花序常成對；花萼裂片外密被短糙毛；花冠五裂，淺藍色，花冠喉部具鱗片；雄蕊 5，內藏；子房深四裂，花柱基生。小堅果 4 粒，被倒鉤刺。

　　廣布於全球較溫暖地區；在台灣分布於全島中、低海拔之山坡地林緣及路旁荒地。

花色淺藍

小堅果 4 枚，具倒鉤刺。

本種的植株較纖細，不若琉璃草粗壯，葉片也較小，且表面具剛毛。

紫草屬 LITHOSPERMUM

葉互生，全緣。花單生或聚繖花序，花瓣 5 枚，花冠喉部具鱗片，子房四深裂，花柱基生。4 小堅果。

梓木草

屬名　紫草屬
學名　*Lithospermum zollingeri* DC.

多年生草本，具根莖，全株被小剛伏毛。葉匙形
至倒披針形，長 2 ～ 6 公分，基部漸狹至近無柄。
花瓣藍色至藍紫色。

　　產於中國、韓國及日本；在台灣僅見於東部
山地，稀有。

花冠藍色至藍紫色

全株被小剛伏毛。葉匙形至倒披針形。

生於太魯閣石灰岩地區

勿忘草屬 MYOSOTIS

一年生或多年生草本，常被柔毛。總狀蠍尾狀捲曲聚繖花序，頂生，不分枝或少分枝，無苞片；花冠藍色或白色，花冠筒喉部具 5 鱗片狀附屬物。果實為小堅果，光滑無毛。

野勿忘草

屬名　勿忘草屬
學名　*Myosotis arvensis* L.

全株常被柔毛。葉倒披針形至線狀披針形，全緣，大部分基生，花莖上亦生較小的葉，葉緣具長毛。總狀蠍尾狀捲曲聚繖花序，頂生，花序軸上密生毛；花藍色，花心黃色。

　　原產歐洲，在台灣新歸化於思源埡口一帶。

花藍色，花心呈黃色。

全株常被柔毛。葉倒披針形至線狀披針形。

康復力屬 SYMPHYTUM

多年生草本植物。根肥厚。莖生葉多少下沿狀。聚繖花序頂生，隨開花逐漸發育為圓錐狀。花萼五裂，裂片不相等，果時略為伸長。花冠亮紫紅色，五裂，鐘形，喉部具 5 附屬物。雄蕊生於冠筒上。子房四深裂，花柱絲狀，柱頭頭狀。小堅果卵形。

康復力

屬名　康復力屬
學名　*Symphytum officinale* L.

多年生草本，高 60～90 公分，全株被白色粗毛，莖具稜翼。基部葉叢生；莖生葉，互生，葉片為卵狀披針形，長 20～50 公分，寬 7～12 公分，先端漸尖，葉柄上部呈翼狀。花冠廣筒形，花冠長 14～15 公釐，有白、黃、紫等各色，先端五裂，萼片五裂，雄蕊 5 枚，雌蕊柱頭伸出花冠外。果為四分果。

　　原產蘇聯歐洲部分及高加索。台灣偶逸出野外。

花冠廣筒形，先端淺五裂。（王金源攝）

葉片為卵狀披針形，長 20～50 公分。（王金源攝）

盾果草屬 THYROCARPUS

草本。葉互生，全緣。花瓣 5 枚，花冠喉部具鱗片，子房四裂，花柱基生。4 小堅果，具二層杯狀外部突出物。

盾果草

屬名	盾果草屬
學名	*Thyrocarpus sampsonii* Hance

一年生至二年生草本，莖被絹狀曲柔毛，高 15 ～ 40 公分。基生葉叢生，匙形或卵形，長 3 ～ 18 公分；莖生葉互生，卵形至長橢圓形，長 1 ～ 2 公分，全緣，兩面被粗毛。花冠白色至藍色，五裂，裂片先端鈍圓，花冠喉部具明顯鱗片。果實之杯狀外層上端具 1 五齒。

產於中國及中南半島；在台灣分布於全島中、低海拔山野處。

花冠白色至藍色

兩面披毛

果為堅果，4 枚。

碧果草屬 TRICHODESMA

多年生草本。葉對生或近乎對生，全緣。花序頂生；萼片 5 枚，果後明顯膨大；花冠五裂，通常具鱗片；花藥具長且扭曲之尾芒；子房 4 室，花柱頂生，甚長。果實非常成熟時方裂成 4 小堅果。

假酸漿

屬名	碧果草屬
學名	*Trichodesma calycosum* Collett & Hemsl.

大型直立草本，高可達 2 公尺。葉倒披針形至橢圓形，長 7 ～ 22 公分，兩面疏被剛伏毛，柄長 1 ～ 1.5 公分。萼片於花期時長 1 ～ 1.5 公分，果期時長可至 2 公分；花冠白色、淡藍色及棕黃色，具鱗片。

產於印度，在台灣分布於全島低海拔之山坡林緣及樹叢。

花冠淡藍色者

初果

大型直立草本。葉倒披針形至橢圓形。

花棕黃者

印度碧果草

屬名　碧果草屬
學名　*Trichodesma indicum* (L.) Lehm.

一年生草本，株高 15 ～ 50 公分，多分枝，密生毛茸；莖圓，基部分支，紅褐色，密被毛。葉長橢圓形至披針形，長 4 ～ 7 公分，寬 0.8 ～ 2 公分，先端圓至近銳尖，基部心形，兩面被長毛，無柄。花單生或繖房花序；萼片三角形，長 1 ～ 1.5 公分，密被毛；花冠鐘形，裂片 5，淡紫色、粉藍色至白色，在基部有黃至褐色斑；雄蕊插生於花冠筒下部，花藥白色，長 8 公釐；花柱長 6.5 ～ 8 公釐。小堅果 4，扁卵形。

　　原產於熱帶亞洲及非洲，最近發現於台灣中部。

種子（王秋美攝）

基部黃至褐色斑（王秋美攝）

萼片三角形（王秋美攝）

植株多分枝（王秋美攝）

斯里蘭卡碧果草

屬名　碧果草屬
學名　*Trichodesma zeylanicum* (Burm.f.) R. Br.

直立草本，被粗糙硬毛，高可達 50 公分。葉披針形，長 8 ～ 10 公分，寬 2 公分，先端與基部尖，上表面被毛，下表面被絨毛，葉柄長 5 公釐。腋生或頂生聚繖花序；花萼長 1 公分，寬 5 公釐，在果期時變大，五裂，先端漸尖；花冠藍色，長 8 公釐，鐘狀，五裂，三角形帶有彎曲狹先端；雄蕊 5，花藥無柄；子房四突起，單生。果實為 4 小堅果。

　　分布於舊世界的熱帶與副熱帶區，如非洲東部及南部；最近發現於台灣中部。

種子（王秋美攝）

果手成褐色（王秋美攝）

基部具淡紫紅斑（王秋美攝）

直立草本，少分枝。（王秋美攝）

附地草屬 TRIGONOTIS

多年生草本，具匍匐莖。葉互生，全緣，兩面被剛伏毛。花瓣5或6枚，花冠喉部具鱗片，子房四至十深裂，花柱基生。堅果無毛或有毛。

台北附地草 特有種

屬名	附地草屬
學名	*Trigonotis elevatovenosa* Hayata

葉橢圓形至近圓形，長2～3.5公分，寬1.5～2.5公分，先端圓，常凹缺，葉緣平直或皺波狀，上表面葉脈明顯突起。花冠白色，花心黃色。

特有種，分布於台灣全島中海拔山區之潮濕山澗旁。

花小，花冠白色，黃心。

葉橢圓形至近圓形，上表面葉脈明顯突起。

台灣附地草 特有種

屬名	附地草屬
學名	*Trigonotis formosana* Hayata

葉長橢圓形，稀匙形，長2～7公分，寬1.5～2.5公分，先端微凹，具突尖，葉緣近平直，中肋於上表面下陷，而於下表面微凸出。花冠白色至淡藍色。

特有種，分布於台灣全島中海拔山區。

花序

長橢圓形，先端微凹，具突尖。

南湖附地草 特有種

屬名 附地草屬

學名 *Trigonotis nankotaizanensis* (Sasaki) Masam. & Ohwi ex Masam.

葉橢圓形，長1～2公分，寬0.5～1.2公分，先端微凹，具突尖，葉緣近平直，中肋於上表面下陷，而於下表面微凸出。花瓣淺藍色。

特有種，分布於台灣全島高海拔山區。

葉橢圓形，上表面葉脈不會明顯凸起。

生於南湖大山的植株

附地菜

屬名 附地草屬

學名 *Trigonotis peduncularis* (Trev.) Bentham *ex* Baker & Moore

草本，莖常分支，被短糙伏毛。基生葉匙形，長2～5公分，先端具短尖，被糙伏毛；莖上部之葉橢圓形或矩橢圓形。花序總狀，腋生，無苞片；花冠灰藍色，裂片倒卵形。小核果下方具一小梗。

可能為歸化植物，可見於阿里山及各平地。

花白紫色，小。

基生葉匙形

果實

生果草科 COLDENIACEAE

一年生匍匐草本，有明顯的分枝細莖，常有不定根，具單細胞毛。葉多數，互生，短柄，兩邊不對稱，鋸齒緣。花序腋生，葉狀花序；兩性花，小，合瓣花；花萼4深裂，披長柔毛包圍花冠筒，花白色，花冠筒壺狀，先端4淺裂；雄蕊4枚，花絲短，著生在花冠筒上，花藥內藏，子房2室，柱頭2裂。果實從頂端方裂成4枚有刺的小堅果。

生果草屬（雙柱紫草屬）COLDENIA

同科特徵。

臥莖同籬生果草（雙柱紫草）

屬名	生果草屬
學名	*Coldenia procumbens* L.

一年生匍匐性草本。葉長橢圓形至長橢圓狀倒卵形，兩側不對稱，長5～20公釐，側脈3～5對，於上表面處深陷，葉緣鈍鋸齒至淺裂，凹陷處與側脈相接，兩面被絹狀毛。花白色，不大張開。離果，熟時先裂成2瓣，最後裂成4分核。

產於中國南部、中南半島及印度；在台灣分布於南部低海拔乾地、田野、水塘旁或水庫旁，稀有。目前僅發現蘭潭及龍鑾潭。

花序枝可稱為葉狀的花序　　子房的柱頭有二裂　　匍匐草本

破布子科 CORDIACEAE

喬木或灌木，稀藤本。葉互生稀對生，全緣，通常有柄。聚繖花序呈傘房狀排列；花5數，稀4數；花兩性，常有異長花柱或多少行使單性功能（花柱及柱頭非常退化或完全不發育）；花萼筒狀或鐘狀；花冠鐘狀或漏斗狀，白色、黃色或橙紅色；雄蕊(4–)5(–15)，與花冠筒合生，花藥常突出；柱頭四岔，柱頭匙形或頭狀。核果有4室，每室1種子。一科有二屬。

破布子屬 CORDIA

灌木或喬木。花序通常頂生；萼片5或10枚；花瓣4～8枚，無鱗片；子房單一，4室；花柱頂生，四岔。果實為核果。

金平氏破布子

屬名	破布子屬
學名	*Cordia aspera* G. Forst. subsp. *kanehirai* (Hayata) H. Y. Liu

落葉小喬木，被棕褐色逆毛。葉披針形至卵形，長7～22公分，寬3～10公分，全緣或疏鋸齒，鋸齒先端驟突，葉柄長1.5～3公分。花萼具10條明顯縱稜；花冠白色，裂片5，橢圓形；雄蕊插生於花冠筒中部以上，花藥微突出。

分布於琉球；在台灣僅見於恆春半島、蘭嶼及龜山島之樹林中，不常見。

花冠白色，裂片5。（郭明裕攝）　　葉披針形至卵形，長7～22公分，寬3～10公分。（郭明裕攝）

破布子

屬名　破布子屬
學名　*Cordia dichotoma* G. Forst.

落葉中喬木，被褐色粗毛。葉披針狀卵形至寬卵形，長6～15公分，全緣、波狀緣或偶而疏細鈍齒緣，葉毛基部具鈣化細胞，常有痂狀鱗片。花冠黃白色，裂片5；雄蕊5，著生於花冠筒內，花藥明顯突出。果實球形，可食。

　　產於中國、印度、馬來西亞、菲律賓及琉球；在台灣分布於全島低海拔之向陽森林中。

花冠黃白色，裂片5；雄蕊5。

葉常有痂狀鱗片。果球形。

橙花破布木

屬名　破布子屬
學名　*Cordia subcordata* Lam.

小喬木。葉卵形或狹卵形，長8～18公分，寬6～13公分，先端尖或急尖，基部鈍或近圓形，稀心形，全緣或微波狀緣，上表面具明顯或不明顯的斑點。花冠橙紅色，漏斗形，長3.5～4.5公分，具圓而平展的裂片，花徑約4公分。堅果卵球形或倒卵球形，具木栓質的中果皮，被增大的宿存花萼完全包圍。

　　產於海南島、西沙群島、非洲東海岸、印度、越南及太平洋南部諸島；在台灣分布於離島東沙群島。

花被裂片6，雄蕊6，
花柱四分。

結果及開花之植株

厚殼樹科 EHRETIACEAE

喬木或灌木。 葉互生，全緣或具鋸齒，有葉柄。 花五數。花聚繖花序呈傘房狀或圓錐狀；花萼小，5 裂；花冠筒狀或筒狀鐘形，稀漏斗狀，白色或淡黃色，5 裂，裂片開展或反折；花藥卵形或長圓形，花絲細長，通常伸出花冠外；花柱頂生，中部以上 2 裂，柱頭 2，頭狀或伸長。 核果近圓球形，內果皮成熟時分裂為 2 個具 2 粒種子或 4 個具 1 粒種子的分核。

厚殼樹屬 EHRETIA

灌木或喬木。花序通常頂生，花瓣白色至淺黃色，無鱗片，花藥突出，子房單一，花柱頂生，上半部以上分岔。果實為核果。

厚殼樹

屬名	厚殼樹屬
學名	*Ehretia acuminata* R. Br.

常綠喬木，枝葉被粗毛。葉披針形至橢圓形或長橢圓形，長 5～15 公分，寬 2～7 公分，先端銳尖，基部圓至不等邊之淺心形，鋸齒緣，上表近無毛或稍粗糙，下表面葉脈上有毛。花冠白色，花瓣長 3.5～5.5 公釐，花冠裂片長於花冠筒，雄蕊突出，花柱頂端二岔。核果球形，徑約 4 公釐，成熟時橘色。

　　產於中國南部及琉球；在台灣分布於全島中、低海拔森林中。

葉鋸齒緣

破布烏

屬名	厚殼樹屬
學名	*Ehretia dicksonii* Hance

落葉性小喬木，樹高可達 15 公尺，枝條被柔毛。葉橢圓形、寬卵形至倒卵形，長 6～15 公分，寬 4～10 公分，基部楔形至淺心形，上表面被剛伏毛，下表面被剛毛。花白色，花冠長 4～10 公釐，花冠裂片短於花冠筒，花柱先端二岔。果實球形，成熟時黃色，徑 1～1.5 公分。

　　產於中國南部、琉球及日本；在台灣分布於全島中、低海拔森林。

花柱先端二岔

果徑約 1 公分

葉橢圓形、寬卵形至倒卵形。

長葉厚殼樹（長花厚殼樹、山檳榔）

屬名　厚殼樹屬
學名　*Ehretia longiflora* Champ. *ex* Benth.

落葉性小喬木，樹高可達15公尺。葉全緣，橢圓形至倒卵狀長橢圓形，長5～12公分，寬2～5公分，基部楔形，上下表面無毛，或稍粗糙。花白色，花冠筒長6～9公釐，花冠裂片長9～11公釐。果實球形，成熟時黃色，徑1～1.5公分。

　　產於中國南部及香港，在台灣分布於全島低海拔森林中。

雄蕊及雌蕊伸出花筒冠甚長，花柱先端二岔。

葉片全緣

果枝

滿福木

屬名　厚殼樹屬
學名　*Ehretia microphylla* Lam.

常綠灌木或亞灌木，高1～1.5公尺，小枝被毛。葉倒卵形至匙形，長1～2.5公分，寬0.5～1公分，上半部鈍鋸齒緣，葉毛基部有鈣化細胞。花單生，或2～3朵成聚繖花序，腋生或頂生，花白色，具短小花梗。果實黃色至紅色。

　　產於中國南部、印度、馬來西亞、中南半島、菲律賓群島、澳洲及琉球；在台灣分布於南部低海拔之向陽樹叢中。

果黃色至紅色

花白色

葉上半部鈍鋸齒緣

蘭嶼厚殼樹

屬名	厚殼樹屬
學名	*Ehretia philippinensis* A. DC.

常綠灌木至小喬木。葉卵形，長6～
15 公分，寬 6～10 公分，基部楔
形至淺心形，全緣，上表面被毛後
變無毛，下表面變無毛或僅葉脈上
有毛。花序頂生，花冠漏斗狀鐘形，
花冠裂片長 3.5～5 公釐，花冠筒
長度略短於花冠裂片，雄蕊突出。
果實扁球形。

　　原產於菲律賓，在台灣僅見於
離島蘭嶼。

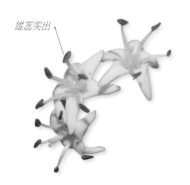
雄蕊突出

葉全緣，上表面無毛。

恆春厚殼樹（台灣厚殼樹）

屬名	厚殼樹屬
學名	*Ehretia resinosa* Hance

落葉灌木至小喬木，高可達 6 公尺。葉寬卵形至寬倒卵形，長 6～16 公分，
寬 4～10 公分，基部圓，波狀緣，側脈 7～9，上表面有毛，下表面被絨毛。
聚繖花序頂生，花冠長 5～6 公釐，裂片與花冠筒約等長。果實球形，成熟
時橘色。

　　產於菲律賓，在台灣分布於南部低海拔之疏林中或林緣。

果球形，橘熟。

開花枝。葉全緣。

聚繖花序頂生，花冠長 5～6 公釐，花冠裂片與花冠筒約等長。

天芹菜科 HELIOTROPIACEAE

年生或多年生草本，稀為半灌木，被柔毛或糙伏毛，稀粗糙無毛。 葉互生，無柄或具柄。 花序頂生或腋生，聚繖圓錐花序或蠍尾狀卷曲花序。花5數，大都兩性；花萼5裂，分離至基部；花冠通常白色或淡藍紫色，稀黃色；雄蕊5，內藏，花絲極短，著生花冠筒上；子房完全或不完全4；花柱頂生，短或長，先端有圓錐狀或環狀的柱頭。果開裂為4個含單種子或2個含雙種子的分核。

天芹菜屬 HELIOTROPIUM

草本。葉全緣。花聚合成單邊蠍尾狀捲曲聚繖花序；花瓣5枚，花冠漏斗狀，無鱗片；子房單一或二至四裂，花柱頂生，柱頭環狀。核果堅果狀，2～4分核。

白水木

屬名　天芹菜屬
學名　*Heliotropium foertherianum* Diane & Hilger

灌木至小喬木。葉叢聚枝條先端，倒卵形至匙形，長10～20公分，密被灰白色絹絨毛，先端鈍至圓。花冠白色至粉紅色。核果成熟時白色。

　　產於印尼、日本、菲律賓、斯里蘭卡、越南、太平洋群島及東沙；在台灣分布於本島南北兩端及蘭嶼、綠島之沙灘。

花瓣裂片5

花及初果

分布於台灣本島南北兩端及蘭嶼、綠島的沙灘。

葉叢聚枝條先端，倒卵形至匙形，密被灰白色絹絨毛。

山豆根（台灣天芹菜）　**特有種**

屬名　天芹菜屬
學名　*Heliotropium formosanum* I. M. Johnst.

植株匍匐狀，全株密被剛伏毛。葉互生，線形至線狀卵形，長5～15公釐，葉基鈍至圓，單脈，葉面上密生白伏毛，近無柄。花冠白色，五淺裂，花心黃色。核果成熟時裂成2分核。

　　特有種，分布於台灣全島海邊沙質地。

花瓣白色，花冠五淺裂，花心黃色。

葉面上密生白伏毛

狗尾草

屬名 天芹菜屬
學名 *Heliotropium indicum* L.

一年生直立草本，全株被剛伏毛。葉互生至近對生，卵形，長 2～10 公分，表面微波狀隆起，葉柄長 2～8 公分。花序蠍尾狀捲曲，花瓣淺藍色至藍紫色。核果深二裂。

　　產於熱帶地區，在台灣為全島低海拔荒廢地之雜草。

花序蠍尾狀捲曲

葉表面微波狀隆起

伏毛天芹菜

屬名 天芹菜屬
學名 *Heliotropium procumbens* Mill. var. *depressum* (Cham.) H.Y. Liu

直立或偶斜倚，全株被剛伏毛。葉互生，線狀披針形至倒披針形，長 1～5 公分，葉基狹，葉背密生毛，無柄。花聚合成單邊尾狀捲曲聚繖花序；萼片披針形，被毛；花冠白色，五深裂，花心常呈黃色。核果成熟時裂成 4 分核，表面密生毛。

　　原產中、南美洲；在台灣歸化於南部及澎湖低海拔平野。

花瓣白色，五深裂，花心常呈黃色。

果實密生毛狀物

植株大都直立

冷飯藤

屬名　天芹菜屬
學名　*Heliotropium* sarmentosa (Lam.) Craven

蔓性灌木。葉互生，長橢圓狀披針形至
卵形，長 6 ～ 12 公分，先端漸尖，疏
被剛伏毛。花冠白色。核果淺黃色。

　　產於中南半島、馬來西亞、菲律賓
群島及熱帶澳洲；在台灣分布於南部近
海之乾燥林中。

頂生聚繖花序，蠍尾狀；花白色。

生於南部近海叢林

細葉天芹菜

屬名　天芹菜屬
學名　*Heliotropium strigosum* Willd.

多年生草本，高 15-30 公分，莖匍匐，多分枝，纖細，
被糙伏毛，基部木質。葉互生，線狀披針形，長 3 ～
10 公釐，寬 1 ～ 1.5 公釐，兩端均銳形，葉緣常反卷，
表面中肋下凹，背面凸出，兩面密被糙伏毛。萼長 2-3
公釐，裂片披針形，疏被毛；花冠白色，圓筒形或漏
斗形，長 3 ～ 4 公釐；花藥卵形，長 0.5 ～ 0.7 公釐；
子房球形，平滑無毛，花柱短，柱頭圓錐狀。核果扁
球形，徑約 2 公釐，密被 細剛毛，成熟時分裂成 4 枚
各具 1 種子之分 核，分核長約 1 公釐。

　　分布中國大陸福建、廣東至華西、中南半島、印
度半島及非洲與澳洲。臺灣見於金門，生於近海山坡
地及沙地。

花冠白色，圓筒形或漏斗形。

生於近海山坡地及沙地

爵床科 ACANTHACEAE

草本、灌木或藤本。單葉，對生，無托葉。花兩性，常兩側對稱，排成總狀、穗狀、聚繖或頭狀花序，偶單生或簇生；苞片大，有時具色彩，小苞片 2 枚；花萼四至五裂；花冠五裂，二唇形或裂片近相等；雄蕊 4 或 2，二強，著生於花冠筒上，花藥 2 或 1 室，等大或不等大；子房上位。果實為蒴果，背裂成 2 瓣。

特徵

花冠五裂，有時裂片近相等。（菲律賓哈亨花）

花冠五裂，常呈二唇形。（六角英）

單葉，對生，無托葉。（柳葉水蓑衣）

花萼及花瓣外常具明顯之苞片（台灣明萼草）

雄蕊 4，二強。（腺萼馬藍）

老鼠簕屬 ACANTHUS

灌木或草本，直立或攀緣，常稍肉質。 葉對生，羽狀分裂或淺裂，常有齒及刺，稀全緣。 穗狀花序，頂生，苞片大，邊緣常具刺，小苞片較小或無，萼裂片4，前後兩裂片較大，基部常軟骨質，兩側的較小；花冠2唇，上唇極小而成單唇狀，下唇大，伸展，三裂，花冠管短，常為軟骨質；雄蕊4，近等長或二強，著生於喉部，花絲粗厚，後雄蕊花絲先端變細，有時成S狀彎曲；子房2室，每室2胚珠，花柱短，柱頭二裂。 蒴果橢圓形，兩側壓扁，有光澤，含4種子。種子兩側壓扁，近圓形或寬卵形，有珠柄鉤。

老鼠簕

屬名	老鼠簕屬
學名	*Acanthus ilicifolius* L.

直立灌木，高達2公尺。托葉刺狀；葉近革質，長圓形至長圓狀披針形，長6～14公分，寬2～5公分，邊緣4～5羽狀淺裂，側脈每側4～7條，自裂片頂端突出為尖銳硬刺。穗狀花序頂生；苞片對生，寬卵形，長7～8公釐；花萼裂片4，外方的2枚較大；花冠白色或紫色，花冠管長約6公釐，上唇退化，下唇倒卵形，長約3公分，頂端三裂，內面上部兩側各有1條長3～4公釐的被毛帶；雄蕊4枚，近等長，花藥1室，縱裂。蒴果橢圓形，長2.5～3公分，有種子4顆。

　　產海南、廣東、福建。台灣產於金門烈嶼，台灣有栽培植株。

蒴果橢圓形，兩側壓扁。

雄蕊4枚，近等長。　　　葉緣具銳刺

穿心蓮屬 ANDROGRAPHIS

草本。葉全緣。聚繖花序，或頂生的密錐花序，或疏散的圓錐花序；苞片小；花萼小，五深裂；花冠纖弱，二唇形；雄蕊2，花絲常有髯毛；每室3～6胚珠。蒴果長橢圓形或線形，果瓣的背面中部有槽。種子12粒，卵狀或長橢圓狀，有種鉤。

穿心蓮

屬名	穿心蓮屬
學名	*Andrographis paniculata* (Burm.f.) Nees

高50～100公分，莖四稜，節稍膨大。葉卵狀披針形，長2～11公分，寬0.5～2.5公分，先端漸尖，基部楔形，全緣或淺波狀緣，側脈3～4對。圓錐花序頂生或腋生；花萼五深裂，外被腺毛；花冠淡紫白色，唇形，上唇外彎，二齒裂，下唇直立，三淺裂；雄蕊2，藥室一大一小，大者被髯毛，花絲一側有柔毛。蒴果長橢圓形或線形，果瓣的背面中部有槽。

　　原產於印度、斯里蘭卡，歸化於中國、柬埔寨、印尼、馬來西亞、緬甸、泰國、越南及加勒比地區；在台灣歸化於低海拔野地。

花絲一側有柔毛

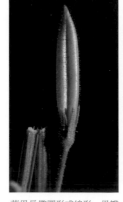

蒴果長橢圓形或線形，果瓣的背面中部有槽。　　莖四稜，節稍膨大。葉卵狀披針形。

十萬錯屬 ASYSTASIA

草本或灌木。葉全緣或稍有齒。花排成頂生的總狀花序或圓錐花序；苞片及小苞片均小；花萼裂達基部；花冠通常鐘狀，冠簷近五等裂；雄蕊 4；子房室數，每室 2 胚珠。蒴果長橢圓形，上部有種子 4 粒。

寬葉馬偕花（赤道櫻草、活力菜、日本枸杞）

屬名	十萬錯屬
學名	*Asystasia gangetica* (L.) Anderson subsp. *gangetica*

多年生半匍匐性草本，株高 30 ～ 60 公分，莖四方形，被毛。葉對生，心形或長卵形，先端尖，基部鈍圓，波狀緣或細齒緣，兩面被毛。總狀花序頂生，花冠漏斗狀，五裂，白色、淡紫色至桃紅色。蒴果長橢圓形，四稜。

　　原產熱帶非洲、南亞等地；歸化於台灣平野。

花冠漏斗狀，五裂，白色、淡紫色至桃紅色。

葉對生，心形或長卵形，先端尖。

葉對生，心形或長卵形。

小花寬葉馬偕花

屬名	十萬錯屬
學名	*Asystasia gangetica* (L.) Anderson subsp. *micrantha* (Nees) Ensermu

草本。葉卵形至披針形，具下延之狹翼，全緣。總狀花序，頂生，具小苞片，花皆生於花軸一側；花萼裂片 5；花冠筒寬部長於窄部，裂片 5 而近相等；雄蕊 4，花藥橢圓形，2 室等大。蒴果棍棒狀，具 2 ～ 4 種子。

　　原產熱帶非洲，現已成為泛熱帶雜草，分布於印度、泰國、中南半島至馬來半島；在台灣歸化於全島低海拔地區。

花白色，花心藍紫色。

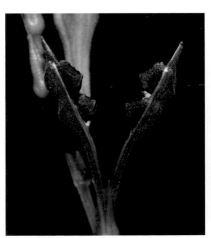

蒴果果熟開裂

總狀花序，花皆生於花軸一側。

擬馬偕花屬 ASYSTASIA

草本。葉具下延之狹翼。總狀或圓錐花序，生於小苞片腋處；花萼裂片 5；花冠筒長而細，裂片 5 而近相等；雄蕊 4，花藥橢圓形，2 室等大。果實為蒴果，棍棒狀，具 4 種子。

尼氏擬馬偕花

屬名	擬馬偕花屬
學名	*Asystasiella chinensis* (S. Moore) E. Hossain

多年生草本，莖方形。葉對生，膜質，廣橢圓形或長橢圓狀披針形，長 15 ～ 20 公分，生於莖下部者具柄，上部者近無柄。總狀花序，花冠筒粉紅色，長而細，被毛。

分布於中國中南部、印度、越南及緬甸等地；在台灣見於中部低海拔之陰濕地。

總狀花序，花冠筒具毛，長而細，花粉紅色。

僅見於溪頭一帶森林中。

海茄苳屬 AVICENNIA

濱海生長的灌木或喬木。單葉，對生，全緣。花序短穗狀或近頭狀，苞片宿存；花萼五深裂；花冠四至五裂；雄蕊 4，近等長；子房 4 室，花柱宿存，柱頭二岔；無花梗。蒴果二裂。

海茄苳

屬名	海茄苳屬
學名	*Avicennia marina* (Forsk.) Vierh.

灌木，小枝方形。葉革質，橢圓形或卵形，上表面光滑，下表面密被極小的腺毛，近無柄。聚繖花序呈頭狀，苞片、花萼及花冠外側被絨毛，花冠四裂，黃色，子房密生絨毛。果實近卵形，上部被毛。

產於非洲東部、東南亞、澳洲北部及中國南部；在台灣分布於西部沿海地區。

聚繖花序呈頭狀

雄蕊 4，近等長。

分布於台灣西部沿海地區

葉革質，橢圓形或卵形，近無柄。

賽山藍屬 BLECHUM

草本，莖散生毛或近光滑。葉卵形，近全緣。穗狀花序，頂生；苞片大，葉狀，明顯具緣毛；小苞片 2，線形；花萼五裂，裂片線形，背面被疏毛；花冠白色，五裂，近相等；可孕雄蕊 4，二強。果實為蒴果，卵形，具多粒種子。

賽山藍

屬名	賽山藍屬
學名	*Blechum pyramidatum* (Lam.) Urban.

植株高約 50 公分，莖圓柱形或略呈四稜，常匍匐，下部節上生根，疏被毛或近光滑。葉長 3 ～ 6 公分，先端銳尖，基部鈍或圓，上表面疏被糙毛，下表面近光滑。穗狀花序，頂生，花序軸長可達 6 公分；苞片葉狀，卵形，長約 1.5 公分，邊緣被緣毛；小苞片 2 枚，線形；花萼五深裂，裂片線形，內面被毛；花冠略大於苞片，白色；雄蕊著生於花冠筒中上部，可孕雄蕊 4，二強；幾無花梗。

原產熱帶美洲；近年來歸化台灣，多產於南部。

穗狀花序，頂生，花序
由層層苞片堆疊，排列
十分特殊。

果隱含在苞片內

花由苞片中伸出

原產熱帶美洲；近年來歸化於台灣，多產於南部。

針刺草屬 CODONACANTHUS

草本。葉膜質，全緣。總狀花序或穗狀花序；苞片與小苞片均小；花白色或淡紫色；花萼五裂；花冠筒五裂，裂片近相等；可孕雄蕊 2，不孕雄蕊 2 或無；花盤不明顯；子房 2 室，每室 2 胚珠。果實為蒴果，長橢圓形。

針刺草

屬名　針刺草屬
學名　*Codonacanthus pauciflorus* (Nees) Nees

多年生草本，高 30 ～ 80 公分，莖直立，略被短柔毛。葉膜質，卵形或橢圓形，長 2.5 ～ 8 公分，先端漸尖，基部銳尖或鈍，上表面綠色。總狀花序，常疏分支至多數分支而變成圓錐狀花序，花具短梗；苞片及小苞片均線形，短於花萼；花萼鐘形，五裂，裂片闊線形；花冠向下垂掛，漏斗狀，長約 1 公分，五深裂，白色，內側具紫色斑紋，先端圓。

花瓣白色，內部具紫色斑紋，先端圓。

　　產於中國南部、印度、琉球及日本；在台灣常見於全島低海拔闊葉林中。

花側面

多年生小草本。葉片 4 ～ 6 枚。

華九頭獅子草屬 DICLIPTERA

草本。葉卵形，全緣。花排列成短聚繖花序，常 2 朵花包被於 2 苞片內；小苞片小；花萼五深裂；花冠二唇形；雄蕊 2，花藥之 2 室成上下排列；子房 2 室，每室 2 胚珠。蒴果卵球形，具 4 種子。

華九頭獅子草

屬名　華九頭獅子草屬
學名　*Dicliptera chinensis* (L.) Juss.

草本，高 20 ～ 60 公分，匍匐或斜上昇，莖近六稜，光滑無毛，節常膨大。葉紙質，卵形，長 2 ～ 7 公分，寬 2 ～ 3 公分，先端漸尖或短漸尖，全緣，兩面光滑無毛。花萼長可達 5 公釐，裂片線狀披針形，內側被腺毛；花冠粉紅色，長約 1.2 公分，唇片長約 5 公釐；雄蕊突出花冠筒口外之部分長約 3 公釐，花絲被逆向短柔毛；子房光滑無毛。

　　產於中國南部；在台灣分布於中部及南部低海拔之溪邊、路旁或林緣。

花絲被逆向短柔毛

花排列成短聚繖花序，花包被於苞片內。

葉紙質，卵形。

半插花屬 HEMIGRAPHIS

草本（台灣產者）。葉圓齒緣。穗狀花序（台灣產者），腋生於小苞片，無梗；花萼五裂；花冠筒上半部膨大，裂片 5，近等大；雄蕊 4，二強；子房每室具 3 ～ 8 胚珠。果實為蒴果，線形或線狀長橢圓形。

台灣有 3 種。

直立半插花

屬名	半插花屬
學名	*Hemigraphis cumingiana* (Nees) F.-Vill.

莖直立，高可達 40 公分，幼莖被剌毛。葉橢圓狀披針形，長 5 ～ 8 公分，先端銳尖至漸尖，基部漸狹且延生至柄，淺圓齒緣。穗狀花序，腋生於小苞片，無梗；苞片有毛緣；花冠筒上半部膨大，裂片 5，白色；雄蕊 4。蒴果，線形或線狀長橢圓形。

產於菲律賓，在台灣僅分布於離島蘭嶼。

花白色，喉部有毛。

花腋生於小苞片，無梗；苞片有毛緣。

莖直立，高可達 40 公分。

恆春半插花

屬名	半插花屬
學名	*Hemigraphis primulifolia* (Nees) F. -Vill.

草本，近蓮座狀，具匍匐莖；莖極短，密被毛。葉近基生，長橢圓形，長 5 ～ 6 公分，先端鈍或圓，基部近心形，圓齒緣，上表面密被毛，葉柄具短柔毛。穗狀花序頂生，具花序梗，花序軸上被微毛或光滑無毛，長 2.5 ～ 8 公分；苞片對生，初密集，不久疏離，倒披針形；花冠長 1.3 公分，淡藍紫色或白色；長雄蕊的花絲基部被剛毛；子房頂端被微毛，花柱基部被剛毛。蒴果被毛，頂端有毛。

產於菲律賓，在台灣分布於恆春半島及蘭嶼。

近蓮座式草本。具花序梗。

蒴果被毛，頂端有毛。

匍匐半插花

屬名 半插花屬

學名 *Hemingraphis reptans* (Forst.) Anders. *ex* Hemsl.

纖細多年生草本，莖細長，匍匐，節上生根，被微毛。葉長橢圓狀卵形至圓形，長 1.5～2.5 公分，先端鈍或圓，基部截形或略呈心形，葉緣具圓鋸齒，上表面被長毛。花簇生於花序梗近頂端，無花梗；花冠白色或白紫色，長 1.5 公分。

產於菲律賓及琉球南部，在台灣僅分布於離島蘭嶼。

花無梗，集生於花序梗近頂端；花冠長 1.5 公分。

纖細多年生草本，莖細長，匍匐。葉邊緣具圓鋸齒。

水蓑衣屬 HYGROPHILA

草本，生長於水中或濕地上。葉基漸狹至葉柄基部。花簇生或排成穗狀於葉腋；苞片橢圓形或披針形；小苞片小或無；花萼五裂；花冠二唇形，上唇直立；雄蕊 4，二強，有時 2 枚退化；子房每室具 4 或更多胚珠；無花梗。蒴果長橢圓狀線形。

異葉水蓑衣

屬名 水蓑衣屬

學名 *Hygrophila difformis* (L.) Blume

多年生水生草本，高達 35 公分，全株密生腺毛，尤以莖部最密。葉兩型：挺水葉橢圓形，長 2.5～5 公分，寬 2.5～3.5 公分，綠色，粗齒緣；沈水葉變成青黃色，分裂狀，直徑達 12 公分。花單出，腋生；苞片葉狀，對生；花冠白紫色，先端五裂，長約 1.7 公分，下紫紋明顯；雄蕊 4，花藥邊緣黑色，雌蕊花柱鉤狀。

原產東南亞，在台灣歸化於南部水域。

花冠白紫色，先端五裂，長約 1.7 公分，下唇紫紋明顯。

歸化於五溝水之植株

花之側面，苞片葉狀。

大安水蓑衣 特有種

屬名	水蓑衣屬
學名	*Hygrophila pogonocalyx* Hayata

莖直立，四稜，高 90 ～ 110 公分，節上密生刺毛。葉披針形至橢圓形，長 6 ～ 12 公分，寬 2 ～ 4 公分，兩面密被白色剛毛。花淡紫色，簇生於葉腋；花冠長約 2.5 公分，上唇直立，長 1.5 公分，下唇三淺裂。蒴果條形，長於宿存花萼，長約 1.6 公分。

　　特有種，以往確切的紀錄為台灣中部苗栗至台中沿海之平地水塘或溝渠中，筆者等人新近在屏東牡丹一深山濕地發現為數不少之族群。

花淡紫色，簇生葉腋。

葉兩面密被白色剛毛

莖直立，四方形，高 90 ～ 110 公分，莖的節上密生刺毛。

小獅子草

屬名　水蓑衣屬
學名　*Hygrophila polysperma* T. Anders.

植株高僅 20 公分，被毛。葉狹長橢圓形或匙形，長 8 ～ 15 公釐，寬 3 ～ 5 公釐，兩面略被短柔毛。穗狀花序，長約 1 公分；花白色，外面被毛。蒴果披針形。

　　產於印度、馬來西亞及中國南部；在台灣分布於全島之低海拔水域，稀少。

花小，白色。（郭明裕攝）

生於水邊之水生植物（郭明裕攝）

柳葉水蓑衣

屬名　水蓑衣屬
學名　*Hygrophila salicifolia* (Vahl) Nees

莖光滑至稍具毛，高約 80 公分。葉線狀披針形或倒披針形，長 3 ～ 9 公分，寬 7 ～ 17 公釐，先端銳尖或鈍，基部狹，近全緣，兩面稍具柔毛或粗硬毛，具短柄。苞片葉狀；小苞片小，較花萼短；萼片錐形，具稀疏粗硬毛；花灰白帶紫色，表面具細小毛；無花梗。蒴果長橢圓狀筒形。

　　產於東南亞、中國、日本及琉球；在台灣多半見於東北部及東南部與恆春半島之濱海濕地。

果實

花內部可見二長二短雄蕊

葉線狀披針形或倒披針形

槍刀菜屬 HYPOESTES

草本或灌木。圓錐狀聚繖花序或穗狀花序，花萼五裂，花冠筒扭轉，二唇形，雄蕊 2，花藥 1 室。蒴果，橢圓形。台灣有 2 種。

槍刀菜

屬名	槍刀菜屬
學名	*Hypoestes cumingiana* Benth. & Hook.

單葉，對生，葉卵狀長橢圓形或線狀披針形，長 4 ～ 15 公分，寬 2 ～ 4 公分，先端漸尖或銳尖，基部或楔形，葉緣微波狀，上下表面均光滑無毛，葉柄長可達 2 公分。圓錐狀長聚繖花序，苞片分離，花冠二唇大小相若。

　　產於中國南部及菲律賓，在台灣分布於南部及台東之低海拔地區。

上下二唇之大小相若

葉卵狀長橢圓形或線狀披針形

六角英

屬名	槍刀菜屬
學名	*Hypoestes purpurea* R. Br.

莖上部多分枝，節膨大。葉對生，卵形至卵狀披針形，具柄。穗狀花序，苞片合生，花冠上唇較大，先端明顯有三個小鋸齒。

　　產於菲律賓，在台灣分布於中部及南部低海拔地區。

葉卵形至卵狀披針形

上唇較大，先端明顯有三個小鋸齒。

莖上部多分枝，節膨大。

爵床屬 JUSTICIA

草本，稀灌木。穗狀花序，具苞片及小苞片；花萼四或五裂；花冠二唇形，上唇直立；雄蕊2，花藥之2室成上下排列，下方藥室底部具距；子房每室具2胚珠。蒴果，基部具短柄。

尖尾鳳

屬名	爵床屬
學名	*Justicia gendarussa* Burm. f.

小灌木，高達80公分，莖直立，圓柱形，多分枝。葉狹披針形，長6～10公分，寬1～1.5公分。穗狀花序頂生或生於上部葉腋內，長4～10公分；花萼五裂；花冠二唇形，白色或粉紅色，有紫斑；雄蕊2。蒴果，棒狀。

　　產於中國南部、印度、馬來西亞、菲律賓及爪哇；早期引進台灣，而後逸出於全島。

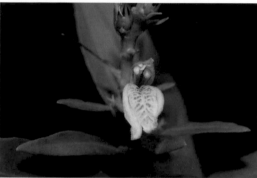

花冠二唇形，白色或粉紅色，有紫斑。

葉狹披針形

爵床

屬名	爵床屬
學名	*Justicia procumbens* L. var. *procumbens*

草本，被刺毛。葉長橢圓狀橢圓形、卵形或圓形，長1.3～4.5公分，先端銳尖，基部銳尖或圓，兩面及葉緣具毛狀物，上表面具橫列之針狀鐘乳體。苞片線狀披針形；花粉紅色或淡藍紫色。

　　廣布於印度、中南半島、馬來西亞、澳洲、菲律賓、琉球及日本；在台灣分布於全島海拔1,500公尺以下地區。

葉兩面及葉緣具毛

花粉紅色或淡藍紫色

常見之小草本

苞片線狀披針形

早田氏爵床 特有種

屬名　爵床屬

學名　*Justicia procumbens* L. var. *hayatae* (Yamamoto) Ohwi

草本，莖匍匐。葉厚，卵形或近圓形，長 1～1.6 公分，寬 1～1.5 公分，先端常具小突尖，中肋隆起，兩面光滑，稀基部具緣毛。苞片光滑無毛；花冠長約 8 公釐，寬約 5 公釐，外側疏被細柔毛；雄蕊 2 枚，花絲常膨大，花藥 2 室，柱頭淺二岔。

　　特有變種，分布於恆春半島及蘭嶼、澎湖之海岸地帶。

葉厚，卵形或近圓形，中肋隆起，先端鈍，兩面光滑。

產於蘭嶼、澎湖及恆春半島海岸地帶。

密毛爵床 (澎湖 爵床) 特有種

屬名　爵床屬

學名　*Justicia procumbens* L. var. *hirsuta* Yamamoto

莖密被刺毛。葉兩面密被刺毛，卵形或近圓形，長 1～1.6 公分，寬 8～10 公釐，近無柄。花序長可達 4 公分；苞片寬披針形，長 4.2～5 公釐，寬 1.5～2 公釐，先端鈍，邊緣幾乎透明，具長緣毛，外表密生毛狀物；小苞片披針形；花冠紫色，二唇形，長 7～9 公釐。

　　特有變種，產於離島澎湖。

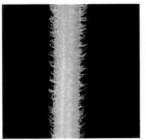

莖密被刺毛

苞片寬披針形，邊緣幾乎透明，具長緣毛，外表密生毛狀物。

花冠紫色，長 7～9 公釐，二唇形。

葉兩面密生毛

狹葉爵床 特有種

屬名　爵床屬
學名　*Justicia procumbens* L. var. *linearifolia* Yamamoto

莖略被刺毛。葉線狀披針形至線形，長2～3公分，寬6～10公釐，先端漸尖，稍有毛。苞片線形，毛緣；花冠淡紫色，外側稍有刺毛。

　　特有變種，產於恆春半島。

苞片線形，毛緣；花冠淡紫色。

特有變種，產於恆春半島。

花蓮爵床

屬名　爵床屬
學名　*Justicia quadrifaria* (Nees) T. Anders.

草本，高達40公分，被鐵鏽色柔毛。葉膜質，長橢圓狀披針形或卵形，長8～10公分，下表面脈上被疏毛。花數朵簇生於葉腋，花冠白色，具紫色斑點，二唇形，下唇三裂。

　　產於印度及中國，在台灣僅分布於花蓮天祥一帶。

花白色，具紫色斑點，二唇形，下唇三裂。

葉膜質，長橢圓狀披針形或卵形。

直立草本，生於太魯閣山區。

銀脈爵床屬 KUDOACANTHUS

草本，下部節常生根。葉小，對生。花少數，成頂生穗狀或圓錐花序，具苞片及小苞片；花萼五裂，裂片線形，近等大；花冠四裂，上裂片略或二裂，下裂片 3，近等大，伸展；雄蕊 2；子房 2 室。台灣有 1 種。

銀脈爵床 特有種

屬名	銀脈爵床屬
學名	*Kudoacanthus albonervosa* Hosok.

草本，莖被短柔毛。葉膜質，卵形或闊卵形，長 0.7 ~ 2.2 公分，先端鈍，基部寬楔形，上表面綠色並具白色網紋，具長柄。花無柄，可孕雄蕊 2。

特有種，產於嘉義、恆春半島、東部海岸山脈之低海拔森林中。

葉脈邊緣有隱隱的白紋

可孕雄蕊 2

被短柔毛。葉卵形或闊卵形。

鱗球花屬 LEPIDAGATHIS

草本或半灌木。穗狀花序或頭狀花序；花萼五裂；花冠二唇形，白色；雄蕊 4，二強，花葯 2 室；子房每室 2 胚珠。蒴果，具 2 或 4 粒種子。

台灣鱗球花

屬名　鱗球花屬
學名　*Lepidagathis formosensis* Clarke *ex* Hayata

半灌木狀草本，高可達 45 公分。葉卵狀披針形至卵形，長 8 ～ 10 公分，寬 2 ～ 3 公分，基部漸狹，上表面光滑無毛，葉柄長達 2.5 公分。穗狀花序，長可達 3.5 公分，花密集，偏向一側開放；苞片披針形，外面被剛毛，長 5 ～ 6 公釐；花冠粉白色，下唇偶有淡紫斑，長 8 ～ 9 公釐，花冠筒鐘形，基部筒狀，先端略呈唇形裂。果實圓錐形。

產於日本琉球，在台灣分布於全島低海拔地區。

葉卵形者

花冠粉白色

葉卵狀披針形者

卵葉鱗球花

屬名　鱗球花屬
學名　*Lepidagathis inaequalis* Clarke *ex* Elmer

草本，莖光滑無毛。葉卵形，長 2 ～ 4 公分，寬 1.5 ～ 2.5 公分，基部圓或截形，兩面光滑無毛，葉柄長 5 ～ 15 公釐。穗狀花序，萼片表面具明顯的腺毛，花冠小，白色，下唇裂片窄。果實圓錐形。

產於菲律賓及琉球群島，歸化台灣各地。

萼片表面具明顯的腺毛

葉卵形，長 2 ～ 4 公分。

花白色，花冠小，下唇裂片窄。

小琉球鱗球花

屬名	鱗球花屬
學名	*Lepidagathis secunda* (Blanco) Nees

草本。葉卵形至卵狀披針形，長 1.5～2 公分，基部近心形或截形，兩面略被短毛。花序近頭狀。

　　產於菲律賓，在台灣僅分布於離島小琉球。

卵狀披針形之葉子。葉背脈上背毛較多。（謝佳倫攝）

穗狀花序頂生，聚集，被短絹絲狀剛毛。（謝佳倫攝）

花冠長約 6 公釐，喉部內外有髯毛，冠簷裂片外面稍被微柔毛。（謝佳倫攝）

直立或鋪散草本（謝佳倫攝）

柳葉鱗球花 特有種

屬名	鱗球花屬
學名	*Lepidagathis stenophylla* Clarke *ex* Hayata

半灌木狀草本。葉線形或線狀披針形，長 4～6 公分，寬 5～8 公釐，基部漸狹，中肋及主側脈常為黃白色，兩面光滑無毛。穗狀花序，花白色。果實圓錐形。本種的花為台灣產鱗球花屬植物中最大者。典型的「柳葉」族群主要分布於較內陸的山區，具有直立莖，狹長的葉片與叢生的花序；而近海的族群則大多為低矮匍匐狀，葉片短小，花序單一或少數聚生。

　　特有種，原紀錄於恆春半島，但在台灣全島仍可偶見近似的族群。

花白色，偶有紫斑。

葉卵形的族群

典型的「柳葉」族群。

瘤子草屬 NELSONIA

草本，多分枝，莖、葉、花序等密被長柔毛。葉對生，具短葉柄，羽狀脈。花序近穗狀，有分枝或短枝，腋生或頂生，基部有對生的縮小的葉；具苞片，無小苞片，具花梗，萼四裂，花冠兩唇形，花冠管細，上部彎曲；發育雄蕊 2，著生於花冠管收縮處，內藏，子房錐形，每室有 8 胚珠。 蒴果錐形，兩室有種子 4 ～ 8。 種子無珠柄鉤。

瘤子草

屬名	瘤子草屬
學名	*Nelsonia canescens* (Lam.) Spreng.

草本，高 10 ～ 15 公分，莖枝近圓柱形。葉片橢圓形，長 1 ～ 12 公分，寬 0.4 ～ 5.5 公分，兩端急尖，初密被長柔毛，小葉側脈 3 ～ 4 對。花序圓柱狀，長 1.5 ～ 4 公分；苞片橢圓形，長 6 ～ 7.5 公釐；花冠淡藍紫色，外面無毛，內面喉部有髯毛，上唇長 2 公釐，二裂，下唇長 2.3 公釐，三裂，花冠管長 1.5 公釐，先端縊縮，喉與花冠管等長；雄蕊著生於花冠管縊縮處，藥室基部具小尖頭，花絲無毛，0.5 公釐長，子房錐形，無毛。蒴果錐形，長 5 公釐，徑 2 公釐。

　　廣布於亞洲、非洲、大洋洲的熱帶地區。歸化台灣中南部。

上唇二裂，下唇三裂。　　　　花序圓柱狀　　　　歸化台灣中南部

紅樓花屬 ODONTONEMA

常綠灌木。單葉，對生。聚繖花序，頂生；花萼五裂；花冠五裂，二唇形，上唇二裂，下唇三裂；雄蕊 2，花藥 2 室；柱頭鈍，子房上位，每室具 4 胚珠。果實為蒴果，棒狀。

紅樓花

屬名	紅樓花屬
學名	*Odontonema strictum* (Nees) Kuntze

常綠灌木，高 50 ～ 150 公分，叢生狀，莖枝自地下伸長，圓柱形。葉對生，長橢圓形，長 12 ～ 20 公分，寬 5 ～ 8 公分，全緣，側脈 7 ～ 10，上下兩面皆光滑，上表面鮮綠色，下表面為稍淺的綠色。穗狀花序，頂生；花冠細筒狀，紅色，喉部稍見肥大。

　　原產中美洲熱帶雨林區，如波多黎各；歸化於台灣各地。

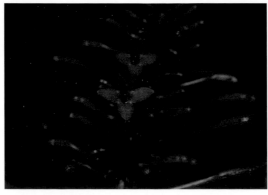

花紅色，花冠筒修長。　　　　原產中美洲，偶見歸化於低海拔山區。

九頭獅子草屬 PERISTROPHE

草本。聚繖花序，或多個花序成繖形排列，具苞片及小苞片；花萼五深裂；花冠粉紅或紫紅色，二唇形，冠筒細長而於前端略膨大；雄蕊 2，花藥之 2 室呈上下排列；子房每室具 2 胚珠。果實為蒴果，棒狀。

九頭獅子草

屬名	九頭獅子草屬
學名	*Peristrophe japonica* (Thunb.) Bremek.

葉披針形、卵形或卵狀長橢圓形，長 3～6 公分，寬 1～3 公分，兩面疏被短柔毛。花梗及苞片具毛狀物，花粉紅色至淡紫色，花冠較小，長 2～2.5 公分。果實長 1～1.2 公分。本種與槍刀菜（見 371 頁）花形相近，但本種花序下具大型的苞片。

　　產於中國中部及日本；在台灣分布於北部低、中海拔山區。

本種與槍刀草花形相近，但本種花序下具大型的苞片。

花粉紅至淡紫色，花冠較小，長 2～2.5 公分。

山藍（長花九頭獅子草）

屬名	九頭獅子草屬
學名	*Peristrophe roxburghiana* (Schult.) Bremek.

直立草本，高可達 1 公尺，莖多分枝，四稜，莖節間膨大，膝屈狀。葉披針形、長橢圓形或長橢圓狀卵形，長 2～7.5 公分，寬 1～3.5 公分，兩面光滑或僅下表面脈上略被毛。花梗及苞片近光滑，花紅紫色，有時花可長達 5 公分，雄蕊 2，雌蕊 1，雌蕊長於雄蕊。果實長 1.5～2 公分。

　　產於中國南部及中部、東印度、菲律賓、馬來西亞及爪哇；在台灣分布於中部及南部之低或中海拔地區。

雄蕊 2，雌蕊 1，雌蕊長於雄蕊。

直立草本。葉披針形、長橢圓形或長橢圓狀卵形。

花由大型的苞片長出

山殼骨屬 PSEUDERANTHEMUM

草本或亞灌木。葉全緣或有鈍齒。花無梗或具極短的花梗，組成頂生或腋生的穗狀花序，花在花序軸上對生；苞片及小苞片通常小，線形；花萼深五裂，裂片線形，等大；花冠筒細長，圓柱狀，喉部稍擴大，冠簷伸展，五裂，裂片覆瓦狀排列，前裂片稍大，有時有喉凸；孕性雄蕊 2 枚，著生於喉部，內藏或稍伸出，花絲極短，花藥 2 室，藥室等大，平行而靠近，基部無附屬物，不孕雄蕊 2 枚或消失；子房每室有 2 胚珠，柱頭鈍或不明顯的二岔。果實為蒴果，棒錘狀。

變異鉤粉草

屬名　山殼骨屬
學名　*Pseuderanthemum variabile* Radlk.

多年生草本，高 15～30 公分，莖具毛。葉對生，披針形至卵狀，長 2～7 公分，寬 3～4 公分，先端銳尖至鈍，全緣，上表面有鐘乳體，下表面有時紫色且具腺體，葉柄長 5～30 公釐。下部的花常閉花受精，小苞片長 2～4 公釐，花萼長 4～8 公釐，花冠白色至淡紫色，花梗長 1～8 公釐。蒴果長 1～1.5 公分，被短柔毛或無毛。

　　原產澳洲西部熱帶雨林區，大洋洲、東南亞等熱帶地區亦見野生分布；歸化於台灣全島。

為熱帶美洲歸化

靈枝草屬 RHINACANTHUS

直立草本或亞灌木，有時攀緣狀。葉全緣或淺波狀。花大，無梗，組成圓錐花序，苞片及小苞片小，鑽形，較萼片短；花萼深五裂，裂片線狀披針形；花冠高杯狀，花冠筒細長，圓柱形，喉部稍擴大，冠簷二唇形，上唇線形或披針形，下彎或旋捲，下唇寬大，伸展，深三裂，冠簷裂片覆瓦狀排列；雄蕊 2，著生於花冠喉部，比花冠裂片短，花藥 2 室，藥室疊生或一上一下，花粉粒長球形，極面觀為鈍三角形；花盤杯狀；子房每室有 2 胚珠，花柱細絲狀，柱頭全緣或不明顯的二岔。蒴果棍棒狀。種子每室 2 粒，近圓形，兩側壓扁。

白鶴靈芝

屬名　靈枝草屬
學名　*Rhinacanthus nasutus* (L.) Kurz

株高 1～1.5 公尺。單葉，對生，主莖上葉較大，分支上葉較小，橢圓形或卵狀橢圓形，稀披針形，長 2～7（～11）公分，寬 0.8～3 公分，全緣，上表面被疏毛或近無毛，下表面被密柔毛，側脈每邊 5～6 條，葉柄長 0.5～1.5 公分。花冠白色，長 2.5 公分或更長，被柔毛，上唇線狀披針形，比下唇短，先端常下彎，下唇三深裂至中部，冠簷裂片倒卵形，近等大；花絲無毛，花粉粒長球形，極面觀為鈍三角形；花柱及子房被疏柔毛。

　　分布於中國廣東、海南、廣西、雲南等地及菲律賓；歸化台灣低海拔野地。

花白色，下唇有紅點。

為民間傳統草藥，栽培逸出。

蘆利草屬 RUELLIA

草本。葉全緣，被糙毛。花單生或雙生於葉腋，無苞片；花萼五裂；花冠紫或白色，裂片5，近相等；雄蕊4，二強，花藥2室。蒴果橢圓形至棍棒狀。

另有蒿枝蘆利草之新歸植物報導（2016）惟不普遍。

蘆利草

屬名	蘆利草屬
學名	*Ruellia simplex* C. Wrigh

植株矮小。葉卵形或卵狀披針形，長1.5～2.5公分，寬1～1.5公分，兩面具毛狀物。花單生或雙生於葉腋，花冠為筒狀，五裂，淡紫色。果實長1.2～1.5公分。

產於印度、香港、菲律賓和馬來西亞；在台灣分布於南部及小琉球。

化冠紫或白色，裂片5，近相等。

葉兩面具毛狀物

翠蘆莉

屬名	蘆利草屬
學名	*Ruellia simplex* C.Wrigh

株高20～100公分，莖略呈方形。葉對生，線狀披針形。聚繖花序，腋生；花萼五裂，裂片線狀披針形，外被細毛；花冠喇叭形，徑3～5公分，花冠筒長約5公分，藍紫色、粉紅色或白色，喉部色深，並有從冠喉放射而出之條紋；雄蕊4，2長2短；雌蕊柱頭彎勾。

原產墨西哥，台灣各地均有種植而逸出。

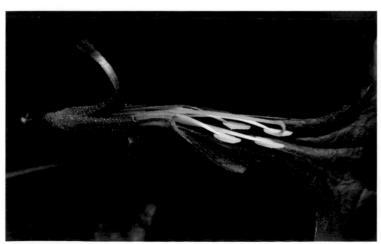
雄蕊4，2長2短。

枝條常暗紅紫色。葉對生，線狀披針形。

塊莖蘆莉草

屬名　蘆利草屬
學名　*Ruellia tuberose* L.

葉對生，長卵形或卵狀披針形，長 8 ～ 15 公分，寬 3 ～ 6 公分，葉柄長 0.5 ～ 2 公分。花單生或雙生或 3 朵簇生，花梗長 1 ～ 1.5 公分，基部 1 枚及花下 2 枚線形苞片；花冠漏斗形，花冠筒淡紫色至紫色，上部淡乳白色至淡乳黃色而帶紫暈，先端五裂。蒴果長角柱形，直伸，長 1.8 ～ 3 公分，兩側具縱裂溝，頂端尖。

　　原產於熱帶美洲，目前全球熱帶至亞熱帶地區均有種植而馴化於野外。

花 (陳柏豪攝)

蒴果長角柱形

葉長卵形或卵狀披針形

明萼草屬 RUNGIA

直立草本。穗狀花序；苞片四列，其中二列常無花，稀二列，內有花者具膜質邊緣；小苞片與苞片相當或較小；花萼五裂；花冠二唇形，冠筒短；雄蕊 2，花葯 2 室；子房每室具 2 胚珠。果實為蒴果，內有 4 種子。

明萼草

屬名　明萼草屬
學名　*Rungia chinensis* Benth.

莖略被短柔毛。葉長 1.5 ～ 8 公分，寬 1 ～ 3 公分，全緣，有時略波狀緣，葉柄長 0.5 ～ 3 公分。無花之苞片橢圓形，花白色中帶淡紫藍色。

　　產於中國南部；在台灣分布於東部或南部之低海拔山區，少見。

花白中帶淡紫藍色，雄蕊 2。

苞片橢圓形

台灣明萼草 特有種

屬名 明萼草屬

學名 *Rungia taiwanensis* Yamazaki

莖匐匐，略被刺毛，節上常生根。葉長 2.5 ～ 8 公分，寬 1 ～ 3.5 公分，疏齒緣或近全緣，葉柄長 1 ～ 3 公分。無花之苞片鐮刀狀披針形，花淡紫藍色。

　　特有種，分布局限於鹿谷、溪頭、阿里山及扇平等山區。

雄蕊 2，花藥 2 室。

果實

苞片鐮刀狀披針形

直立草本。穗狀花序，花紫色。

哈哼花屬 STAUROGYNE

草本。葉全緣。花序總狀；苞片及小苞片均小；花萼五深裂；花冠筒由下往上漸寬，五裂片近相等；雄蕊 4，二強，花藥 2 室；子房每室具多數胚珠。蒴果，長橢圓形，具 15 ～ 30 粒種子。

哈哼花

屬名	哈哼花屬
學名	*Staurogyne concinnula* (Hance) O. Ktze.

小草本，高 10 ～ 20 公分，莖極短，被長柔毛。葉大部分基生，倒披針形，長 3 ～ 7 公分，寬 1 ～ 2 公分，先端鈍或圓，波狀或淺圓鋸齒緣，下表面脈上密被毛。花冠藍白色或紫白色；雄蕊二強，前雄蕊長約 7 公釐，略超出喉部，後雄蕊長約 5 公釐，前後 2 雄蕊之花藥粘連，花絲無毛。

　　產於中國南部及日本，在台灣僅見於台北近郊。

葉大多基生

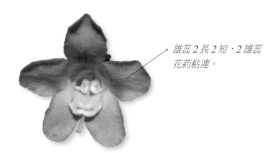

雄蕊 2 長 2 短，2 雄蕊花藥粘連。

菲律賓哈哼花

屬名	哈哼花屬
學名	*Staurogyne debilis* C.B. Clarke *ex* Merr.

株高 8 ～ 15 公分，莖直立，少分支，被毛。莖生葉長橢圓形至卵狀橢圓形，全緣。花序總狀，通常著花 4 ～ 7 朵；苞片及小苞片均小；花萼五深裂；花冠白色，雄蕊 4，二強。蒴果長橢圓形。

　　產於菲律賓；在台灣分布於南仁山山區及壽卡之闊葉林中，海拔 300 ～ 400 公尺。

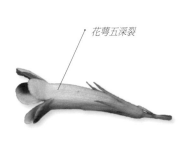

花萼五深裂

花冠白色

莖直立，少分支，被毛。

馬藍屬 STROBILANTHES

草本或亞灌木。對生之兩葉常不等大。花單生或成穗狀或聚繖狀花序；苞片有或無，小苞片 2 枚；花萼五裂，裂片線形；花冠藍紫色或白色，五裂，裂片近等大；雄蕊 4，二強，花藥 2 室；子房每室 2 胚珠。果實為蒴果，表面具網紋，內有 4 種子。

馬藍

屬名	馬藍屬
學名	*Strobilanthes cusia* (Nees) Kuntze

半灌木，幼枝被褐色短柔毛。葉膜質，倒卵形、橢圓形或卵形，長 7 ～ 20 公分，寬 3 ～ 8 公分，基部漸狹，幼時下表面脈上被褐色短柔毛，上表面光滑。花序之苞片葉狀，花對生而排成穗狀，花淡紫色，無梗。

　　分布於中國、孟加拉、不丹、印度、寮國、緬甸、泰國及越南；在台灣產於北部及中部低海拔山區森林中，以台北附近較為常見。

花紫色

葉上表面光滑

曲莖馬藍 特有種

屬名	馬藍屬
學名	*Strobilanthes flexicaulis* Hayata

半灌木，枝光滑，常成之字形彎曲，具狹翼。葉於一般莖上者基部漸狹而具柄，於開花莖上者基部常呈心形而近無柄。穗狀花序，花藍紫色。

　　特有種，分布於台灣中部南部中海拔山區及蘭嶼森林中。

花藍紫色

亞灌木，主要分布於中南部。

台灣馬藍 特有種

屬名	馬藍屬
學名	*Strobilanthes formosanus* Moore

半灌木，高可達80公分，枝密被長硬毛。葉線狀橢圓形或披針形，長7～14公分，寬2～4公分，基部漸狹，兩面密被長硬毛。小聚繖花序腋生或頂生；花冠筒長3～3.5公分，外表有細毛；冠簷五裂，裂片圓形；花萼裂片線形，長1公分，稍有粗毛；花梗長1～4公分。蒴果匙形至橢圓形，長2公分。種子4粒，扁卵形，具伏毛。

　　特有種，分布於台灣北部低海拔之山區森林中。

花藍紫色。花冠筒具毛狀物。

花序軸常短，每對花緊密相連。

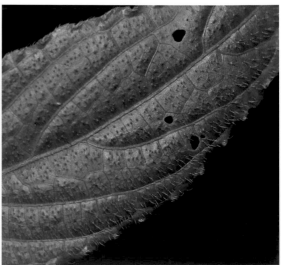

葉兩面密被長硬毛

蘭嶼馬藍 特有種

屬名 馬藍屬

學名 *Strobilanthes lanyuensis* Seok, Hsieh & J. Murata

多年生亞灌木，高 1.5 公尺。具不等葉，卵形至披針形，長 3 ～ 20 公分，寬 2 ～ 10 公分，先端銳尖至驟尖，基部漸狹至楔形，光滑或稀兩面被毛。總狀花序頂生及腋生於上部枝條，長 5 ～ 10 公分；花萼五裂，分離，不等大，裂片線形，3 枚合生至三分之二處，於開花時長 1.3 ～ 2.4 公分，於結果時長 3 ～ 4 公分；花冠白色，鐘形，基部管狀，先端五裂，裂片半圓形；雄蕊 4 枚，二強，較長者花絲基部與花冠膜狀相連，被硬毛，離生處長約 5 公釐，光滑無毛，較短者花絲長 3 公釐，光滑無毛。蒴果線狀圓筒形，長 2 公分。

　　特有種，僅分布於離島蘭嶼。

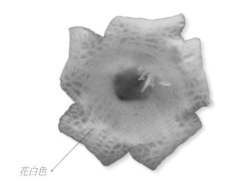

花白色

產於蘭嶼熱帶林下

長穗馬藍

屬名　馬藍屬
學名　*Strobilanthes longespicatus* Hayata

灌木，枝光滑無毛。葉長橢圓形至披針形，長 10～30 公分，寬 3～9 公分，兩面光滑無毛。花序之苞片披針形或線狀披針形，花成對生長而排成穗狀花序，淡紫色至白色。

　　產於海南島、廣西至雲南；台灣分布於恆春半島及東南部之森林中。

花淡紫色至白色

葉片光滑無毛，細鋸齒緣。

穗狀花序，花序軸長。

腺萼馬藍

屬名	馬藍屬
學名	*Strobilanthes penstemonoides* T. Anders.

灌木，莖枝密被腺毛。葉長橢圓狀披針形，長6～15公分，寬2～5公分，基部漸狹，兩面近光滑或略被毛，葉柄略被長硬毛。花三或多朵成頭狀之聚繖花序，花萼密被腺毛。

產於印度、尼泊爾、緬甸、越南及中國南部；在台灣分布於中部及南部低至中海拔之山區森林中。

花淡粉色

灌木，上方枝被長粗毛。

開花前或開花期間苞片會逐漸掉落，僅留下葉痕。花萼密被腺毛。

花三或多朵成頭狀之聚繖花序

蘭嵌馬藍 特有種

屬名	馬藍屬
學名	*Strobilanthes rankanensis* Hayata

植株高不及50公分，莖方形，柔軟，平臥地上，上部具白粗毛。葉廣卵形或寬橢圓形，長2～5公分，寬2～3公分，基部急尖或近圓形，兩面光滑或疏被長粗毛。花單生於葉腋，藍白色，花萼裂片線形。

特有種，分布於台灣中、北部中海拔山區及台東海岸山脈森林中。

有些族群的莖上腺毛發達

花單生

花冠藍白色

易生木

屬名 馬藍屬
學名 *Strobilanthes schomburgkii* (Craib) J. R. I. Wood

株高可達 1.5 公尺。單葉對生，葉狹披針形，葉端尾狀銳尖，葉基楔形，葉長 7 ～ 12 公分，寬 1 ～ 2 公分，側脈 5 ～ 7 對。花常排列密集，腋生於小苞片內，無花梗，苞片宿存，小苞片二枚或無，花萼筒形，淡綠色，披毛，先端五深裂，尖狀，近等大，上唇三裂，下唇二淺裂，筒形花冠，花冠喇叭管狀，兩側對稱，筒長約 3 公分，徑約 2 公分，先端五裂，近對等，花冠筒上半部膨大，花白色，內面帶有粉紅絲狀條紋與色塊，雄蕊 4 枚，2 長 2 短，二強雄蕊，著生於花冠筒上；花柱 1 枚，柱頭二裂，子房上位，子房二室。蒴果，線形或線狀長橢圓形，紫色，背裂 2 瓣。

　　原產於馬來西亞、印尼。台灣偶有逸出於野外。

植株

翅柄馬藍

屬名 馬藍屬
學名 *Strobilanthes wallichii* Nees

多年生草本，植株高可達40公分。莖直立，有時匍匐，具四稜，節上長根，有許多分枝。葉紙質，卵形至橢圓形，長 3.5 ～ 10 公分，寬 2 ～ 3 公分，先端漸尖或鈍，基部逐漸縮小，鋸齒緣，側脈 4 ～ 6 對，葉柄長 0.5 ～ 1.5 公分。穗狀花序，聚生，花 1 ～ 3 朵；花冠紫色，鐘形，向側面彎曲，左右對稱，長約 3.5 公分。蒴果線狀流線形，長 1.5 ～ 1.8 公分，光滑無毛，成熟時由先端開裂成 2 瓣。

　　產於尼泊爾及中國西南部；在台灣分布於中、北部中高海拔山區，喜歡生長在略遮蔭且潮濕之環境。

花正面 (林哲緯攝)

葉紙質，小，卵形至橢圓形。

花冠紫色，鐘形，向側面彎曲。(林哲緯攝)

葉柄有葉片延伸的翼

鄧伯花屬 THUNBERGIA

纏繞性草本。葉三角形、三角狀戟形或卵狀戟形，全緣，葉柄無翼或具翼。花單生於葉腋，具 2 枚大型苞片；花萼十二至十五裂；花冠五裂，白色或黃色，喉部與花冠顏色不同，鮮豔而明顯；雄蕊 4，二強。

黑眼鄧伯花

屬名	鄧伯花屬
學名	*Thunbergia alata* Bojer *ex* Sims.

葉片菱狀心形或箭頭形，長 3.5 ～ 7.5 公分，寬 1.5 ～ 3 公分，先端尖或尾狀，基部心形耳垂狀或截形，葉緣全緣或有不規則淺裂；有長柄，柄具狹翼。花單出，腋生，具長梗；苞葉大型，2 枚；花萼小型，隱藏苞葉內；花冠漏斗狀，橙黃色或黃白色，中央喉部黑紫色，花冠先端五裂，平展，裂片卵圓形，波狀緣或全緣。

原產於非洲，廣泛種植並歸化於全球熱帶地區。

花冠中央喉部黑紫色

葉片菱狀心形或箭頭形

立鶴花

屬名	鄧伯花屬
學名	*Thunbergia erecta* Herb. Madr. *ex* Nees

直立平滑灌木，高 1.8 ～ 2.4 公尺，枝四稜形。葉卵形或卵狀披針形，長 2 ～ 6 公分，寬 0.5 ～ 3.5 公分，先端銳尖，基部楔或圓形，全緣或不明顯疏鋸齒緣，羽狀脈，脈 2 ～ 3 對。花單生葉腋；小苞片橢圓形；萼 10 ～ 1 二齒裂；花冠緣藍紫色，喉部黃白色，筒彎曲，與喉部共長約 4.5 公分，先端五裂，裂片近圓形；雄蕊花絲與子房均無毛。蒴果基部圓形。

原產非洲熱帶。台灣偶有逸出於野外。

花冠緣藍紫色，喉部黃白色

碗花草

屬名　鄧伯花屬

學名　*Thunbergia fragrans* Roxb.

蔓性多年生藤本植物，莖四方形。葉對生，具柄，葉片長圓形至卵形，長 4 ～ 12 公分，寬 4.5 公分，先端尖，基部心形至略成心形，全緣至具淺裂片，有 3 ～ 5 條掌狀脈；柄長約 4 公分。花 1 ～ 2 朵腋生，具長梗；花萼退化成十數個小齒；花冠白色，花冠筒密布毛絨，筒長約 3 公分，裂片 5，長約 2 公分，開花時開展；雄蕊 4，二強；花絲細長；柱頭寬而內凹。蒴果長 2 ～ 5 公分，寬 0.8 ～ 1 公分，下部近球形，上部具長喙；種子 4 顆，半球形，有皺紋，基部凹陷。

　　原產中國。栽培逸出台灣野地。

果實

零星歸化於野地

花白色

白眼花

屬名　鄧伯花屬

學名　*Thunbergia gregorii* S. Moore

一年生或多年生蔓性草本。單葉，對生，菱狀心形或箭頭形，長 3.5 ～ 7.5 公分，寬 1.5 ～ 3 公分，具長柄，柄上有明顯長翼。花冠為筒狀鐘形，淺橙黃色，中央喉部淡黃色或米白色，先端五深裂，裂片近圓形。蒴果卵球形，常 3 瓣裂。種子 3 ～ 6 粒，種皮灰白色。

　　原產熱帶西非；引進台灣為觀賞用花卉，因氣候適合生長，現已歸化，目前在台灣中部、東部、南部之低海拔山坡常見。

葉具長柄，柄上有明顯長翼。

花單生葉腋，具 2 枚大型苞片。

花冠中央喉部米白色

紫葳科 BIGNONIACEAE

喬 木或藤本。一至三回羽狀複葉或掌狀複葉。圓錐花序，花萼二至五裂，花冠紅、黃、橙和紫色，二唇狀，五裂，雄蕊4，二強或等長，藥軤合成對，花藥2室，具花盤，子房2室。果實為蒴果。

特徵

4雄蕊，二長二短（山菜豆）

一至三回羽狀複葉（半島菜豆樹）

蒴果（半島菜豆樹）

喬木（黃花風鈴木）

雄蕊4（半島菜豆樹）

花冠二唇狀，五裂。（半島菜豆樹）

風鈴木屬 HANDROANTHUS

喬 木或灌木。掌狀複葉罕單葉，圓錐或總狀花序頂生；萼筒管狀，不規則開裂；雄蕊4，二強；不突出，子房2室，胚珠多數。蒴果線形，種子具薄翅。

黃花風鈴木

屬名	風鈴木屬
學名	*Handroanthus chrysanthus* (Jacq.) S. O. Grose

落葉性喬木，株高約 4～5 公尺，幹通直，樹皮有深刻裂紋。掌狀複葉，小葉大都 5 枚，倒卵形長 12.5～18 公分，寬 3～7 公分，被毛，先端尖，全緣或疏齒緣，被褐色細茸毛。圓錐花序，頂生，花冠金黃色，漏斗狀或風鈴狀，花緣皺曲，五裂，雄蕊 4 枚。果實為蒴果，線形或圓柱長條形，成熟後二裂，18～30 公分，種子具翅。

原產墨西哥至委內瑞拉，台灣於 1969 年引進種植。台灣偶有逸出於野外。

開花時葉大部分掉光　　　　雄蕊二長二短　　　　花大都簇生枝端　　　　葉掌狀複葉

炮仗藤屬 PYROSTEGIA

攀 援木質藤本。 葉對生；小葉 2～3 枚，頂生小葉常變三岔的絲狀卷鬚。 頂生圓錐花序。 花橙紅色，密集成簇。 花萼鐘狀，平截或具五齒。 花冠筒狀，略彎曲，裂片 5，鑷合狀排列，花期反折。 雄蕊 4 枚，二強，藥室平行。 花盤環狀。蒴果線形，室間開裂，隔膜與果瓣平行，果瓣扁平、薄或稍厚，革質，平滑並有縱肋。 種子在隔膜邊一至三列成覆瓦狀排列，具翅。

炮仗花

屬名	炮仗藤屬
學名	*Pyrostegia venusta* (Ker-Gawl.) Miers

葉三出，頂小葉呈三裂卷鬚狀。側小葉卵狀長橢圓形，長 5～9.5 公分，先端漸尖，基部楔形；葉柄常被毛。花序多花，常略下垂；萼具腺；花冠橙紅色，長約 5～7 公分，口部膨大；裂片反捲，邊緣有緣毛。果長達 30 公分，線形；種子多數，具膜質翅。

原產巴西，台灣偶有逸出於野外。

花冠筒狀，裂片 5，花期反折。　　　　攀援木質藤本

山菜豆屬 RADERMACHIA

喬木。一至三回羽狀複葉。頂生圓錐花叢；花萼卵圓形，先端截斷狀或不等淺裂；花冠漏斗狀鐘形，邊緣為 5 枚捲縮狀或牙齒狀之裂片；雄蕊 4，稀 5；子房卵圓形，2 室，柱頭二岔。

山菜豆

屬名	山菜豆屬
學名	*Radermachia sinica* (Hance) Hemsl.

中喬木。一至三回羽狀複葉，小葉橢圓形至卵形，長 4.5 ～ 6 公分，先端漸尖，全緣或不規則裂。花白色，夜間開花。果實為蒴果，細圓筒狀，似菜豆，長可達 50 公分左右，成熟時縱裂。種子多數，扁平，近圓形，兩側具薄翅。

產於中國南部及琉球，在台灣分布於全島低海拔森林中。

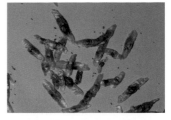

種子多數，扁平，近圓形，兩側具薄翅。

果實為蒴果，形似菜豆。

一至三回羽狀複葉

花白色，夜間開花。

火焰木屬 SPATHODEA

落葉性喬木。葉對生或輪生，羽狀複葉，托葉缺。總狀花序聚繖狀，頂生。花兩性，左右對稱，大型。花萼佛焰狀，反捲，具龍骨。花冠寬鐘狀，基部縊縮，橘紅色。雄蕊 4 枚，二強，生於花冠筒上，花藥爪狀。子房上位，2 室，花柱絲狀，柱頭 2 瓣。蒴果船形。

火焰木

屬名	火焰木屬
學名	*Spathodea campanulata* P. Beauv.

一回奇數羽狀複葉，長 30 ～ 45 公分；小葉 9 ～ 19 枚，卵狀披針形，長 5 ～ 10 公分，寬 3 ～ 5 公分，先端短漸尖，基部歪圓形具 1 ～ 2 枚腺點，全緣，側脈 8 ～ 9 對，兩面近平滑或背面密被絨毛；小葉柄長 2 ～ 5 公釐。萼片長約 6 公分，被短柔毛；花冠長約 10 公分，猩紅色，形如火焰；裂片卵形、褶疊有時波狀。蒴果長約 20 公分，寬 4 ～ 5 公分，種子多數。

原產熱帶非洲。台灣偶有逸出於野外。

果枝

花

為全台都有栽植之行道樹

中名索引

學名索引